全国职业院校装备制造大类专业规划教材
National Planning Textbook for Equipment Manufacturing Majors in Vocational Colleges

“互联网+”新形态信息化教材
“Internet Plus” New-form Informatization Textbook

金教材

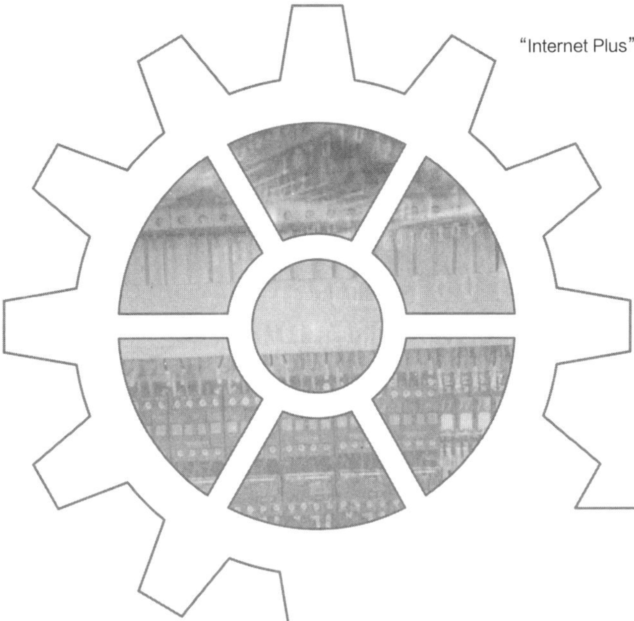

主编／杨耀臣　田立宁　傅　浩

PLC 控制技术

PLC KONGZHI JISHU

天津大学出版社
TIANJIN UNIVERSITY PRESS

图书在版编目（CIP）数据

PLC控制技术 / 杨耀臣，田立宁，傅浩主编．
天津 ： 天津大学出版社，2025．4．-- (全国职业院校装
备制造大类专业规划教材)（“互联网+”新形态信息化
教材)．-- ISBN 978-7-5618-7968-9

Ⅰ．TM571.61

中国国家版本馆CIP数据核字第2025ZK0311号

出版发行 天津大学出版社
地　　址 天津市卫津路92号天津大学内（邮编：300072）
电　　话 发行部：022-27403647
网　　址 www.tjupress.com.cn
印　　刷 天津泰宇印务有限公司
经　　销 全国各地新华书店
开　　本 787mm×1092mm　1/16
印　　张 15.25
字　　数 418千
版　　次 2025年4月第1版
印　　次 2025年4月第1次
定　　价 48.00元

前言

Preface

SIMATIC S7-1200 PLC 是西门子公司根据用户需求推出的小型自动化可编程逻辑控制器，采用了较为灵活的设计方案，并集成了 PROFINET 接口和强大的工艺控制功能，可实现简单却高度精确的自动化任务。其使用的 TIA Portal Professional V16 软件（即 TIA 博途软件，简称博途软件）包含 SIMATIC STEP 7、SIMATIC WinCC 和 SINAMICS Startdrive 三大软件包，集成了 SIMATIC S7-1200 PLC 从编程到组态的所有功能，构成了较为完备的开发平台。

本书结合理论与实践，在编程过程中突出“理论指导实践，实践验证理论”的原则，详细讲述了 S7-1200 PLC 的应用。本书包括 7 个项目，每个项目都有理论和实践内容，方便学生在学中做、在做中学，以提高学生的学习兴趣和增强学生的学习效果。此外，为方便学生由浅入深学习本书内容，项目排序遵循由易到难的认知规律。

本书主要内容如下：项目 1 为 PLC 基础知识和博途软件应用，有助于学生了解 PLC 的结构和工作原理，初步认识博途软件；项目 2 为交流电动机控制系统的安装与调试，通过任务驱动学生学习 PLC 的硬件接线方法、位逻辑指令和定时器指令的应用、PLC 控制电动机正反转及顺序启动的方法；项目 3 为停车场控制系统的设计与调试，主要介绍计数器指令、比较指令、数学函数、移动指令、移位指令、循环指令的应用；项目 4 为天塔之光控制系统的设计与调试，主要介绍使用函数、函数块、数据块编程；项目 5 为电梯控制系统的设计与调试，主要介绍 G120 变频器的接线、参数设置；项目 6 为机械手控制系统的设计与调试，主要介绍顺序功能图的绘制和顺序控制程序的设计方法；项目 7 为 S7-1200 PLC 之间通信与变频器通信控制，主要介绍通信基础知识、常见的通信方式及协议、G120 变频器的通信控制方法、两台 S7-1200 PLC 之间通信的方法。

本书由青铜峡市职业教育中心的杨耀臣、田立宁、傅浩担任主编。在本书编写过程中，编者参考和借鉴了一些国内外同行出版的教科书或发表的文献资料，同时参考了互联网上的部分图片，在此向相关文献及图片作者表示真诚的感谢。此外，本书的编写工作得到了许多专家和同行的大力支持，在此致以诚挚的感谢和敬意。

由于编者水平有限，书中难免有不足之处，敬请广大读者批评指正。

编者

2025 年 1 月

目录 Contents

项目 1

PLC 基础知识和博途软件应用

项目目标

（1）了解 PLC 的定义、发展和应用领域；
（2）掌握 PLC 的结构和工作原理；
（3）初步认识博途软件，掌握博途软件的基本操作。

项目描述

在本项目中学生通过了解 PLC 的定义、发展和应用领域，初步认识 PLC；通过学习 PLC 的结构和工作原理，掌握 PLC 的工作方式；通过启—保—停程序的编辑与下载，掌握博途软件的基本操作。

任务分解

任务 1.1　认识 PLC

本任务主要介绍 PLC 的定义及发展、特点及分类、应用领域和结构。学生通过参观 PLC 实训设备，进一步深化认识 PLC 的结构、定义及其应用领域。

任务 1.2　博途软件应用

本任务主要介绍博途软件的安装、博途软件的界面和博途软件的基本操作。

任务 1.1　认识 PLC

任务要求

（1）说出 PLC 的定义、发展和典型应用领域；
（2）说出 PLC 的特点；
（3）描述 PLC 的结构和工作原理；
（4）说出西门子 PLC 的家族系列。

知识目标

（1）了解 PLC 的定义、发展和典型应用领域；
（2）掌握 PLC 的结构和工作原理。

能力目标

（1）能够说出 PLC 的定义、发展和典型应用领域；
（2）能够说出 PLC 的工作原理；
（3）能够说出实训设备各单元的功能及用途。

素养目标

（1）培养学生良好的语言表达能力；
（2）培养学生良好的实训素养。

1.1.1　PLC 的定义及发展

1.1.1.1　PLC 的定义

PLC 的全称是 Programmable Logic Controller，译为可编程逻辑控制器，是一种专为在工业环境下应用而设计的数字运算操作电子系统。它采用可编程的存储器来存储执行逻辑运算、顺序控制、定时、计数和算术运算等操作的指令，通过数字式或模拟式的输入输出来控制各种类型的机械设备或生产过程。早期的 PLC 主要用于逻辑控制，随着计算机技术的发展，现在的 PLC 不仅可以实现逻辑控制，还可以实现数据运算功能和通信功能。图 1-1-1 为西门子 S7-1200 1215C PLC 实物图。

图 1-1-1　西门子 S7-1200 1215C PLC 实物图

1.1.1.2　PLC 的发展

PLC 是 20 世纪 60 年代末美国制造业激烈竞争的产物，其问世解决了美国汽车行业因汽车型号改变需要重新配置控制系统的难题。在此之前，控制需求的实现依赖于继电接触器控制系统，它按照硬件接线自身逻辑实现控制。继电接触器控制系统的不足之处是：一旦控制系统的工艺或对象发生变化，原有的控制线路和机柜都要重新布局；若控制系统复杂化，整个继电接触器控制系统就会显得格外笨重，线路密密麻麻，通用性和灵活性非常不理想。当时美国汽车制造业竞争非常激烈，工作效率是取得胜利的关键。如何解决传统控制系统束缚生产变化的大难题，从而在竞争激烈的环境中取得胜利，成为很多厂商的燃眉之急。首先站出来的是通用汽车公司，它采取招标的形式，要求按照通用汽车公司的技术要求设计一个高效的控制系统。中标的是美国数字设备公司，它根据通用汽车公司的招标要求在 1969 年设计出全球首台可编程逻辑控制器，并在通用汽车公司的自动装配生产线上试用成功。随后日、德等工业强国纷纷效仿，引入这项新技术用于制造业，同时也推动了可编程逻辑控制器的快速发展。

从 PLC 的诞生背景看，PLC 的作用是对传统继电接触器控制系统进行升级，解决其通用性不强和灵活性较差的问题，将通过硬件接线逻辑实现控制的系统改变为数字运算操作的电子系统。当工艺或对象发生变化时，只需现场修改程序或增加扩展模块，省去了复杂的接线过程和更换机柜的麻烦，从而解决了束缚生产变化的难题。

与最初的 PLC 相比，现在的 PLC 具有高集成、高速、高性能、大容量的优点，并且正在朝着模块化、智能化的方向发展；同时自诊断能力、处理能力及通信能力更加强大。

PLC 的应用在工业界产生了巨大的影响。自第一台 PLC 诞生以来，PLC 共经过了以下五个发展时期。

（1）从 1969 年到 20 世纪 70 年代初期。这一时期 PLC 的特点表现为：CPU（中央处理器）由中小规模数字集成电路组成；存储器为磁芯存储器，控制功能比较简单，能完成定时、计数及逻辑运算操作。

（2）20 世纪 70 年代初期到末期。这一时期 PLC 的特点表现为：CPU 采用微处理器，存储器采用半导体存储器，这样不仅减小了整机的体积，而且大大提高了数据处理能力；增加了数据运算、传送、比较等功能，实现了对模拟量的控制。

（3）20 世纪 70 年代末期到 80 年代中期。这一时期 PLC 的特点表现为：大规模集成电路的发展极大地推动了 PLC 的发展，CPU 开始采用 8 位和 16 位微处理器，大大提高了数据处理能力和速度，PLC 开始具有一定的通信能力，为实现 PLC 分散控制、集中管理奠定了基础。

（4）20 世纪 80 年代中期到 90 年代中期。这一时期 PLC 的特点表现为：超大规模集成电路使 PLC 完全计算机化，CPU 开始采用 32 位微处理器，处理速度得到很大提高，高速计数、中断、PID（比例-积分-微分）、运动控制等功能被引入了 PLC。

（5）进入 21 世纪后。这一时期 PLC 仍保持旺盛的发展势头，目前 PLC 主要向两个方向扩展。一是综合化控制系统。它将工厂生产过程控制与信息管理系统密切结合起来，这种发展趋势将带来工业控制的一场变革，实现真正意义上的电子信息化工厂。二是微型 PLC。其体积如手掌大小，功能可覆盖对单体设备及整个车间的控制，并具备联网功能，控制系统通过这种微型化的 PLC 可以将触角延伸到工厂的各个角落。

1.1.2 PLC 的特点及分类

1.1.2.1 PLC 的特点

1. 可靠性高，抗干扰能力强

PLC 是专为工业控制而设计的，可靠性高、抗干扰能力强是它的重要特点。PLC 的平均无故障间隔时间可达几十万小时。

2. 编程简单，使用方便

PLC 的编程可采用与继电器电路极为相似的梯形图语言，这种语言直观易懂并且深受现场电气技术人员的欢迎。经过近年来的发展，编程变得更加简单方便。

3. 通用性好，组合灵活

PLC 是通过软件来实现控制的。同一台 PLC 可用于不同的控制对象，只需改变软件就可以实现不同的控制要求，充分体现了 PLC 的灵活性和通用性。

各种 PLC 都有各自的系列化产品，同一系列不同机型的 PLC 功能基本相同，可以互换，还可以根据控制要求进行扩展。

4. 功能完善，适应面广

PLC 不仅可以完成逻辑运算、计数、定时和算术运算功能，配合特殊功能模块还可实现定位控制、过程控制和数字控制等功能。PLC 既可以控制一台单机、一条生产线，也可以控制一个机群、多条生产线；既可以进行现场控制，也可以进行远距离控制。

5. 体积小，功耗低

由于 PLC 是采用半导体集成电路制成的，因此它具有体积小、重量轻、功耗低的特点，并且设计结构紧凑，易于装入机械设备内部，是实现机电一体化的理想控制设备。

6. 设计、施工周期短

由于 PLC 用软件取代了继电接触器控制系统中大量的中间继电器、时间继电器、计数器等低压电器，因此整个设计、安装、接线的工作量大大减少。

思考

根据 PLC 的特点，想想 PLC 应用在哪些场景比较合适。（思考 1~2 min）

1.1.2.2　PLC 的分类

PLC 产品种类繁多，规格和性能也各不相同。通常按照结构形式、控制规模和功能对 PLC 进行分类。

1. 按照结构形式分类

PLC 按照硬件结构形式分为整体式 PLC 和模块式 PLC。

1）整体式 PLC

整体式 PLC 把中央处理单元、存储器、I/O（输入/输出）单元、I/O 扩展接口单元、外部设备接口单元和电源单元等集中在一个模块内，I/O 端子及电源进出接线端子分别设置在模块的两侧。如西门子公司的 S7-1200，如图 1-1-2（a）所示。这种结构具有 I/O 点数少、体积小等优点，适用于单体设备的开关量自动控制和机电一体化产品的开发应用等。

2）模块式 PLC

模块式 PLC 将 PLC 各组成部分做成若干个单独的模块，如 CPU 模块、I/O 模块、电源模块（有的含在 CPU 模块中）以及各种功能模块。模块式 PLC 由框架或基板和各种模块组成。模块装在框架或基板的插座上，如图 1-1-2（b）所示。模块式 PLC 的特点是配置灵活，可根据需要选配不同规模的系统，而且装配方便，便于扩展和维修。大、中型 PLC 一般采用模块式结构。

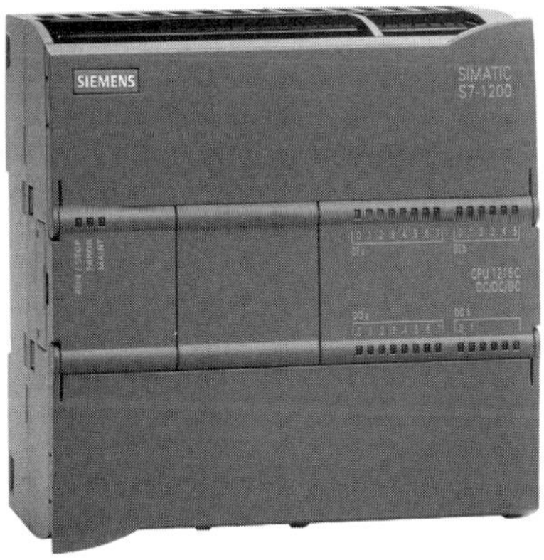

（a）

（b）

图 1-1-2　整体式和模块式 PLC

（a）整体式 PLC　（b）模块式 PLC

2. 按照控制规模分类

PLC 的控制规模主要指开关量的 I/O 点数及模拟量的 I/O 点数。为了适应不同生产过程的应用要求，不同 PLC 能够处理的 I/O 点数是不一样的。主要以开关量的点数计数，模拟量的点数可以折算成开关量的点数。按照控制规模进行分类，PLC 主要分为小型、中型和大型三类。

（1）小型 PLC：I/O 点数在 128 以下的 PLC。它可以连接开关量 I/O 模块、模拟量 I/O 模块以及各种特殊功能模块，能执行逻辑运算、计数、数据处理和传送、通信联网等各种指令。其特点是体积小、结构紧凑。

（2）中型 PLC：I/O 点数在 128~512 之间的 PLC。它除了具有小型机的功能外，还具有更强大的通信联网功能、更丰富的指令系统、更大的内存容量和更快的扫描速度。

（3）大型 PLC：I/O 点数在 512 以上的 PLC。它具有极强的软件和硬件功能、自诊断功能、通信联网功能。它可以构成三级通信网，实现工厂生产管理自动化。

3. 按照功能分类

（1）低档机：具有逻辑运算、定时、计数等功能，有些还具有一定的算术运算、数据处理和传送等功能，可实现逻辑、顺序、定时、计数等控制功能。

（2）中档机：除具有低档机的功能外，还具有模拟量 I/O、算术运算、数据处理和传送等功能，可实现既有数字量又有模拟量的控制功能。

（3）高档机：除具有中档机的功能外，还具有带符号运算、矩阵运算、模拟量调节、联网通信等功能，可实现智能控制、远程控制，构成分布式控制系统，实现自动化管理。

1.1.3 PLC 的应用领域

随着 PLC 的制造成本不断下降，功能不断增强，目前在工业发达的国家，PLC 已成为工业控制中的标准设备，广泛应用于工业控制的各个领域。概括起来，PLC 主要应用在以下几个领域。

1. 逻辑控制领域

逻辑控制是工业控制中应用最多的控制。PLC 的输入和输出信号都是通/断的开关信号。I/O 点数可以不受限制，从十几到成千上万不等，可通过扩展实现。

用 PLC 进行开关量控制（如机床电气控制、电动机控制、电梯运行控制、冶金系统的高炉上料控制、汽车装配线控制、啤酒罐装生产线控制、自动物流分拣控制等）十分普遍。如图 1-1-3 所示的智能物流分拣线就属于 PLC 在逻辑控制领域的应用。

2. 过程控制领域

PLC 配合特殊模块可对温度、压力、流量、液面高度等连续变化的模拟量进行闭环过程控制。如图 1-1-4 所示为 PLC 液位控制系统。

3. 运动控制领域

PLC 可采用专用的运动控制模块对伺服电动机和步进电动机的速度与位置进行控制，从而实现对各种机械（如金属切削机床、数控机床、工业机器人等）的运动控制。如图 1-1-5 所示为 PLC 控制的数控机床。

图 1-1-3　智能物流分拣线

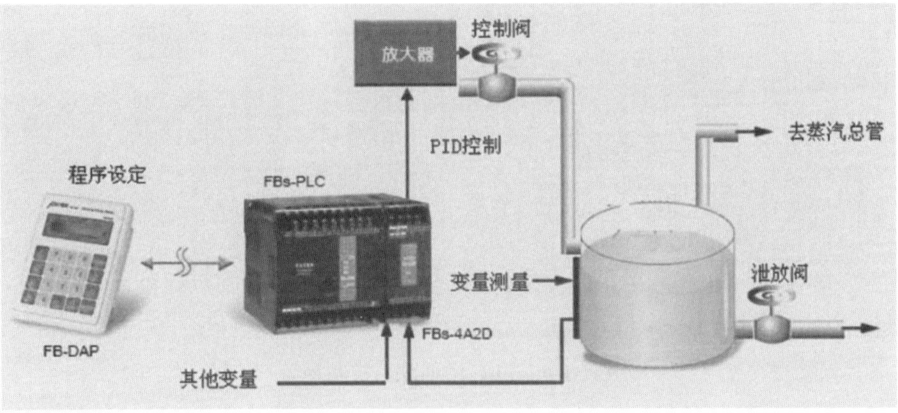

图 1-1-4　PLC 液位控制系统

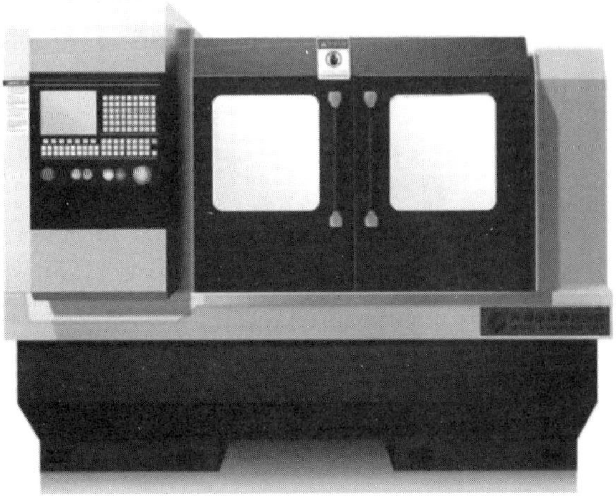

图 1-1-5　PLC 控制的数控机床

4. 通信联网领域

PLC 通过网络通信模块及远程 I/O 控制模块实现 PLC 之间、PLC 与计算机之间、PLC 与其他智能设备之间的通信功能,还能实现 PLC 分散控制、计算机集中管理的集散控制,这样可以扩大系统的控制规模,甚至可以使整个工厂实现生产自动化。如图 1-1-6 所示为 PLC 通信联网控制系统。

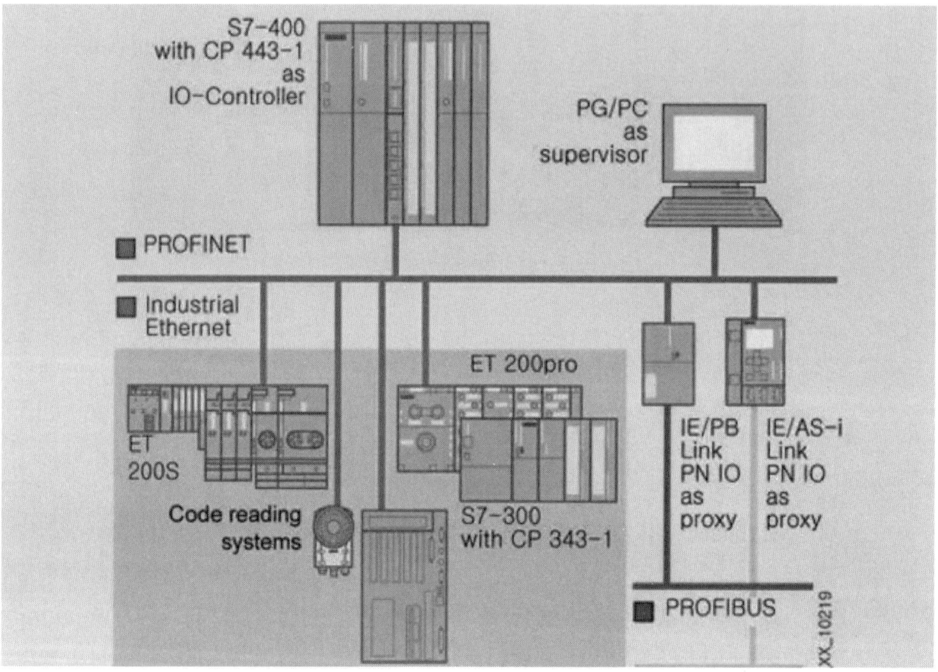

图 1-1-6　PLC 通信联网控制系统

5. 数据处理领域

PLC 具有很强的数学运算(包括逻辑运算、算术运算、矩阵运算、函数运算)以及数据的传送、转换、排序、检索等功能,还可以完成数据采集、分析和处理。这些数据可以与存储器中的数据进行比较,也可以传送给其他智能装置或打印机。较复杂的数据处理一般应用在大、中型控制系统中。

1.1.4 PLC 的结构

PLC 主要由六部分组成,分别为 CPU、存储器、I/O 模块、电源、外部设备接口、I/O 扩展接口。如图 1-1-7 所示为 PLC 硬件结构示意图。

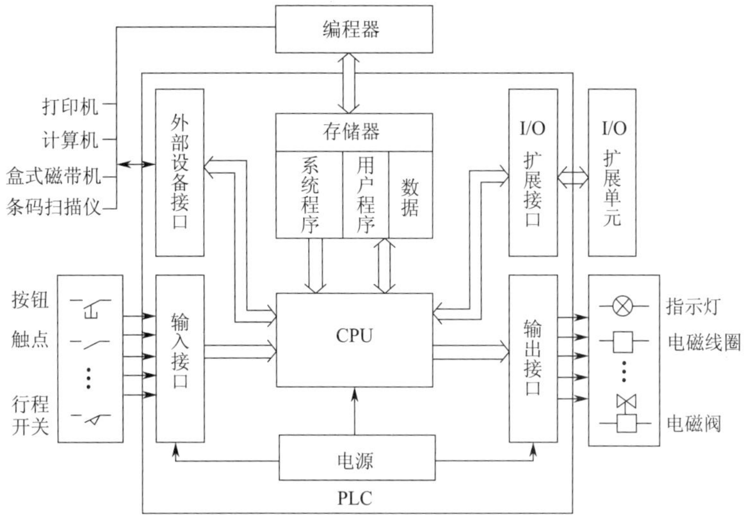

图 1-1-7 PLC 硬件结构示意图

1.1.4.1 CPU

CPU 是计算机的核心,因此也是 PLC 的核心。CPU 相当于大脑,主要用于信号采集、运算与输出。其主要功能任务是:

(1)接收与存储用户由编程器输入的用户程序和数据;

(2)检查编程过程中的语法错误,诊断电源及 PLC 内部的工作故障;

(3)用扫描方式工作,接收来自现场的输入信号,并输送到输入映像寄存器和输出映像寄存器中;

(4)在进入运行方式后,从存储器中逐条读取并执行用户程序所规定的逻辑运算、算术运算及数据处理等操作;

(5)根据运算结果,更新有关标志性的状态,刷新输出映像寄存器的内容,再经输出部件实现输出控制等功能。

1.1.4.2 存储器

存储器用于存放系统程序、用户程序、逻辑变量和其他信息。系统程序是控制和完成 PLC 多种功能的程序,由厂家编写。用户程序是根据生产过程和工艺要求设计的控制程序,由用户编写。

PLC 中常用的存储器有只读存储器(ROM)和随机存取存储器(RAM)。

1. ROM

ROM 只能读出数据,不能写入数据。它是非易失性的,在关闭电源后,仍能保存储存的内容。ROM 用来存放 PLC 的操作系统。

2. RAM

RAM 中的数据既能读出也能写入。RAM 是易失性存储器, RAM 芯片电源中断后,储存的信息将会丢失。

RAM 的工作速度快,价格低,改写方便。在关闭 PLC 的外部电源后,可以用电池保存 RAM 中的用户程序和某些数据。

1.1.4.3 I/O 模块

输入(Input)模块和输出(Output)模块简称 I/O 模块,它们是系统的眼、耳、手、脚,是联系外部现场设备和 CPU 模块的桥梁。

1. 输入模块

输入模块用来接收和采集输入信号,包括开关量输入模块、模拟量输入模块等。如图 1-1-8 所示为输入模块的原理图和实物图。

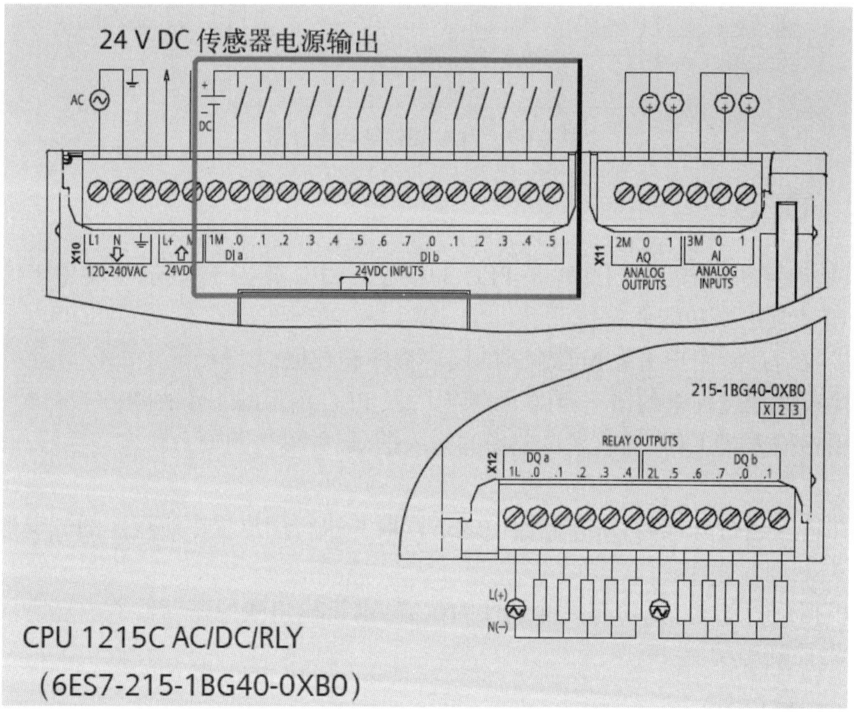

(a)

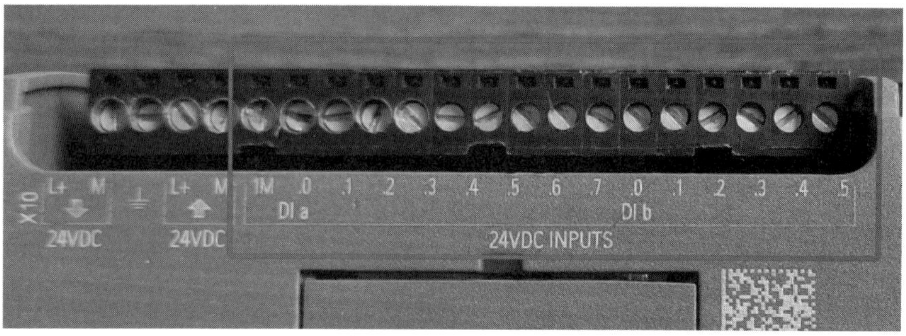

(b)

图 1-1-8　输入模块的原理图(框线内)和实物图

(a)原理图　(b)实物图

开关量输入模块用来接收按钮、选择开关、数字拨码开关、限位开关、接近开关、光电开关、压力继电器等提供的开关量输入信号。

模拟量输入模块用来接收电位器、测速发电机和各种变送器提供的连续变化的模拟信号。

输入模块的主要器件是光电耦合器。光电耦合器可以提高 PLC 的抗干扰能力和安全性能，进行高低电压（24 V/5 V）转换。

2. 输出模块

输出模块是连接 PLC 与外部执行元件的桥梁，包括开关量输出模块和模拟量输出模块。

开关量输出模块用来控制接触器、电磁阀、电磁铁、指示灯、数字显示装置和报警装置等输出设备。

模拟量输出模块用来控制电动调节阀、变频器等执行器。

PLC 输出方式包括继电器输出和晶体管输出，如图 1-1-9 所示。其中继电器输出为有触点的输出方式，可用于直流或低频交流负载；晶体管输出是无触点输出方式，适用于高速、小功率直流负载。

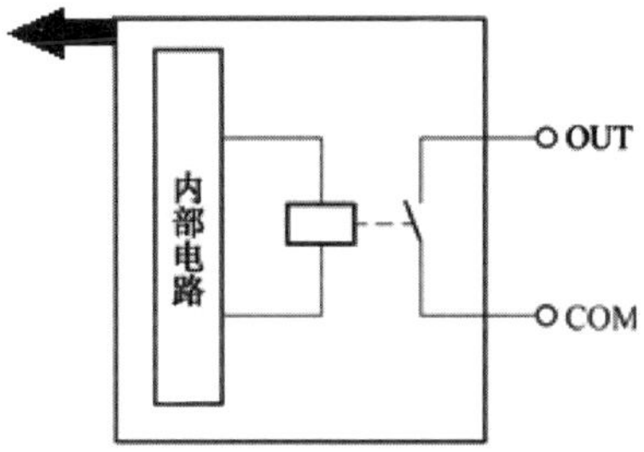

（a）

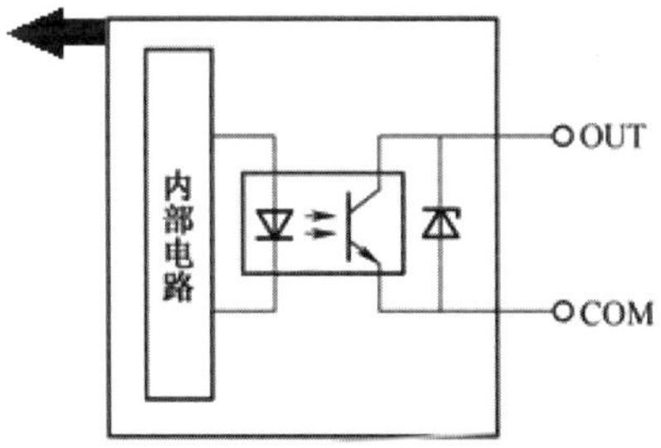

（b）

图 1-1-9　PLC 输出方式

（a）继电器输出　（b）晶体管输出

输出模块的原理图和实物图如图 1-1-10 所示。

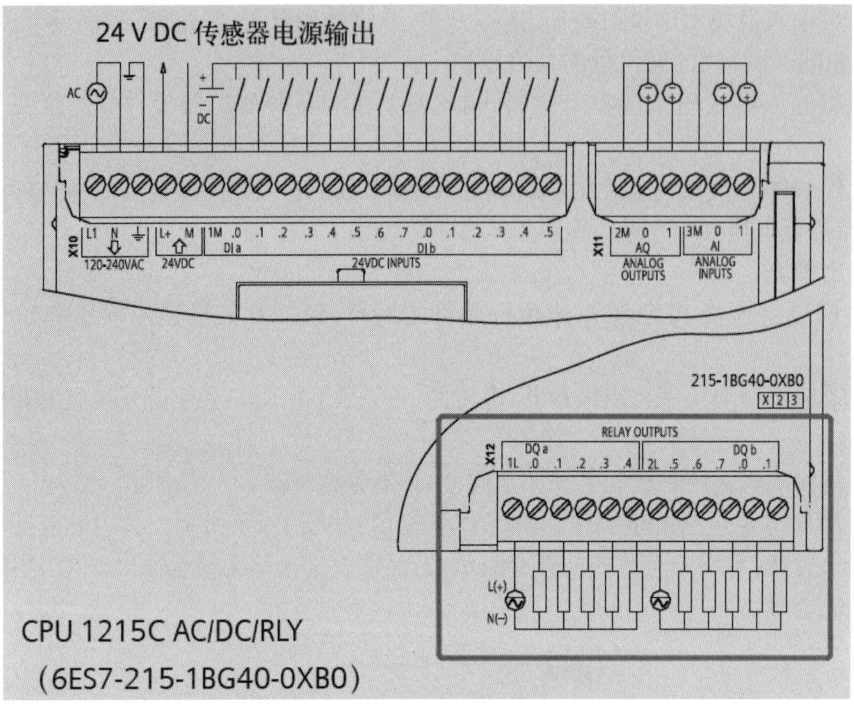

（a）

（b）

图 1-1-10　输出模块的原理图（框线内）和实物图

（a）原理图　（b）实物图

1.1.4.4　电源

通常情况下，PLC 使用 AC 220 V 电源或者 DC 24 V 电源。PLC 可以为输入电路和外部的电子传感器（例如接近开关）提供 DC 24 V 电源。如图 1-1-11 所示为 PLC 电源的原理图和实物图。

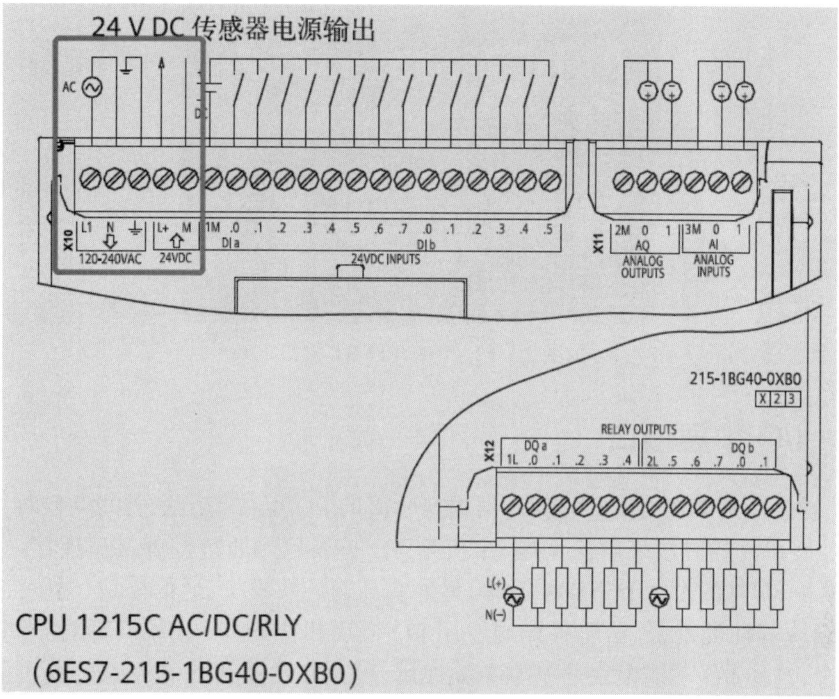

（a）

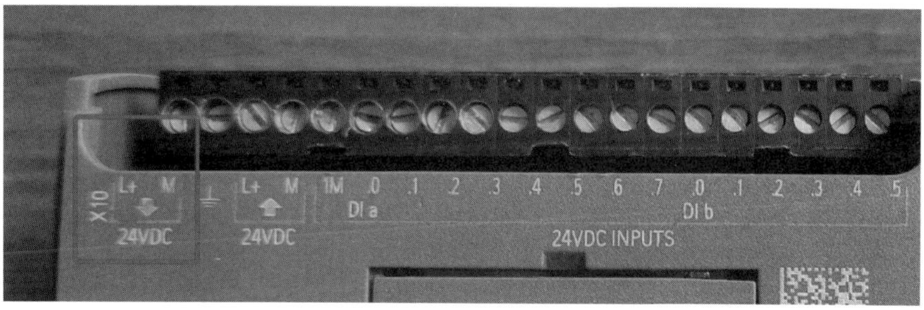

（b）

图 1-1-11　PLC 电源的原理图（框线内）和实物图

（a）原理图　（b）实物图

1.1.4.5　外部设备接口

外部设备［如外存储器、人机接口（触摸屏）等］通过该接口与 PLC 联系，可以进行人机对话。专用编程器或计算机通过此接口与 PLC 相连，可以编写 PLC 控制程序、输入程序、调试程序、修改程序以及在线监视 PLC 的工作状态等。如图 1-1-12 所示为西门子 PLC 的 PROFINET 接口。

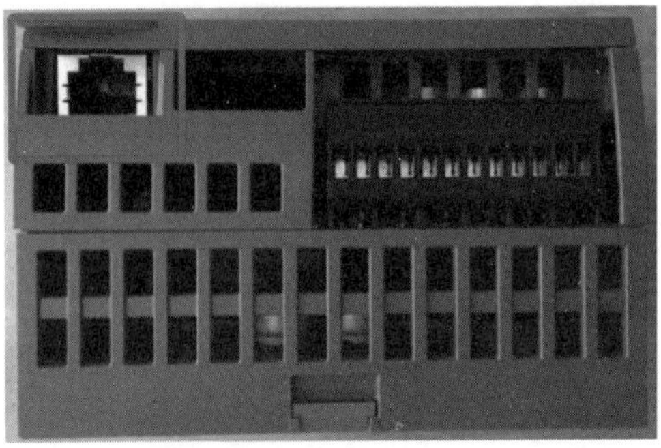

图 1-1-12　PROFINET 接口

1.1.4.6　I/O 扩展接口

I/O 扩展接口是 PLC 的总线接口，当用户所需的 I/O 点数超出主机的点数时，可以通过加接 I/O 扩展单元的方法来解决问题，主机与 I/O 扩展单元通过扩展接口连接。PLC 具有多种 I/O 模块，常见的有 A/D、D/A 模块；另外有高速计数模块、通信模块、温度控制模块和定位控制模块等种类繁多、功能各异的专用 I/O 模块和智能 I/O 模块。针对不同的工业控制应用场合，选择 I/O 功能模块与基本单元连用，可充分发挥 PLC 灵活、通用、可靠、迅捷的优势。如图 1-1-13 所示为西门子 PLC 部分扩展模块。

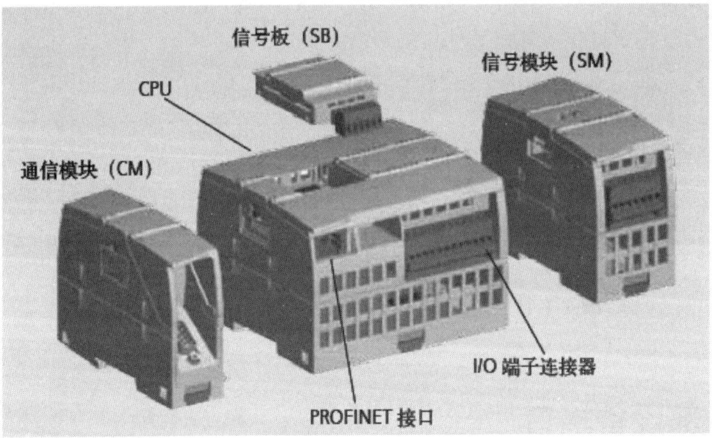

图 1-1-13　西门子 PLC 部分扩展模块

1.1.5　PLC 的工作原理及实例说明

1.1.5.1　PLC 的工作原理

虽然 PLC 具有微机的许多特点，但它的工作方式却与微机有很大不同。微机一般采用等待式工作方式，有键被按下或有 I/O 动作则转入相应的子程序，无键被按下则继续扫描。

而 PLC 的工作方式有两个显著特点：一是周期性循环扫描，二是信号集中批处理。PLC 采用周期性循环扫描工作方式：在 PLC 中，用户程序按先后顺序存放，CPU 从第一条指令开始执行程序，遇到结束符后又返回第一条，如此周而复始不断循环。这种工作方式是在系统软件控制下，扫描各输入点的状态，按用户程序进行运算处理，向输出点发出相应的控制信号。整个工作过程可分为五个阶段：CPU 自诊断、通信处理、扫描输入、执行用户程序和输出刷新。如图 1-1-14 所示为 PLC 工作过程示意图。

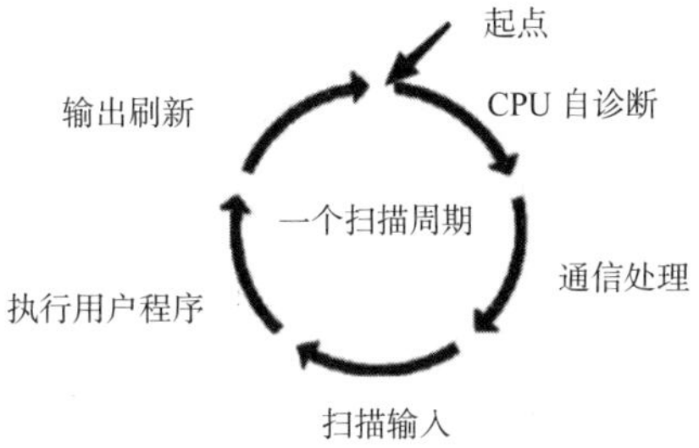

图 1-1-14　PLC 工作过程示意图

1. CPU 自诊断阶段

每次扫描用户程序之前，PLC 都会先执行故障自诊断程序。自诊断内容包括 I/O 部分、存储器、CPU 等，若发现异常停机，则显示出错；若自诊断显示正常，则继续向下扫描。

2. 通信处理阶段

PLC 检查是否有与编程器、计算机等的通信请求，若有则进行相应处理，如接收由编程器送来的程序、命令和各种数据，并把要显示的状态、数据、出错信息等发送给编程器进行显示。如果有与计算机等的通信请求，则在这段时间内完成数据的接收和发送任务。

3. 扫描输入阶段

PLC 的微处理器对各个输入端进行扫描，将所有输入端的状态送到输入映像寄存器中。

4. 执行用户程序阶段

微处理器逐条执行用户指令程序，即按程序要求对数据进行逻辑、算术运算，再将正确的结果送到输出映像寄存器中。

5. 输出刷新阶段

当所有的指令执行完毕时，集中把输出映像寄存器的状态通过输出部件转换成设备所能接受的电压或电流信号，以驱动被控设备。

PLC 这五个阶段的工作过程称为一个扫描周期，完成一个扫描周期后，又重新执行上述过程，扫描周而复始地进行。扫描周期的长短主要取决于程序的长短（通常以 1 000 条指为单位计算），一般每秒钟可扫描数十次以上，大型机则更快，这对于工业设备通常没有什么影响。但对时间要求较严格、响应速度要求快的系统，就必须精确地计算响应时间，细心编排程序，合理安排指令的顺序，以尽可能减小扫描周期造成的响应延时等不良影响。

PLC 与继电接触器的重要区别之一是工作方式不同。继电接触器是按并行方式工作的，也就是说，按同时执行的方式工作的，只要形成电流通路，就可能有几个电器同时动作。

而 PLC 是以反复扫描的方式工作的，循环地连续逐条执行程序，任一时刻它只能执行一条指令，也就是说，PLC 是以串行方式工作的，这种串行工作方式可以避免继电接触器控制的触点竞争和时序失配问题。

总之，采用周期性循环扫描的工作方式是 PLC 区别于微机的最大特点，使用者应特别注意。

1.1.5.2 实例说明

下面我们用异步电动机的启—保—停控制的实例来说明 PLC 的工作原理。

1. 执行 CPU 自诊断

PLC 每扫描一次，执行一次自诊断检查，确定 PLC 自身的动作是否正常，如 CPU、电池电压、程序存储器、I/O 和通信等是否异常或出错。如果检查出异常，CPU 面板上的发光二极管（LED）及异常继电器会接通，在特殊寄存器中会存入出错代码。当出现致命错误时，CPU 被强制为停止（STOP）模式，所有的扫描便停止。

2. 处理通信请求

PLC 执行完用户程序后进入通信服务过程。首先检查有无通信任务，如有则调用相应进程，完成与其他设备的通信，并对通信数据做相应处理；然后进行时钟、特殊寄存器更新处理等工作。

3. 输入采样

在 PLC 的存储器中设置了一片区域用来存放输入信号和输出信号的状态，分别称为输入映像寄存器和输出映像寄存器。CPU 以字节（8 位，用 B 表示）为单位来读写输入映像寄存器和输出映像寄存器。

这是第一个集中批处理过程，在这个阶段 PLC 首先按顺序扫描所有输入端子，并将输入状态存入对应的输入映像寄存器中。此时，输入映像寄存器被刷新，在当前的扫描周期内，执行用户程序时依据的输入信号状态（“1”或“0”）均从输入映像寄存器中读取，而与外部输入信号的状态是否发生变化无关。在此程序执行阶段和接下来的输出刷新阶段，输入映像寄存器与外界隔离，即使此时外部输入信号的状态发生变化，也只能在下一个扫描周期的输入采样阶段读取。一般来说，输入信号的宽度要大于一个扫描周期（扫描周期取决于程序长度、程序复杂程度和 CPU 的性能，一般在几毫秒到几十毫秒），否则很可能造成信号的丢失。

4. 执行用户程序

CPU 在完成输入扫描后，按顺序对从 0 号地址开始的程序段进行逐条扫描执行，并分别从输入映像寄存器、输出映像寄存器及辅助继电器中获取所需的数据进行运算处理。再将程序执行结果写入输出映像寄存器保存。但这个结果在全部程序执行完之前不会送到输出端子上，也就是说，物理输出不会改变。

5. 输出刷新

CPU 执行完用户程序后，将输出映像寄存器的“1”或“0”状态传送到输出模块并锁存起来。梯形图中某一输出位的线圈“得电”时，对应的输出映像寄存器为“1”状态，对应的输出触点闭合。梯形图中某一输出位的线圈“失电”时,对应的输出映像寄存器为“0”状态,对应的输出触点断开。到此,一个扫描周期就结束了,CPU 进入下一个扫描周期。在本周期内,用户程序全部扫描结束后,就已经定好了所有输出位的状态,进入输出刷新阶段时,信号状态已送到输出映像寄存器中,也就是说,输出映像寄存器的数据取决于输出指令的执行结果。把此数据推到锁存器中锁存,锁存器中的数据直接控制输出触点的状态。在一个扫描周期中,锁存器中的数据只在输出刷新阶段改变。

下面通过一个实例来说明 PLC 的工作原理。如图 1-1-15 所示,按钮 SB1 常开点与 PLC I0.1 相连,指示灯 L1 与 PLC Q0.1 相连,按下按钮时,指示灯 L1 点亮,松开按钮时,指示灯 L1 熄灭。I0.1、I0.1 输入映像寄存器、Q0.1 输出映像寄存器、Q0.1 在两个扫描周期的时序图如图 1-1-16 所示,在输入扫描阶段, PLC 将 I0.1 的状态扫描到 I0.1 的输入映像寄存器中并锁存,直到下一个扫描周期才会重新扫描 I0.1 的状态;在执行用户程序阶段,由于 I0.1 输入映像寄存器的值为“1”, I0.1 常开点接通, Q0.1 线圈得电,用户程序将输出映像寄存器状态置为“1”并锁存;在输出刷新阶段, PLC 将 Q0.1 输出映像寄存器的状态刷新到输出点 Q0.1。

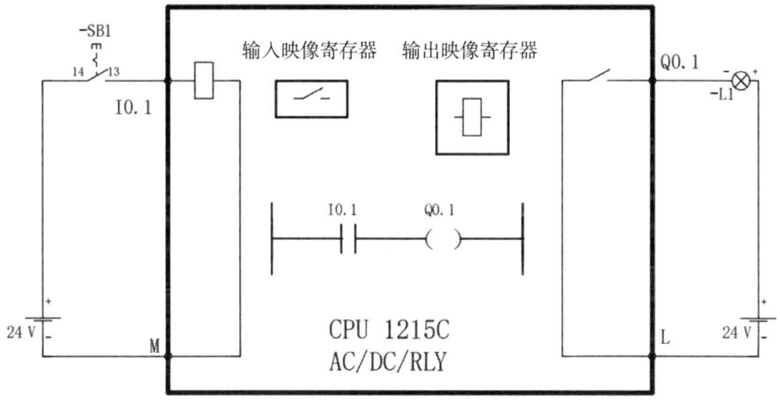

图 1-1-15　PLC 工作原理图

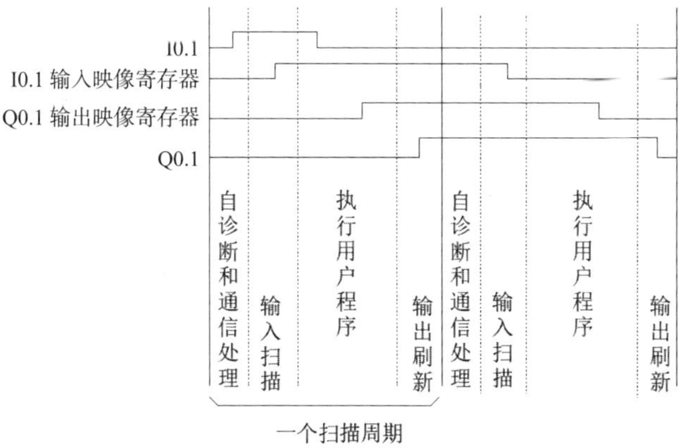

图 1-1-16　输入输出时序图

由于扫描周期很短，一般在几毫秒到几十毫秒，应用中默认当 SB1 按下时，指示灯 L1 点亮，当 SB1 松开时指示灯 L1 熄灭。

1.1.6 西门子 PLC 介绍

德国西门子公司是欧洲最大的电子和电气设备制造商之一，生产的 SIMATIC 可编程逻辑控制器在欧洲处于领先地位，SIMATIC 产品包括 SIMATIC S7、M7 和 C7 等几大系列。

SIMATIC S7 系列产品分为通用逻辑模块（LOGO！）、微型 PLC（S7-200 系列）、中等性能系列 PLC（S7-300 系列）和高性能系列 PLC（S7-400 系列）。2009 年以来，西门子公司又推出了 S7-1200、S7-1500 系列产品。从产品性能看，S7-1200 相当于高端 S7-200 和低端 S7-300，S7-1500 相当于中高端的 S7-300、S7-400。如图 1-1-17 所示为 SIMATIC S7 系列产品定位图。

图 1-1-17 西门子 SIMATIC S7 系列产品定位图

1. LOGO！

西门子 LOGO！作为小型智能逻辑控制器，具有小巧灵活、编程便捷、功能可靠的优点，为小型逻辑控制提供了解决方案。LOGO！PLC 是西门子第八代智能逻辑控制器，是 SIMATIC 控制器家族的入门级产品，它简化了编程组态，集成了显示面板，并可通过集成的以太网接口轻松组网，具有较高的互联能力。如图 1-1-18 所示为 LOGO！PLC 实物图。

2. S7-200

从 CPU 模块的功能来看，S7-200 系列微型 PLC 发展至今大致经历了两代：第一代产品（21 版），其 CPU 模块为 CPU 21X，主机都可进行扩展；第二代产品（22 版），其 CPU 模块为 CPU 22X，是在 21 世纪初投放市场的，其特点是速度快，具有较强的通信能力。如图 1-1-19 所示为 S7-200 系列 PLC 实物图。

S7-200 系列 PLC 适用于各行各业，尤其是各种场合的检测、监测及自动化控制，在集散自动化系统中发挥了强大作用。其使用范围可覆盖从替代继电器的简单控制到更复杂的自动化控制，应用领域极为广泛，覆盖所有与自动检测、自动化控制有关的工业及民用领域中的设备，包括各种机床、机械、电力设施、民用设施、环境保护设备等，如冲压机床、磨床、印刷机械、中央空调、电梯、运动系统。

图 1-1-18　LOGO！PLC 实物图

图 1-1-19　S7-200 系列 PLC 实物图

S7-200 系列 PLC 包括五个不同类型的 CPU，分别为 CPU 221、CPU 222、CPU 224、CPU 224XP 和 CPU 226。S7-200 CPU 技术指标如表 1-1-1 所示。

表 1-1-1　S7-200 CPU 技术指标

特性	CPU 221	CPU 222	CPU 224	CPU 224XP	CPU 226
集成的数字量输入输出	6 入/4 出	8 入/6 出	14 入/10 出	14 入/10 出	24 入/16 出
集成的模拟量输入输出	无	无	无	2 入/1 出	无
最大扩展模块数量	0	2	7	7	7
数据存储区	2 kB	2 kB	8 kB	10 kB	10 kB
程序存储器 • 可在运行模式编辑 • 不可在运行模式编辑	 4 kB 4 kB	 4 kB 4 kB	 8 kB 12 kB	 12 kB 16 kB	 16 kB 24 kB
高速计数器	单相：4 路 30 kHz 正交相位：2 路 20 kHz	单相：4 路 30 kHz 正交相位：2 路 20 kHz	单相：6 路 30 kHz 正交相位：4 路 20 kHz	单相：4 路 30 kHz、2 路 200 kHz、1 路 20 kHz 正交相位：1 路 100 kHz	单相：6 路 30 kHz 正交相位：4 路 20 kHz
脉冲输出	2 路 20 kHz	2 路 20 kHz	2 路 20 kHz	2 路 100 kHz	2 路 20 kHz
通信口	1 × RS-485	1 × RS-485	1 × RS-485	2 × RS-485	2 × RS-485
外形尺寸/（mm × mm × mm）	90 × 80 × 62	90 × 80 × 62	120.5 × 80 × 62	140 × 80 × 62	190 × 80 × 62

注：1 kB=1 024 B。

3. S7-1200

S7-1200 PLC 使用灵活、功能强大,可用于控制各种各样的设备以满足自动化需求。S7-1200 PLC 设计紧凑、组态灵活且具有功能强大的指令集,这些特点的组合使它成为各种控制应用的完美解决方案。CPU 将微处理器、集成电源、输入和输出电路、内置 PROFINET、高速运动控制、I/O 和板载模拟量输入组合到一个设计紧凑的外壳中来形成功能强大的控制器。S7-1200 PLC 在西门子家族中属于模块化小型 PLC,适用于各种中低端离散式自动化系统和独立式自动化系统。

S7-1200 PLC 的外形如图 1-1-20 所示,带有一个 PROFINET 接口,用于与编程计算机、人机界面(HMI)、其他 PLC 及带以太网接口的设备通信,还可以使用附加模块通过 PROFIBUS 接口、GPRS 接口、RS-485 接口或 RS-232 接口等与外界进行通信。

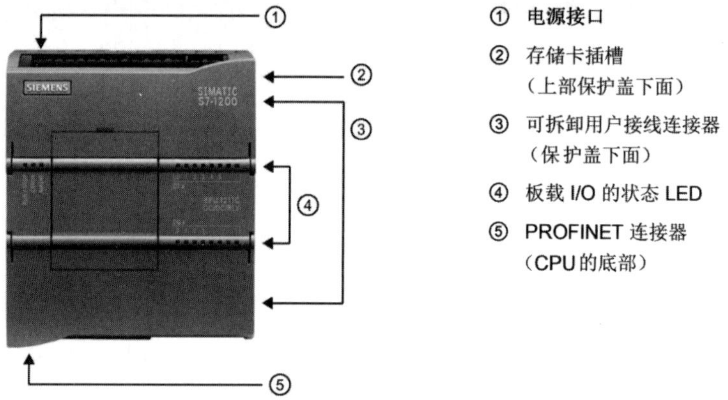

图 1-1-20　S7-1200 PLC 的外形

S7-1200 PLC 包括五种不同类型的 CPU,分别为 CPU 1211C、CPU 1212C、CPU 1214C、CPU 1215C 和 CPU 1217C。S7-1200 CPU 技术指标如表 1-1-2 所示。

表 1-1-2　S7-1200 CPU 技术指标

特性	CPU 1211C	CPU 1212C	CPU 1214C	CPU 1215C	CPU 1217C
集成的数字量输入输出	6 入/4 出	8 入/6 出	14 入/10 出	14 入/10 出	14 入/10 出
集成的模拟量输入输出	2 入	2 入	2 入	2 入/2 出	2 入/2 出
位存储器	4 kB	4 kB	8 kB	8 kB	8 kB
过程映像大小	1 024 字节输入(I)和 1 024 字节输出(Q)				
用户存储器 • 工作存储器 • 装载存储器 • 保持性存储器	• 50 kB • 1 MB • 10 kB	• 75 kB • 1 MB • 10 kB	• 100 kB • 4 MB • 10 kB	• 125 kB • 4 MB • 10 kB	• 150 kB • 4 MB • 10 kB

续表

<table>
<tr><td>特性</td><td>CPU 1211C</td><td>CPU 1212C</td><td>CPU 1214C</td><td>CPU 1215C</td><td>CPU 1217C</td></tr>
<tr><td>高速计数器</td><td>单相:3 路 100 kHz
正交相位:3 路
80 kHz</td><td>单相:3 路 100 kHz、
1 路 30 kHz
正交相位:3 路
80 kHz、1 路 20 kHz</td><td>单相:3 路 100 kHz、
3 路 30 kHz
正交相位:3 路
80 kHz、3 路 20 kHz</td><td>单相:3 路 100 kHz、
3 路 30 kHz
正交相位:3 路
80 kHz、3 路 20 kHz</td><td>单相:4 路 1 MHz、
2 路 100 kHz
正交相位:3 路
1 MHz、3 路
100 kHz</td></tr>
<tr><td>脉冲输出</td><td colspan="5">最多 4 路,CPU 本体 100 kHz,通过信号板可输出 200 kHz(CPU 1217 最多支持 1 MHz)</td></tr>
<tr><td>通信口</td><td colspan="3">1 个以太网通信端口,支持 PROFINET 通信</td><td colspan="2">2 个以太网端口,支持 PROFINET 通信</td></tr>
<tr><td>外形尺寸/
(mm × mm × mm)</td><td colspan="2">90 × 100 × 75</td><td>110 × 100 × 75</td><td>130 × 100 × 75</td><td>150 × 100 × 75</td></tr>
</table>

4. S7-300/400

S7-300/400 PLC 是西门子公司生产的中大型机,产品性能稳定,网络通信功能强大,程序简单,性价比高,目前广泛应用于工业自动化控制领域。其模块结构、易于实现分布式的配置以及性价比高、电磁兼容性强、抗振动冲击性能好的特点,使其成功地应用于各行各业的自动化领域中。如图 1-1-21 所示为 S7-300/400 PLC 实物图。

(a)　　　　　　(b)

图 1-1-21　S7-300/400 PLC 实物图

(a)S7-300 PLC　(b)S7-400 PLC

S7-300/400 可使用 STEP 7-Micro/WIN V5.5 SP2 来编程,用 S7-PLCSIM V5.4 SP5 来实现仿真,同时也可用 TIA 博途 V13 SP1 及以上版本来实现编程与仿真。

5. S7-1500

S7-1500 PLC 是 2013 年 3 月正式在中国推出的新一代 PLC,该系列产品专为中高端设备和工厂自动化设计。新一代控制器以高性能、高效率的优势脱颖而出,除具有卓越的系统性能外,该控制器还能集成一系列功能,包括运动控制、工业信息安全,以及可实现便捷安全应用的故障安全功能。集成于 TIA 博途的诊断功能通过简单配置即可实现对设备运行状态的诊断,简化工程组态,降低项目成本。如图 1-1-22 所示为 S7-1500 PLC 实物图。

图 1-1-22　S7-1500 PLC 实物图

练习题

1. 判断题

(1)PLC 具有可靠性高、抗干扰能力强的特点。 (　　)

(2)PLC 应用在酿酒行业主要利用其在通信联网领域的优势。 (　　)

(3)第一台可编程逻辑控制器是由俄罗斯制造的。 (　　)

2. 填空题

(1)PLC 的特点主要有:__________;__________;__________;__________;__________;__________。

(2)PLC 的发展时期有__________、__________、__________、__________、__________五个发展时期。

3. 简答题

(1)PLC 的定义是什么?

(2)第一台可编程逻辑控制器是由哪个国家制造的?叫什么名字?我国是从什么时候开始在工业领域应用 PLC 的?

(3)PLC 在逻辑控制领域应用有哪些代表行业?

任务完成报告

姓名		学习日期	
任务名称	认识 PLC		
任务完成情况	考核内容	完成情况	
	(1)说出 PLC 的定义、发展和典型应用领域	□好　□良好　□一般　□差	
	(2)说出 PLC 的特点	□好　□良好　□一般　□差	
	(3)描述 PLC 的结构和工作原理	□好　□良好　□一般　□差	
	(4)说出西门子 PLC 的家族系列	□好　□良好　□一般　□差	
学习心得			

任务 1.2　博途软件应用

任务要求

(1)使用博途软件创建启—保—停程序；
(2)下载并运行启—保—停程序。

知识目标

(1)掌握博途软件的安装方法；
(2)认识博途软件的界面；
(3)掌握使用博途软件创建项目和下载程序的方法。

能力目标

(1)能够完成博途软件的安装；
(2)能够使用博途软件创建项目；
(3)能够使用博途软件下载程序。

素养目标

(1)培养学生的实际动手操作能力；
(2)培养学生的团队合作精神。

1.2.1　博途软件的安装

1.2.1.1　博途软件简介

TIA 博途是西门子公司的全新工程设计软件平台，S7-1200 使用 TIA 博途上的 STEP 7 Basic(基本版)或 STEP 7 Professional(专业版)编程。

TIA 博途上的 STEP 7 Professional 可用于 S7-1200/1500、S7-300/400 和 WinCC 的组态、编程和诊断。WinCC 是用于西门子的 HMI、工业 PC(个人计算机)和标准 PC 的组态软件，WinCC 的基本版可用于组态精简面板。TIA 博途上的 STEP 7 Safety 适用于标准和故障安全自动化的工程组态系统，支持所有的 S7-1200/1500 CPU 和老型号 F-CPU。

SINAMICS Startdrive 是适用于所有西门子驱动装置和控制器的工程组态平台，集成了硬件组态、参数设置以及调试和诊断功能，可以无缝集成到 SIMATIC 自动化解决方案中。

TIA 博途结合面向运动控制的 SCOUT 软件，可以实现对 SIMOTION 运动控制器的组态与程序编辑。

1.2.1.2　博途软件对计算机的要求

STEP 7 Professional（专业版）和 STEP 7 Basic（基本版）安装文件的大小相差不多，推荐的计算机硬件配置如下：处理器主频 3.3 GHz 或更高（最小 2.2 GHz），内存 8 GB 或更大，硬盘 300 GB，15.6 in（约 39.6 cm）宽屏显示器，分辨率 1 920 × 1 080 像素。

TIA 博途 V16 要求的计算机操作系统为非家用版的 32 位或 64 位的 Windows 7 SP1 及以上版本，非家用版的 64 位的 Windows 8.1 及以上版本，以及某些 Windows 服务器，不支持 Windows XP。

TIA 博途上的软件应按下列顺序安装：STEP 7 Professional → S7-PLCSIM → WinCC Professional → Startdrive → STEP 7 Safety Advanced。

1.2.1.3　博途软件的安装

本节以博途 V16 版本为例介绍博途软件的安装过程，建议在安装之前关闭所有杀毒软件。具体安装步骤如下。

步骤 1：双击打开“TIA_Portal_STEP7_V16”文件夹，选中文件“TIA_Portal_STEP7_Prof_Safety_WINCC_Adv_Unified_V16.exe”，单击鼠标右键，在弹出的快捷菜单中选择“以管理员身份运行”命令，如图 1-2-1 所示。

图 1-2-1　博途软件安装 1

步骤 2：在弹出的安装窗口单击“下一步”按钮，如图 1-2-2 所示。

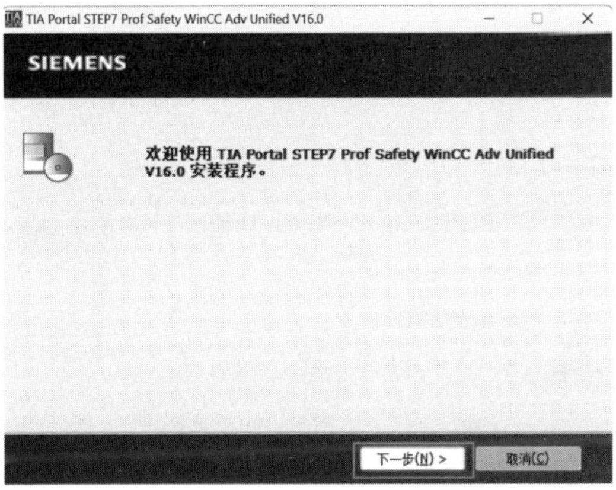

图 1-2-2　博途软件安装 2

步骤 3：选中“简体中文”单选钮，单击“下一步”按钮，如图 1-2-3 所示。

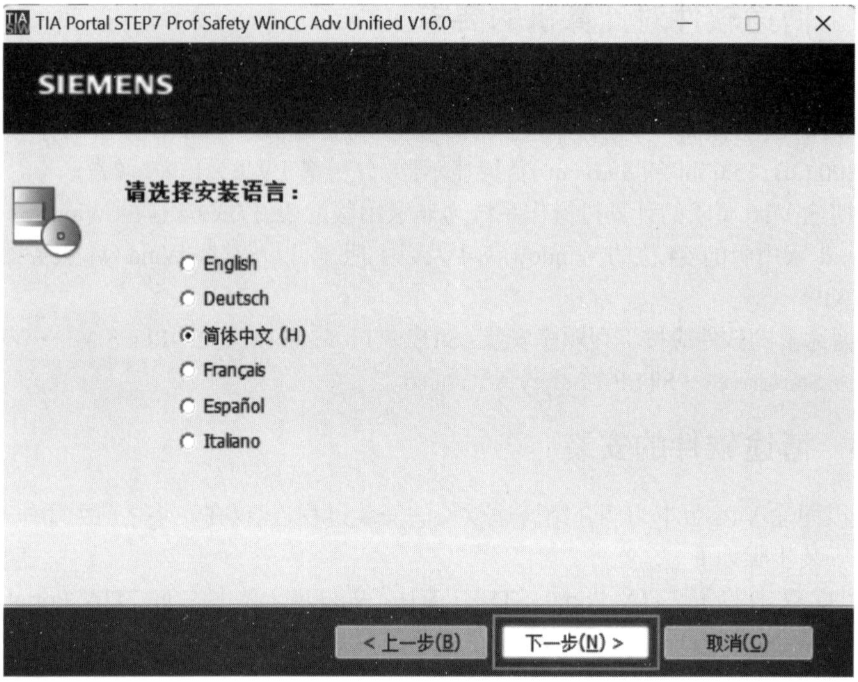

图 1-2-3　博途软件安装 3

步骤 4：勾选“退出时删除提取的文件”复选框，单击“下一步”按钮，如图 1-2-4 所示。

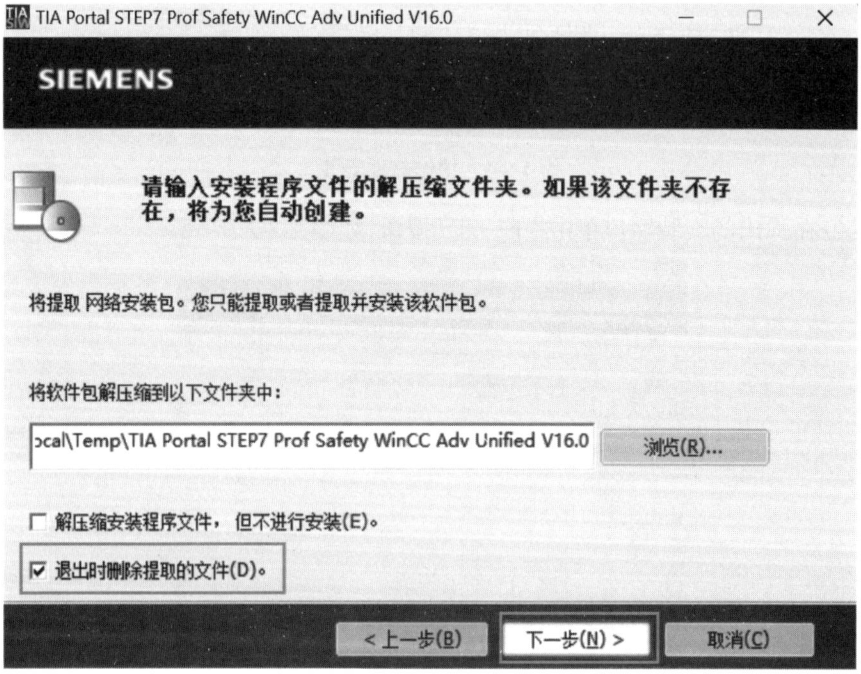

图 1-2-4　博途软件安装 4

步骤 5:选中“安装语言:中文”单选钮,单击“下一步”按钮,如图 1-2-5 所示。

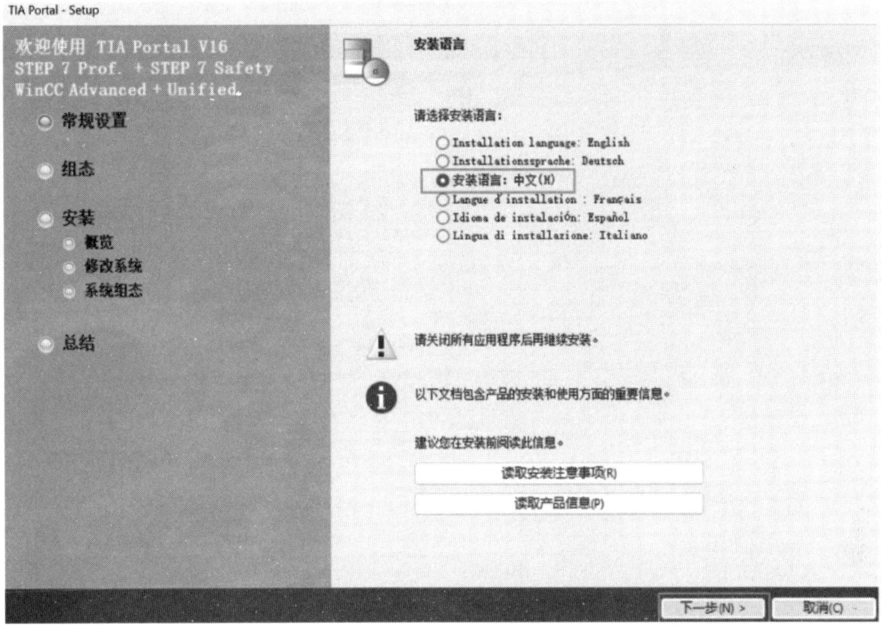

图 1-2-5　博途软件安装 5

步骤 6:勾选“简体中文”复选框,单击“下一步”按钮,如图 1-2-6 所示。

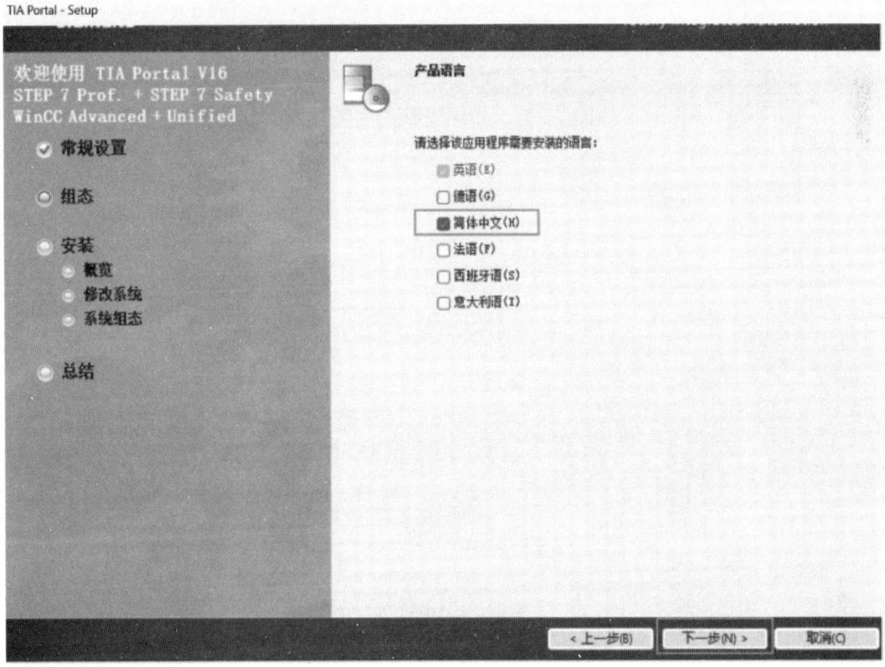

图 1-2-6　博途软件安装 6

步骤 7:选择典型安装,单击“下一步”按钮,如图 1-2-7 所示。

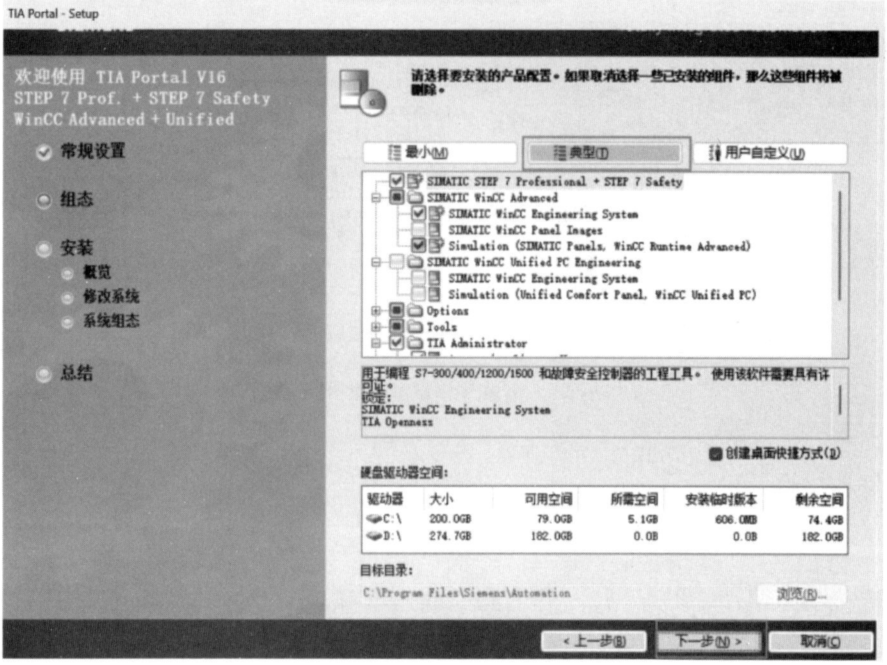

图 1-2-7　博途软件安装 7

步骤 8:勾选接受协议和特此确认两个复选框,单击“下一步”按钮,如图 1-2-8 所示。

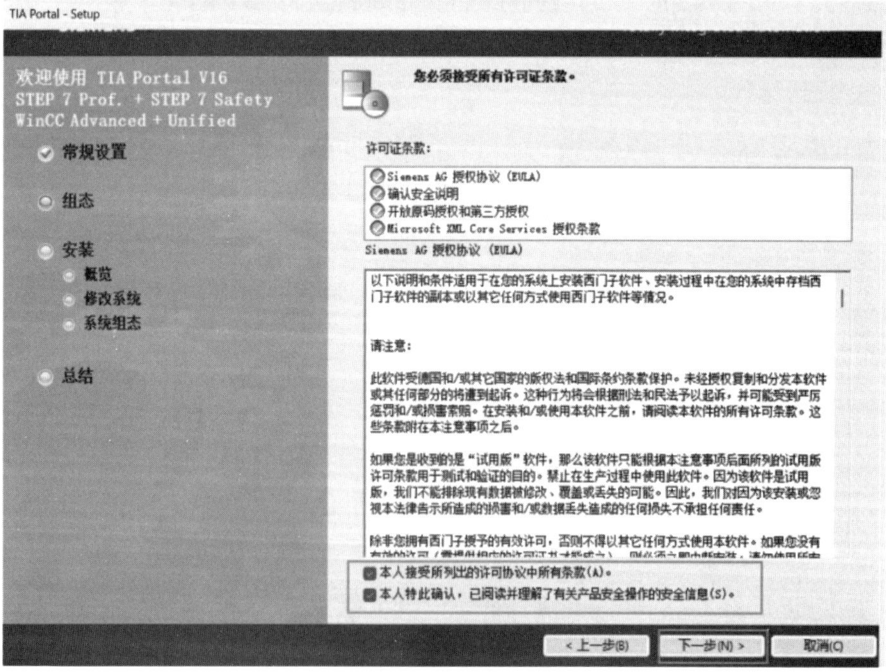

图 1-2-8　博途软件安装 8

步骤 9:勾选“我接受此计算机上的安全和权限设置”复选框,单击“下一步”按钮,如图 1-2-9 所示。

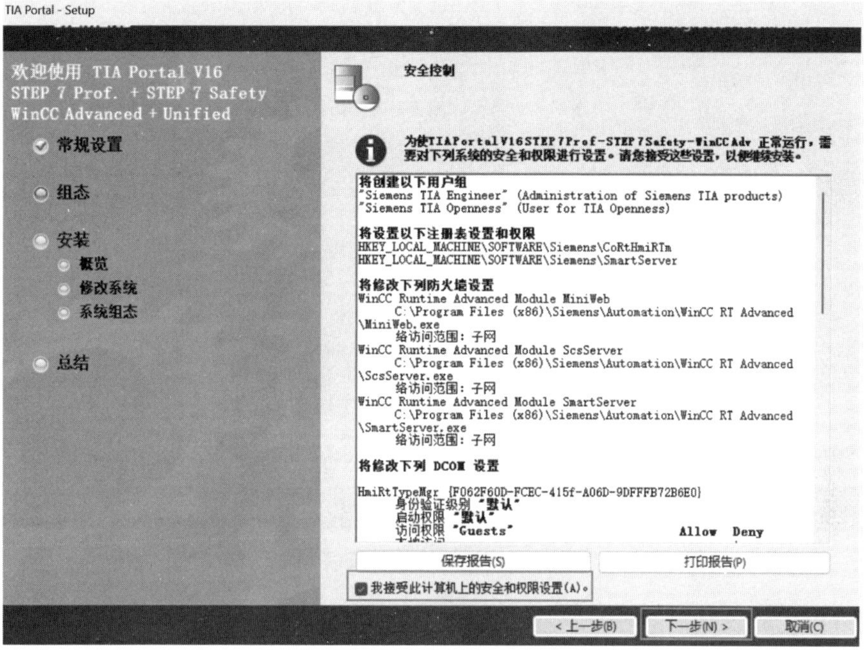

图 1-2-9　博途软件安装 9

步骤 10:如图 1-2-10 所示,单击“安装”按钮,安装过程如图 1-2-11 所示。

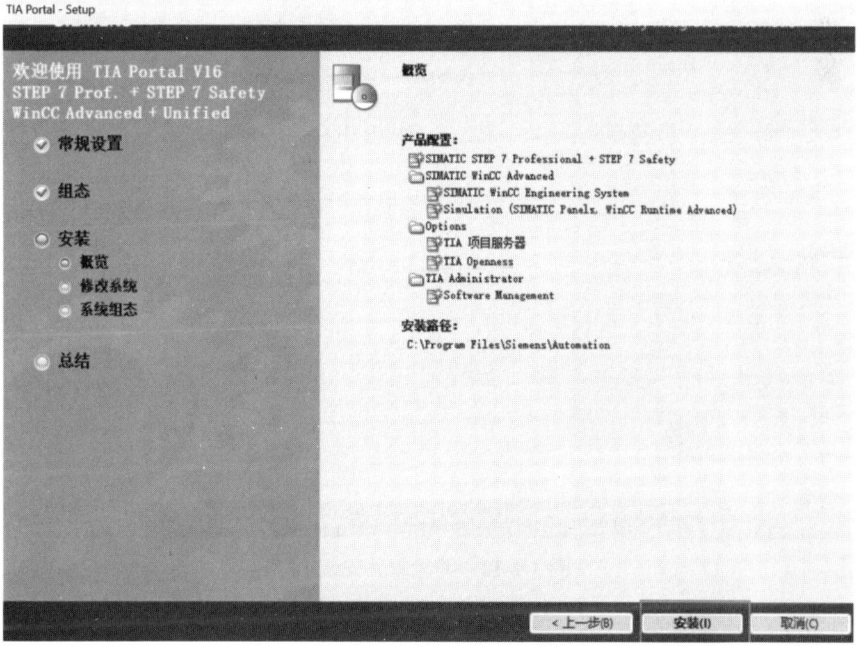

图 1-2-10　博途软件安装 10

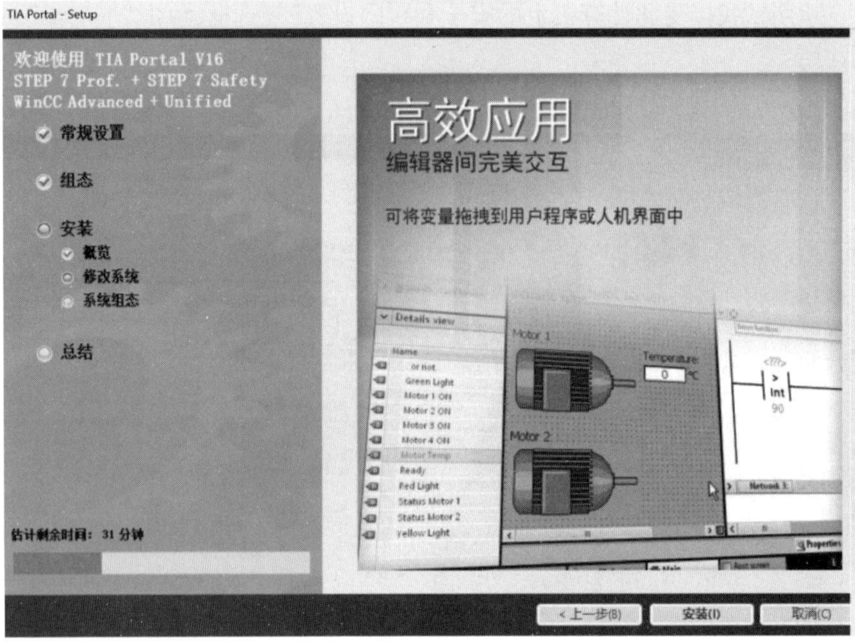

图 1-2-11　博途软件安装 11

步骤 11：完成安装后选中“是，立即重启计算机”单选钮，单击“重新启动”按钮，如图 1-2-12 所示。

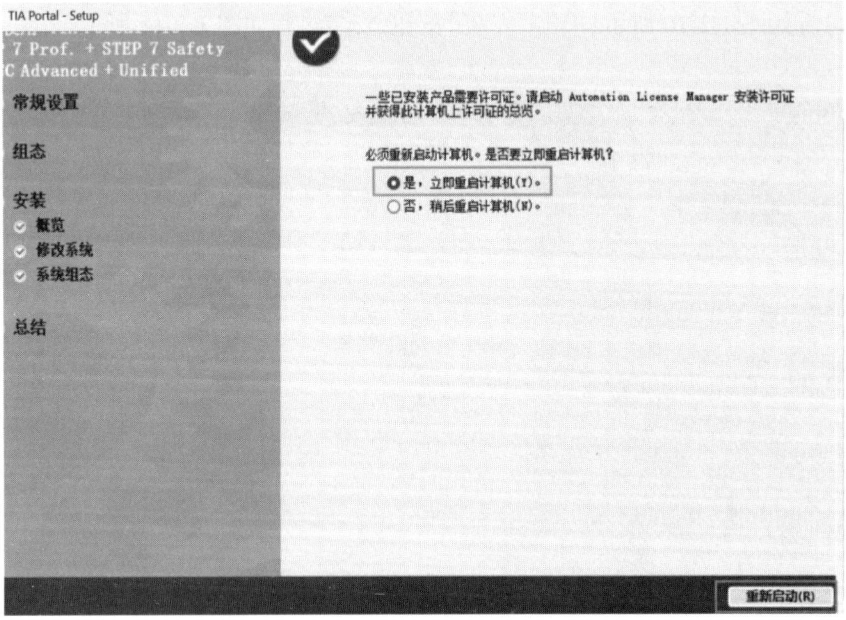

图 1-2-12　博途软件安装 12

步骤 12：重启计算机后，继续安装 SIMATIC S7-PLCSIM V16。安装方法同博途 V16 的安装方法相似，本书不详细讲解。

说明：SIMATIC S7-PLCSIM V16 主要用于仿真调试。

1.2.2　博途软件界面介绍

1.2.2.1　博途视图

博途视图如图 1-2-13 所示，主要包括登录选项区、操作选项区、操作选择面板、“项目视图”按钮和当前项目显示区。下面对各部分进行说明。

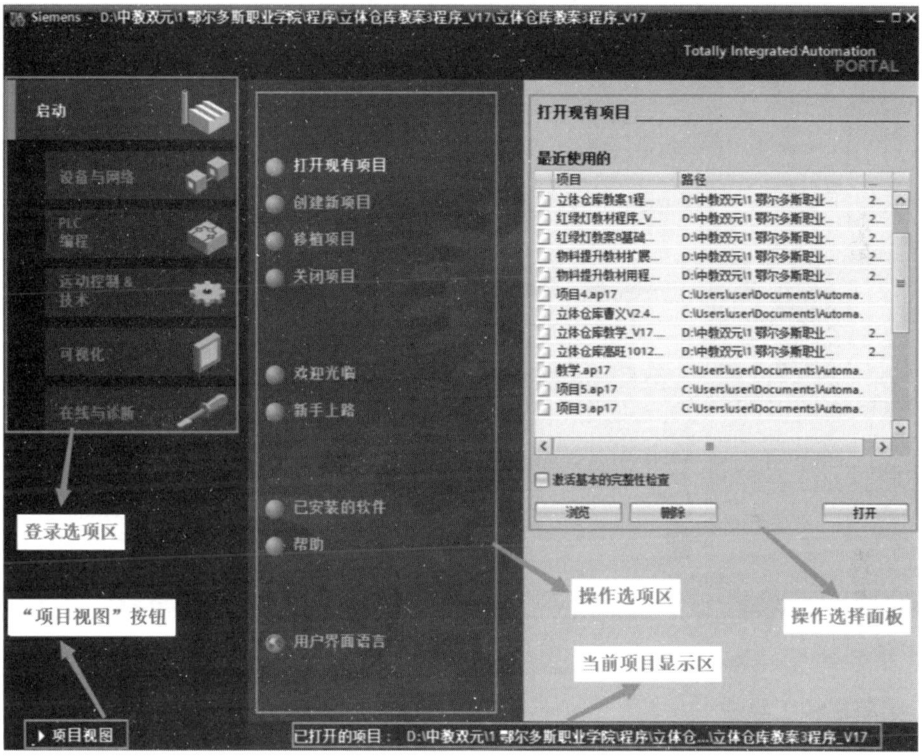

图 1-2-13　博途视图

1. 登录选项区

登录选项区为各个任务提供了基本功能，在博途视图中提供的登录选项取决于所安装的产品。

2. 操作选项区

操作选项区显示当前登录选项对应的操作。

3. 操作选择面板

系统为所有的操作选项都提供了选择面板，其内容取决于当前选中的操作选项。

4.“项目视图”按钮

通过单击“项目视图”按钮可切换到项目视图。

5. 当前项目显示区

当前项目显示区显示当前打开的项目名称及路径。

1.2.2.2 项目视图

项目视图是所有组件的结构化视图,如图 1-2-14 所示,它是项目组态和编程的界面。在博途视图中单击“项目视图”按钮,可以打开项目视图。项目视图主要包含如下功能区。

图 1-2-14　项目视图

1. 菜单栏和工具栏

菜单栏包含工作所需的全部命令。工具栏提供了常用命令的按钮,通过工具栏可以更快地访问“打开”“保存”“下载”等常用命令。

2. 项目树

使用项目树功能,可以访问所有组件和项目数据。

3. 工作区

工作区显示当前打开的对象,这些对象包括编辑器、视图和表格。同时打开多个对象时,所有对象的选项卡显示在巡视窗口中,通过该选项卡可切换工作区的显示对象。

4. 任务卡

根据所编辑的对象,项目视图提供了用于执行附加操作的任务卡。可以随时折叠和打开这些任务卡,哪些任务卡可以打开取决于所安装的产品。比较复杂的任务卡会划分为多个窗格,这些窗格也可以折叠和打开。

5. 详细视图

详细视图用于显示项目树中所选对象的特定内容，包含文本列表或变量，但不显示文件夹内容。要显示文件夹内容，可使用项目树或巡视窗口。

6. 巡视窗口

对象或所执行操作的附加信息均显示在巡视窗口中。巡视窗口有三个选项卡："属性""信息"和"诊断"。

"属性"选项卡显示所选对象的属性，通过"属性"选项卡可以更改对象的可编辑属性。属性的内容非常丰富，读者应重点掌握。

"信息"选项卡显示所选对象的附加信息及执行操作（例如编译）时发出的报警信息。

"诊断"选项卡提供有关系统诊断事件、组态消息事件及连接诊断的信息。

1.2.3　入门实例启—保—停程序的编写与下载

电动机的启—保—停控制：按下启动按钮 I0.0，运行指示灯 Q1.0 点亮并保持；按下停止按钮 I0.1，运行指示灯 Q1.0 熄灭。

采用博途软件编写启—保—停程序的步骤包括创建新项目、组态硬件、设置 I/O 起始地址、设置 CPU 的 IP 地址、下载项目和调试程序。

1. 创建新项目

步骤 1：打开博途软件。

步骤 2：如图 1-2-15 所示，单击"创建新项目"按钮，在右侧输入项目名称，选择项目存储路径，单击"创建"按钮完成项目创建。

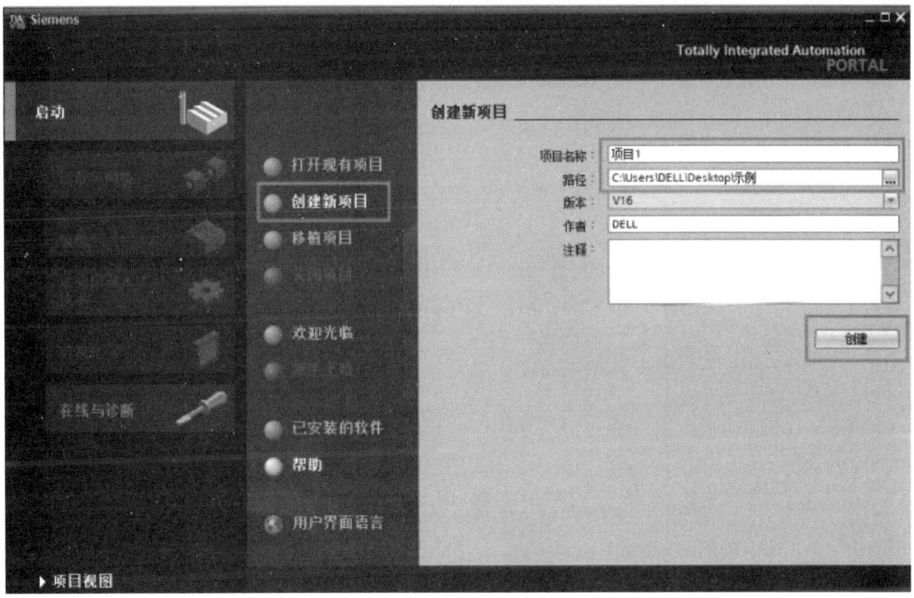

图 1-2-15　创建新项目

2. 组态硬件

步骤 1:单击左下角“项目视图”按钮,打开项目视图。

步骤 2:如图 1-2-16 所示,打开实物 CPU 输出接线端子盖板,右上方可以看到 CPU 的订货号(不包括 6ES7),记录该订货号。如果有扩展模块,用同样的方法查看扩展模块的订货号。本实例使用的 CPU 的订货号为 6ES7 215-1BG40-0XB0,无扩展模块。

图 1-2-16　S7-1200 CPU 的订货号

步骤 3:如图 1-2-17 所示,双击“设备和网络”图标,在硬件目录中找到控制器→ SIMATAC S7-1200 → CPU 1215C AC/DC/RLY → 6ES7 215-1BG40-0XB0(必须与步骤 2 记录的订货号相同),将该模块拖曳到工作区(CPU 数据量庞大,此步骤用时较长)。(注:图中有以 Rly 表示继电器(Relay)的,不是规范的缩写,应以文中 RLY 为准,下同。)

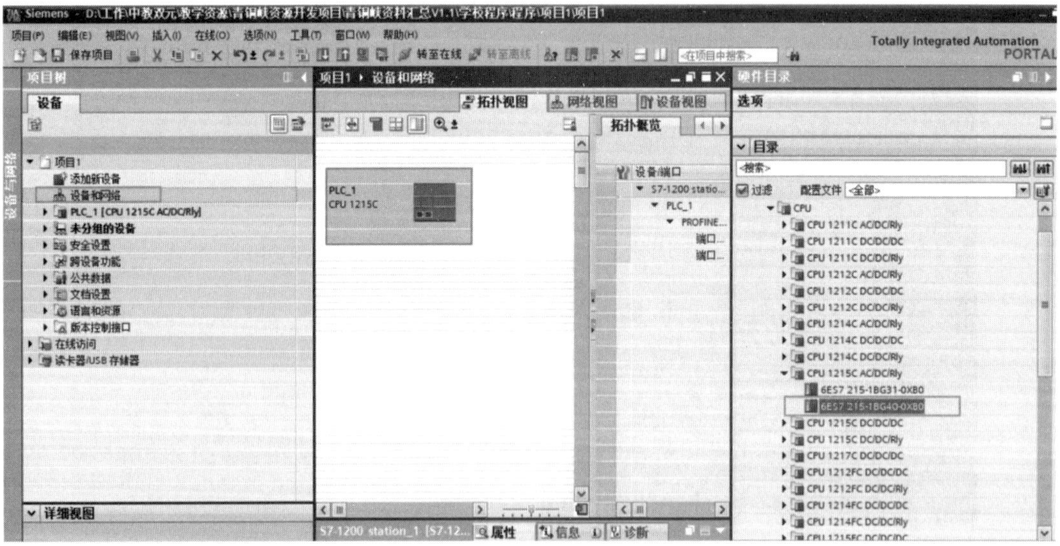

图 1-2-17　CPU 组态

步骤 4：如图 1-2-18 所示，在工作区单击选中 CPU 模块，选择巡视窗口中的“属性”→“常规”选项卡，再选择 DI 14/DQ 10→I/O 地址，将 CPU 输入输出起始地址都设置为 0。

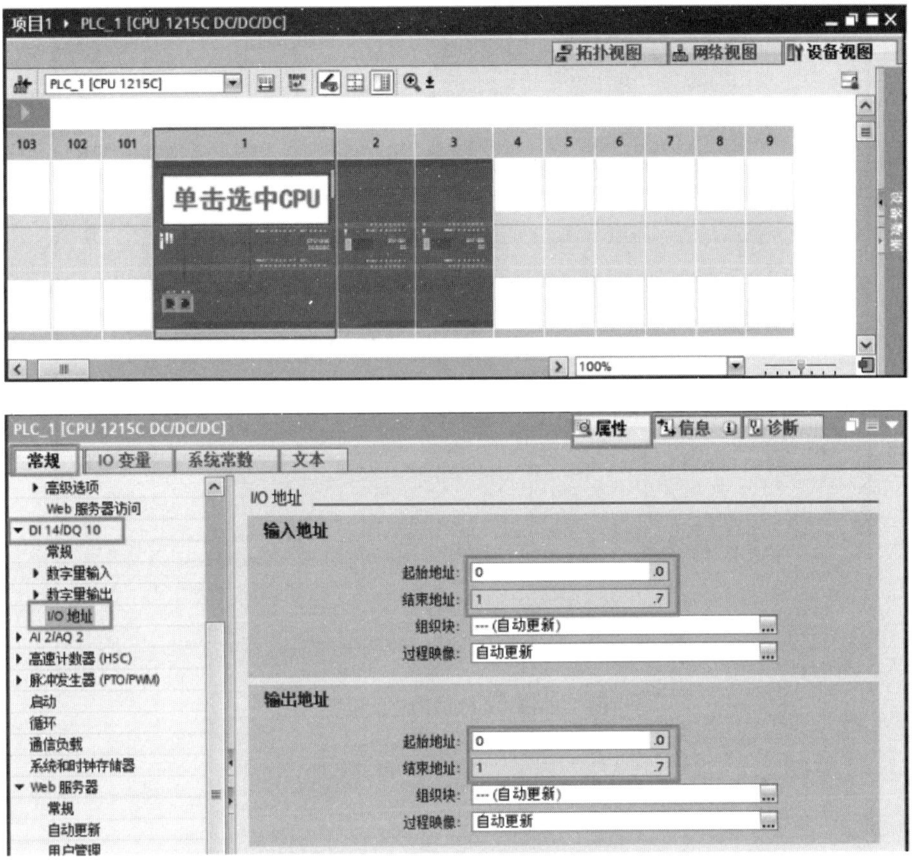

图 1-2-18　CPU I/O 起始地址设置

步骤 5：如图 1-2-19 所示，在工作区单击选中 CPU 模块，选择巡视窗口中的“属性”→“常规”选项卡，再选择 PROFINET 接口[X1]→以太网地址，将 IP 地址设定为 192.168.0.1，子网掩码设定为 255.255.255.0。

3. 编写程序

步骤 1：在项目树中打开文件夹“PLC_1[CPU 1215C AC/DC/RLY]”下的“程序块”文件夹，双击程序块“Main[OB1]”将其打开，如图 1-2-20 所示。

步骤 2：通过拖曳指令的方式编写程序，如图 1-2-21 所示。可通过选中程序中的变量，单击鼠标右键，选择“重命名变量”命令修改变量名称，如图 1-2-22 所示，修改变量名称后如图 1-2-23 所示。

4. 下载项目

步骤 1：如图 1-2-24 所示，在项目树中选中文件夹“PLC_1[CPU 1215C AC/DC/RLY]”，单击工具栏中的“编译”按钮，在巡视窗口中确认编译信息（如图 1-2-25 所示），在确认编译完成且编译错误数为 0 后，单击“下载”按钮。

图 1-2-19　CPU IP 地址设定

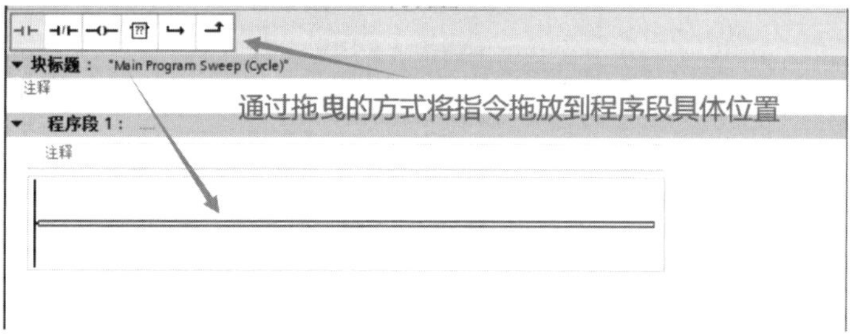

图 1-2-20　程序块“Main[OB1]”

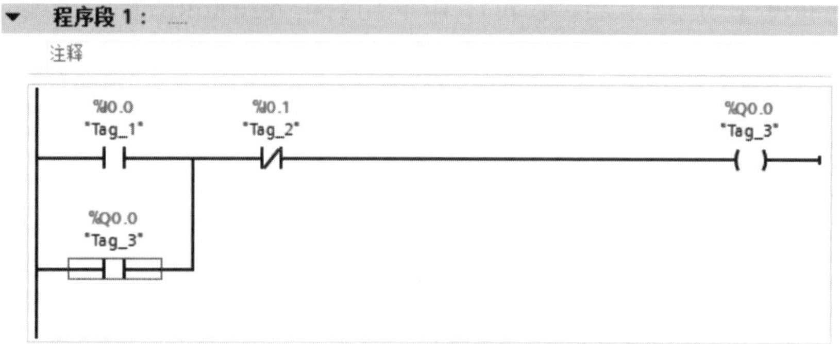

图 1-2-21　编程 1

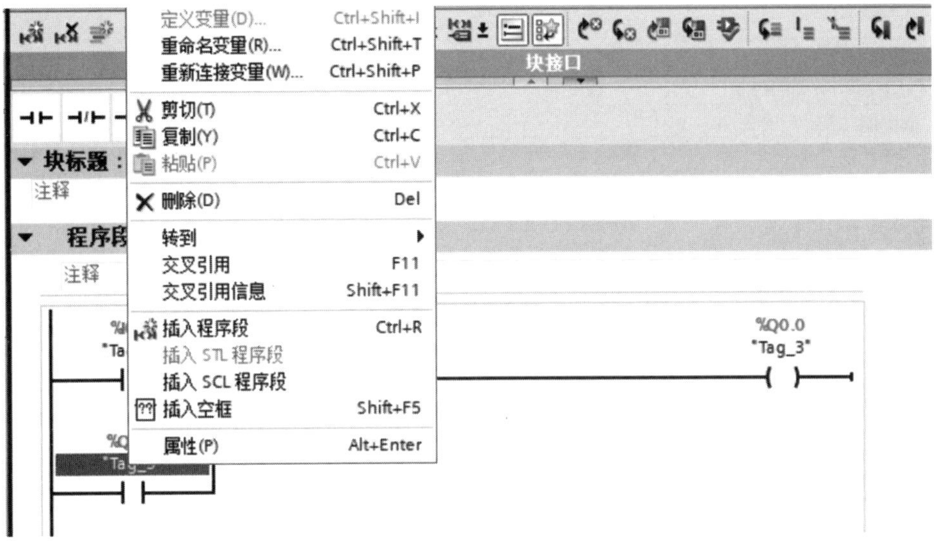

图 1-2-22　编程 2

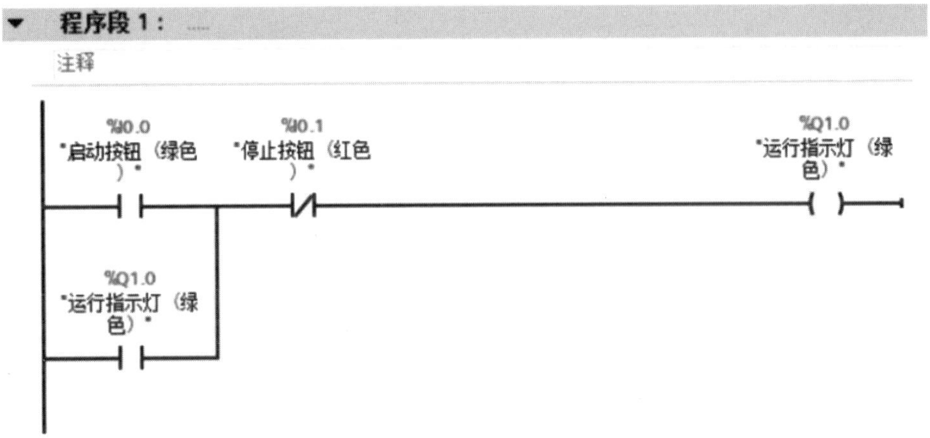

图 1-2-23　编程 3

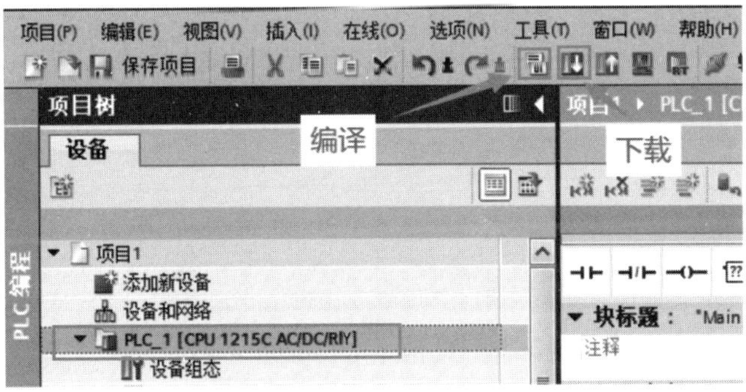

图 1-2-24　程序编译、下载

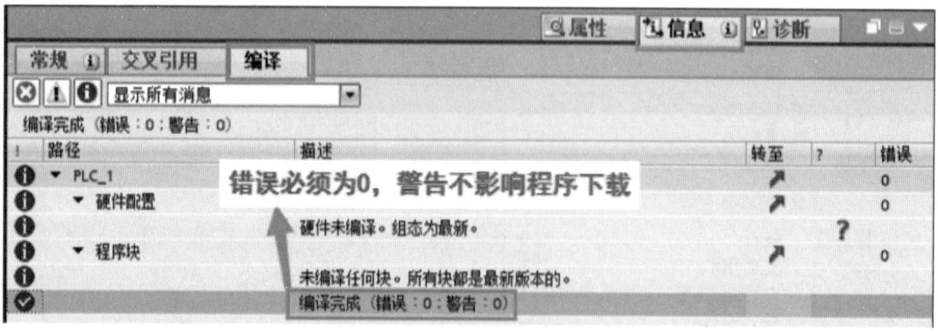

图 1-2-25　编译信息确认

步骤 2：步骤 1 完成后弹出“扩展下载到设备”对话框（首次下载会弹出），如图 1-2-26 所示，通过下拉箭头选择 PG/PC 接口的类型和 PG/PC 接口，PG/PC 接口的类型选择 PN/IE，PG/PC 接口选择 Intel（R）PRO/1000 PL Network Connection 或 Intel（R）Ethernet Connection（14）I219-LM（本项目使用的编程设备为双网卡，选择与 PLC 连接的网卡）。单击“开始搜索”按钮，搜索完成后在目标设备列表中会出现“PLC_1”。将编程设备（计算机）的 IP 地址设置为与 PLC 同一网段的不同地址（例如 192.168.0.1）。选中“PLC_1”，单击“下载”按钮。

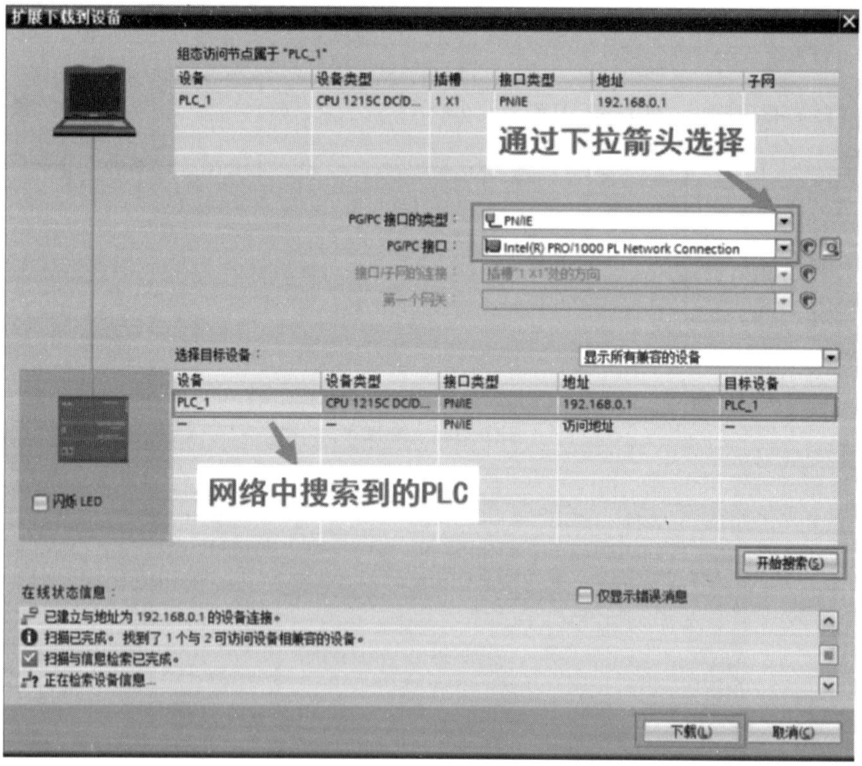

图 1-2-26　“扩展下载到设备”对话框

PG/PC 接口的类型指 PLC 与编程设备（计算机）的连接方式，其中 PN/IE 表示网线连接，TeleService 表示电话线连接。

PG/PC 接口是编程设备(计算机)与 PLC 连接使用的具体端口,即选择与 PLC 连接的具体网卡。

步骤 3:步骤 2 完成后弹出“装载到设备前的软件同步”对话框(首次下载会弹出),如图 1-2-27 所示,单击“在不同步的情况下继续”按钮。

图 1-2-27　“装载到设备前的软件同步”对话框

步骤 4:步骤 3 完成后弹出“下载预览”对话框,如图 1-2-28 所示,当“下载预览”对话框中出现粉色内容时,“装载”按钮为不可操作状态,此时无法下载程序。通过下拉列表修改后清除粉色内容,此时“装载”按钮为可操作状态,单击“装载”按钮完成程序下载。

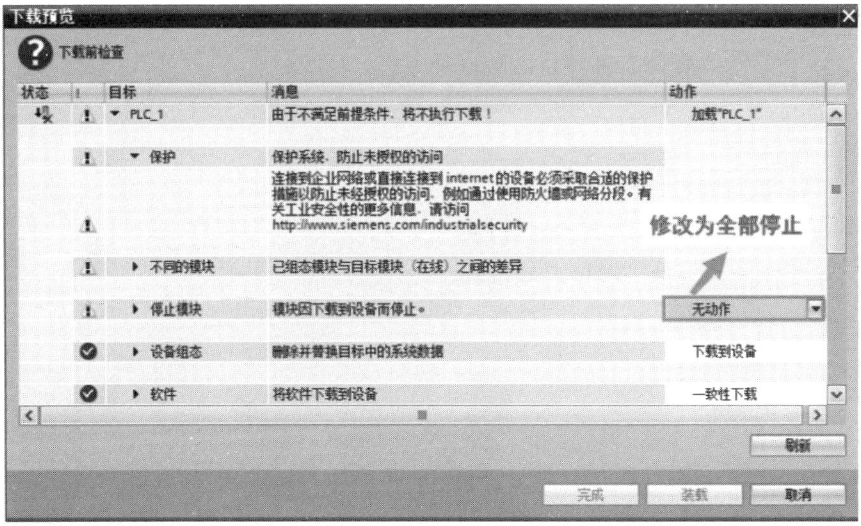

图 1-2-28　“下载预览”对话框

5. 调试程序

步骤 1:如图 1-2-29 所示,打开程序编辑窗口,单击“监控”按钮将程序切换到监控模式。在监控模式下绿色实线表示接通,蓝色虚线表示断开。

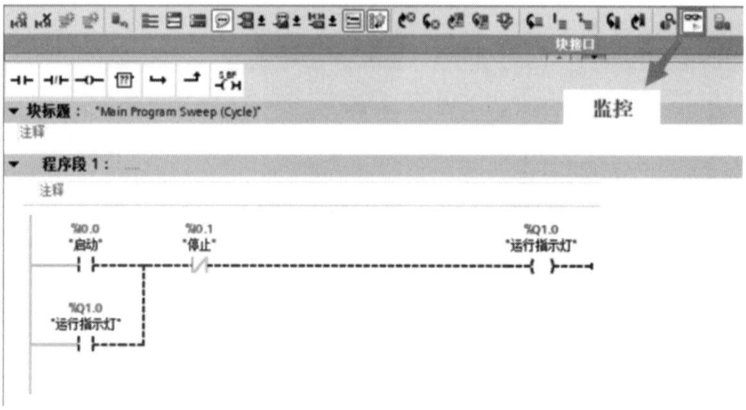

图 1-2-29　程序监控画面

步骤 2:按下启动按钮,运行指示灯点亮并保持;按下停止按钮,运行指示灯熄灭。

练习题

1. 填空题

(1)TIA 博途是西门子公司的全新工程设计软件平台，S7-1200 使用 TIA 博途上的______Basic(基本版)或________Professional(专业版)编程。

(2)WinCC 是用于西门子的________、________和________的组态软件。

2. 简答题

(1)安装 TIA 博途软件对计算机有哪些要求?

(2)简单描述博途软件下载项目的过程。

任务完成报告

<table>
<tr><td>姓名</td><td></td><td>学习日期</td><td></td></tr>
<tr><td>任务名称</td><td colspan="3">博途软件应用</td></tr>
<tr><td rowspan="3">任务完成情况</td><td colspan="2">考核内容</td><td>完成情况</td></tr>
<tr><td colspan="2">(1)使用博途软件创建启—保—停程序</td><td>□好　□良好　□一般　□差</td></tr>
<tr><td colspan="2">(2)下载并运行启—保—停程序</td><td>□好　□良好　□一般　□差</td></tr>
<tr><td>学习心得</td><td colspan="3"></td></tr>
</table>

项目 2

交流电动机控制系统的安装与调试

学习情境描述

高楼大厦平地起，在楼房的建设中需要将钢筋、混凝土、钢管等建筑材料运输到高层楼房，单凭人运输是不可能的，这时就会用到塔吊(图 2-1)，又名"塔式起重机"，它具有回转半径大、提升高度大、操作简单、装卸容易等优点。塔吊是如何实现建筑材料运输的呢？本项目我们就来学习一下。

图 2-1　塔吊

项目目标

（1）掌握 PLC 的硬件接线方法；
（2）掌握位逻辑指令的应用；
（3）掌握变量表、监控表和强制表的使用方法；
（4）了解 PLC 编程语言及编程规则；
（5）掌握定时器指令的应用；
（6）掌握 PLC 控制电动机正反转及顺序启动的方法。

项目描述

学生在本项目中主要学习 PLC 硬件接线、位逻辑指令应用、变量表和监控表、PLC 编程语言、梯形图的编程规则和定时器指令的应用，应用所学知识完成“电动机正反转控制系统的设计”和“两台电动机延时启动的 PLC 控制”两个任务。

任务分解

任务 2.1　电动机正反转控制系统的设计

本任务使用 PLC 控制电动机实现正反转，任务内容包括 I/O 地址分配、电气原理图绘制、PLC 编程和调试等。

任务 2.2　两台电动机延时启动的 PLC 控制

本任务使用 PLC 控制电动机实现延时启动，任务内容包括 I/O 地址分配、电气原理图绘制、PLC 编程和调试等。

任务 2.1　电动机正反转控制系统的设计

任务要求

（1）绘制电动机正反转继电控制原理图；
（2）进行 I/O 地址分配，绘制电动机正反转 PLC 控制原理图；
（3）编写电动机正反转控制程序并调试。

知识目标

（1）掌握 PLC 的硬件接线方法；
（2）掌握位逻辑指令的应用；
（3）掌握变量表、监控表和强制表的使用方法。

能力目标

(1)能够根据 I/O 地址分配表完成 PLC 的接线;
(2)能够应用位逻辑指令进行基础编程;
(3)能够使用变量表修改变量名称,使用监控表和强制表调试程序。

素养目标

(1)培养学生对问题的思考和分析能力;
(2)培养学生的团队合作精神和协作能力。

2.1.1 电动机正反转的应用

在生产应用中,经常遇到要求电动机具有正反转控制功能的工况。例如,电梯的上下运行、行车的上下提升和左右运行、数控机床的进刀和退刀等均需要对电动机进行正反转控制。图 2-1-1 所示为电梯的上下运行控制。

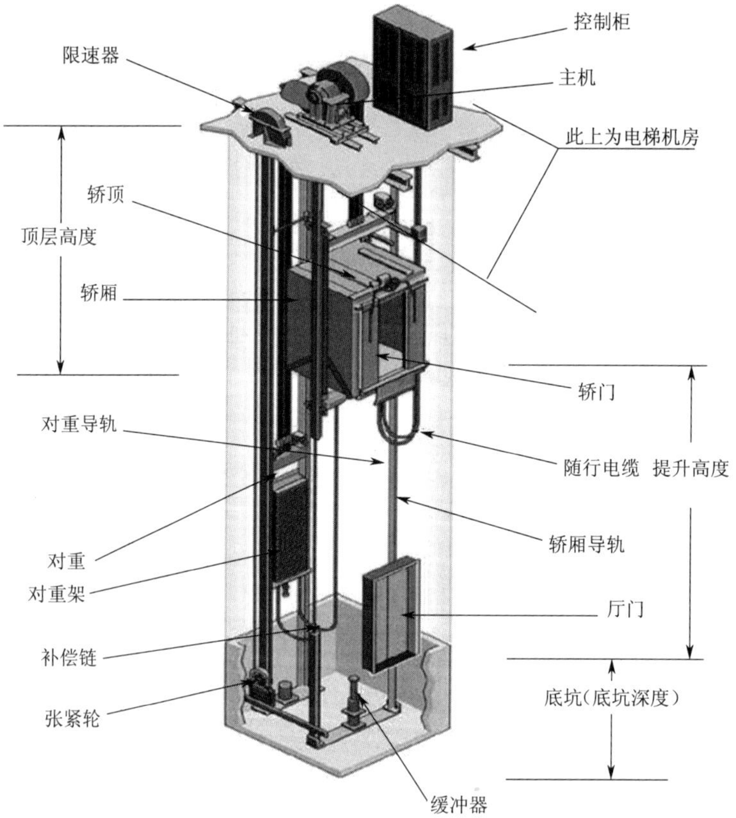

图 2-1-1 电梯的上下运行控制

思考

想想生活中还有哪些需要电动机正反转的场景，写在空白处。（思考 1~2 min）

2.1.2　PLC 的安装与接线

2.1.2.1　PLC 的安装

所有的 SIMATIC S7-1200 硬件都具有内置安装夹，如图 2-1-2 所示，因此能够方便地安装在标准的 35 mm 宽 DIN 导轨上。这些内置的安装夹可以咬合到某个伸出位置，以便在需要进行背板悬挂安装时提供安装孔。SIMATIC S7-1200 硬件可进行竖直安装或水平安装。这些特性为我们安装 PLC 提供了灵活性。

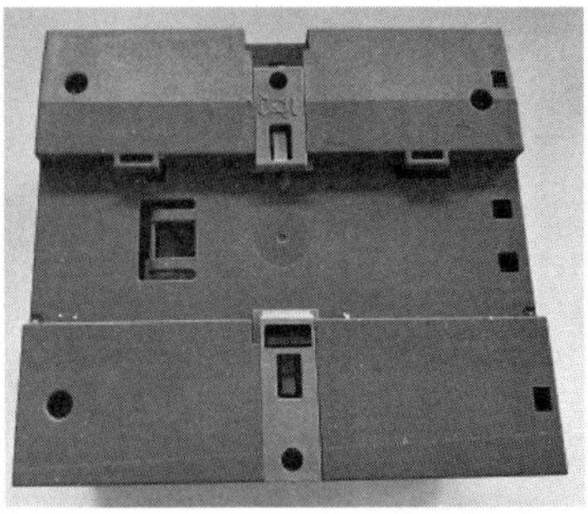

图 2-1-2　S7-1200 PLC 模块背面

规划安装时，务必注意以下指导原则。

（1）将设备与热辐射、高压和电噪声隔离开。

（2）留出足够的空隙以便冷却和接线。必须在设备的上方和下方留出 25 mm 的发热区以便空气自由流通，如图 2-1-3 所示。

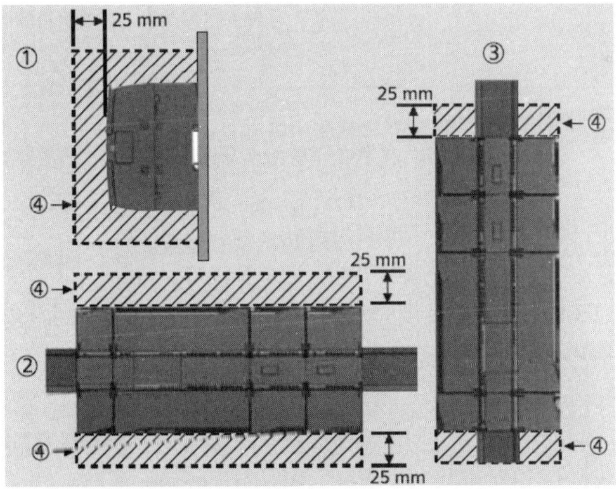

图 2-1-3　PLC 安装预留间距示意图

PLC 安装步骤如下。

步骤 1：将 PLC 挂到 DIN 导轨上方。

步骤 2：拉出 PLC 下方的 DIN 卡夹，以便将 CPU 安装到导轨，如图 2-1-4 所示。

步骤 3：向下转动 PLC 使其在导轨上就位，并推入卡夹将 PLC 锁定到导轨上，如图 2-1-5 所示。

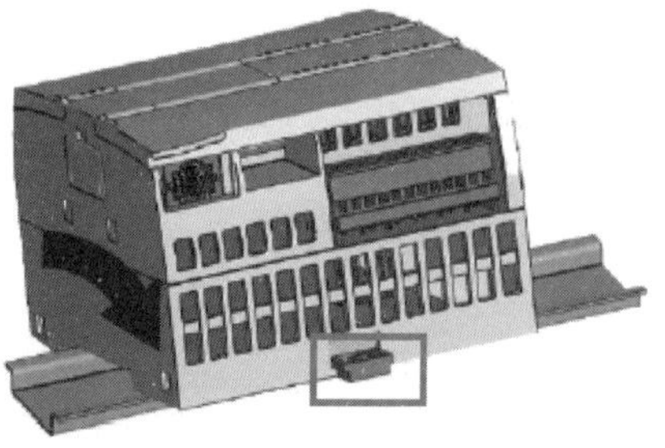

图 2-1-4　拉出卡夹

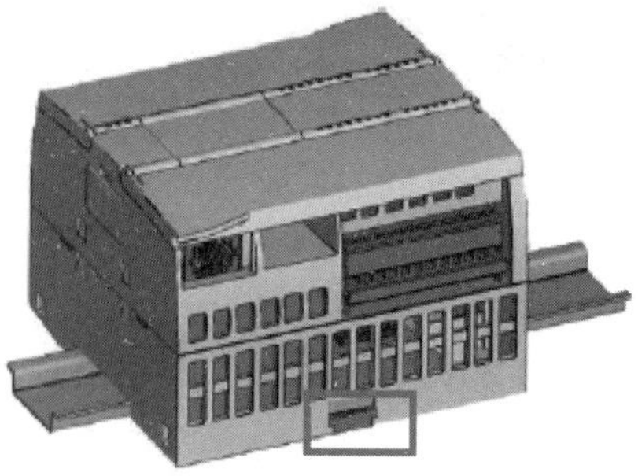

图 2-1-5　推入卡夹

2.1.2.2　S7-1200 PLC 的 CPU 型号和规格

S7-1200 PLC 的 CPU 模块是 S7-1200 PLC 系统中最核心的成员。目前，S7-1200 PLC 的 CPU 模块有五类：CPU 1211C、CPU 1212C、CPU 1214C、CPU 1215C 和 CPU 1217C。每类 CPU 模块又细分为三种规格：DC/DC/DC、DC/DC/RLY 和 AC/DC/RLY。CPU 的类型和规格印刷在 CPU 模块的外壳上，其中规格的含义如图 2-1-6 所示。

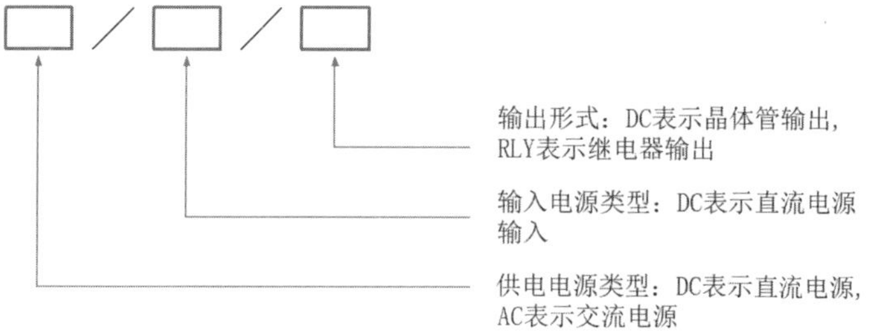

图 2-1-6　CPU 模块细分规格的含义

2.1.2.3　PLC 的接线

S7-1200 PLC 的 CPU 模块虽然规格较多，但接线方式类似，因此本书仅以 1215C 为例进行介绍，其余规格请参考相关手册。

1. 电源接线

电源接线端子位于 CPU 的左上方，电源规格为 AC 的 CPU 电源接线端子名称为 L1 和 N，L1 和 N 接 AC 120~240 V（如图 2-1-7 所示）。电源规格为 DC 的 CPU 电源接线端子名称为 L+和 M，L+接 DC 24 V 电源正极，M 接 DC 24 V 电源负极（如图 2-1-8 所示）。M 和 L+为 DC 24 V 输出端子，可提供 24 V 电源。

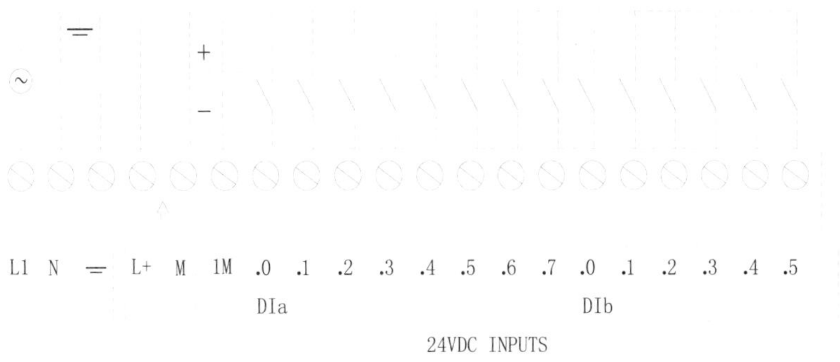

图 2-1-7　CPU 1215C 输入端子的接线(PNP 接法)

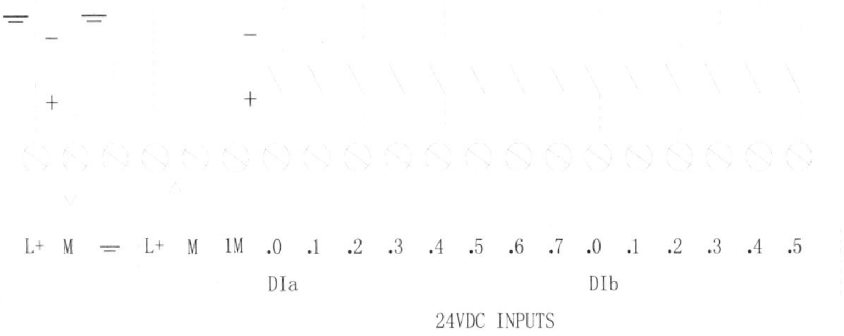

图 2-1-8　CPU 1215C 输入端子的接线(NPN 接法)

2. DC 24 V 输出接线

电源端子旁边的 L+和 M 端子为 DC 24 V 的电源输出端子,可为外围传感器提供电源。

3. 数字量输入端子接线

S7-1200 输入电源规格都为 DC,接线方法分为 PNP 和 NPN 两种。PNP 接线即共阴极(PLC 输入端子公共端 1M 连接电源负极)连接,两线传感器接线如图 2-1-7 所示,三线传感器接线如图 2-1-9 所示。NPN 接线即共阳极(PLC 输入端子公共端 1M 连接电源正极)连接,两线传感器接线如图 2-1-8 所示,三线传感器接线如图 2-1-10 所示。

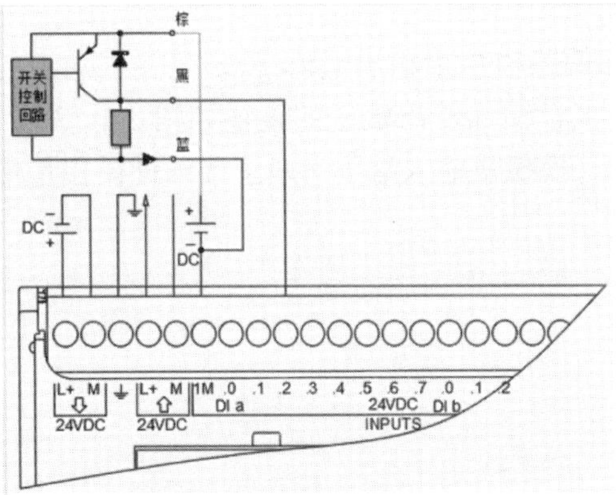

图 2-1-9　共阴极接法接 PNP 传感器

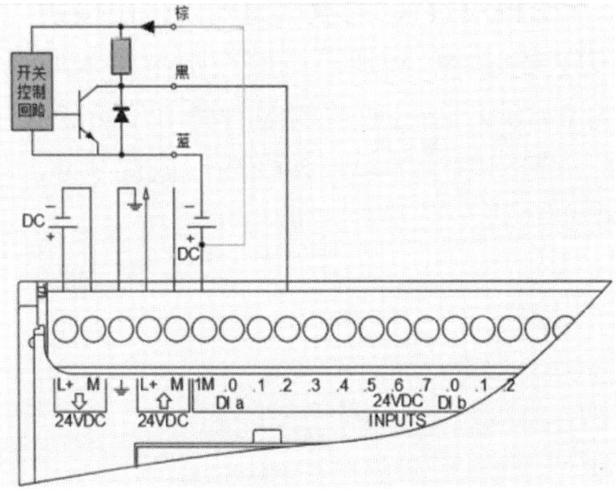

图 2-1-10　共阳极接法接 NPN 传感器

4. 数字量输出端子接线

目前 S7-1200 输出电源规格分为 DC 和 RLY，DC 规格输出端子的接线如图 2-1-11 所示，4 L+接 DC 24 V 电源正极，4M 接 DC 24 V 电源负极，负载正极接输出端口，负载负极接 DC 24 V 电源负极。RLY 规格输出（即继电器输出）端子的接线如图 2-1-12 所示，电源可以是交流电源也可以是直流电源，使用直流电源时公共端既可以接正极也可以接负极，而且 DQ a.0~DQ a.4 为第一组输出，DQ a.5~DQ b.1 为第二组输出，两组输出各自独立。

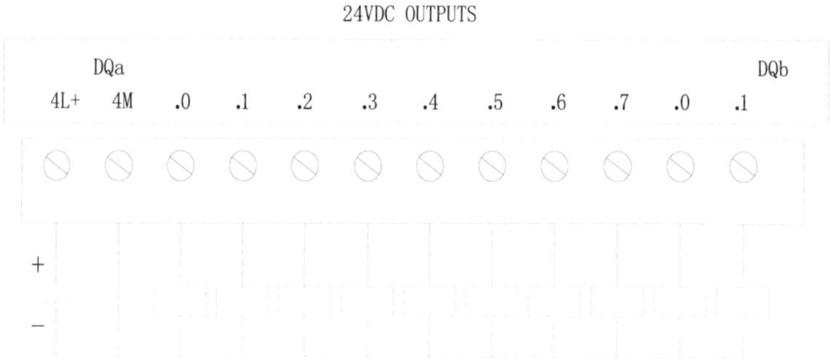

图 2-1-11　CPU 1215C（DC/DC/DC）输出端子的接线

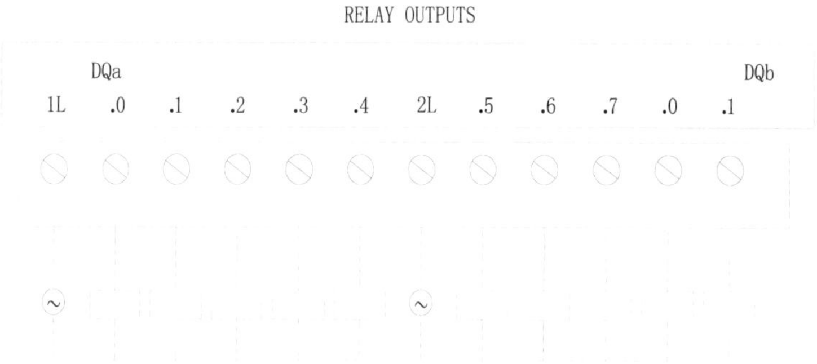

图 2-1-12　CPU 1215C（DC/DC/RLY）输出端子的接线

5. CPU 1215C 的模拟量输入输出接线

CPU 1215C 集成了两路模拟量输入通道和两路模拟量输出通道，模拟量输入通道的量程为 0~10 V，输出通道的量程是 0~20 mA。模拟量输入输出端子的接线如图 2-1-13 所示。模拟量输出端子一般连接变频器或调节阀门等。模拟量输入端子一般连接各种模拟量传感器或变送器。

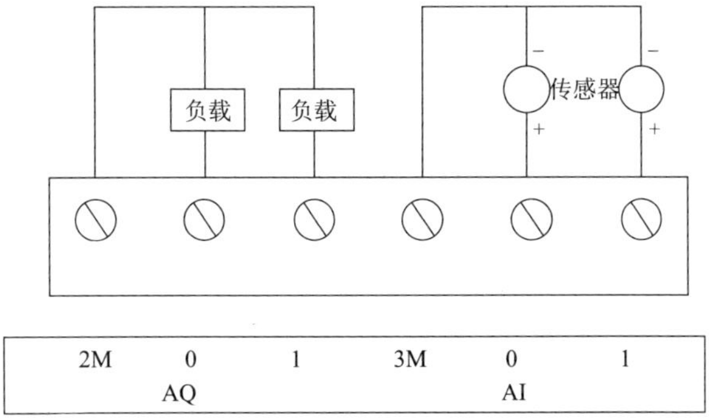

图 2-1-13　CPU 1215C 模拟量输入输出端子的接线

注意:应将未使用的模拟量输入通道短路。

2.1.3　位逻辑指令

位逻辑指令处理的对象为二进制信号。位逻辑指令扫描信号状态 1 和 0,并根据布尔逻辑对它们进行组合,所产生的结果(1 或 0)称为逻辑运算结果(RLO)。位逻辑指令包括触点与线圈指令、基本逻辑指令、置位与复位指令及上升沿与下降沿指令等。在博途软件编辑区,位逻辑指令如图 2-1-14 所示,位逻辑指令功能说明如表 2-1-1 所示。下面对常用的位逻辑指令进行详细讲解,读者如果对其他位逻辑指令有兴趣,可以通过 S7-1200 的用户手册进行学习。

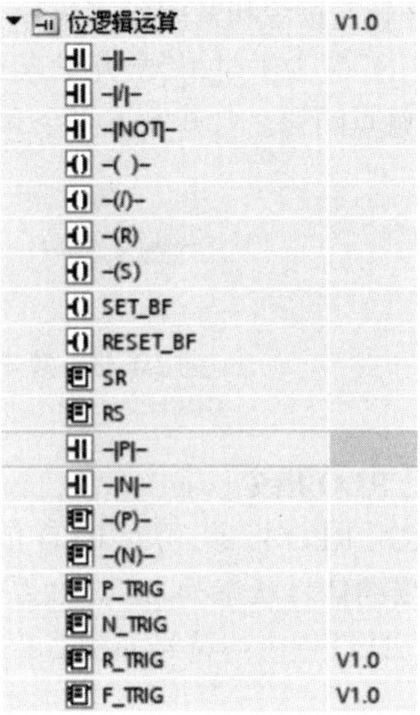

图 2-1-14　位逻辑指令

表 2-1-1　位逻辑指令功能说明

指令	描述	指令	描述
-||-	常开触点	RS	复位/置位触发器
-|/|-	常闭触点	-|P|-	扫描操作的信号上升沿
-|NOT|-	取反 RLO	-|N|-	扫描操作的信号下降沿
-( )-	线圈	-(P)-	在信号上升沿置位操作数
-(/)-	取反线圈	-(N)-	在信号下降沿置位操作数
-(S)	置位输出	P_TRIG	扫描 RLO 的信号上升沿

续表

指令	描述	指令	描述
-(R)	复位输出	N_TRIG	扫描 RLO 的信号下降沿
SET_BF	置位位域	R_TRIG	检测信号上升沿
RESET_BF	复位位域	F_TRIG	检测信号下降沿
SR	置位/复位触发器		

2.1.3.1 触点与线圈指令

1. 常开触点指令和常闭触点指令

变量“IN”值为 1 时,其常开触点导通,常闭触点闭合;变量“IN”值为 0 时,其常开触点断开,常闭触点闭合。常开触点指令和常闭触点指令的符号如图 2-1-15 所示。

(a)　　(b)

图 2-1-15　常开触点指令和常闭触点指令的符号

(a)常开触点　(b)常闭触点

2. 取反 RLO 指令

使用取反 RLO 指令,可对 RLO 的信号状态进行取反。如果该指令输入的信号状态为“1”,则输出的信号状态为“0”。如果该指令输入的信号状态为“0”,则输出的信号状态为“1”。取反 RLO 指令的符号如图 2-1-16 所示。

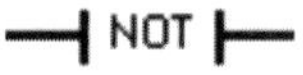

图 2-1-16　取反 RLO 指令的符号

3. 线圈指令和赋值取反指令

如果线圈指令输入的 RLO 的信号状态为“1”,则将其操作数“OUT”置位为“1”。如果线圈指令输入的信号状态为“0”,则将其操作数“OUT”复位为“0”。赋值取反指令与线圈指令相反,如果赋值取反指令输入的 RLO 的信号状态为“1”,则将其操作数“OUT”复位为“0”。如果赋值取反指令输入的信号状态为“0”,则将其操作数“OUT”置位为“1”。线圈和赋值取反指令的符号如图 2-1-17 所示。

(a)　　(b)

图 2-1-17　线圈和赋值取反指令的符号

(a)线圈指令　(b)赋值取反指令

每一个布尔型变量最多只能在线圈指令或赋值取反指令中出现一次,如果出现多次,则称为双线圈输出。如图 2-1-18 所示的程序,程序段 1 和 2 中都有 Q0.0 的线圈输出, PLC 在一个扫描周期顺序扫描程序,扫描程序段 1 时依据 I0.0 的状态刷新 Q0.0 的输出映像寄存器,扫描程序段 2 时依据 I0.1 的状态刷新 Q0.0 的输出映像寄存器,执行完用户程序后将输出映像寄存器的值刷新到输出端口,所以程序段 1 在程序中不起任何作用, Q0.0 的状态由 I0.1 的状态决定。

总结:双线圈输出时,线圈的输出状态由最后一个线圈的控制程序决定,其他线圈的控制程序不起作用。

图 2-1-18　双线圈输出程序示例

[子任务 2-1-1] 电动机点动控制程序的设计

1. 任务描述

电动机点动继电控制原理图如图 2-1-19 所示,按下按钮 SB1,电动机 M 转动;松开按钮 SB1,电动机 M 停止转动。将继电控制改为 PLC 程序控制实现电动机点动功能。

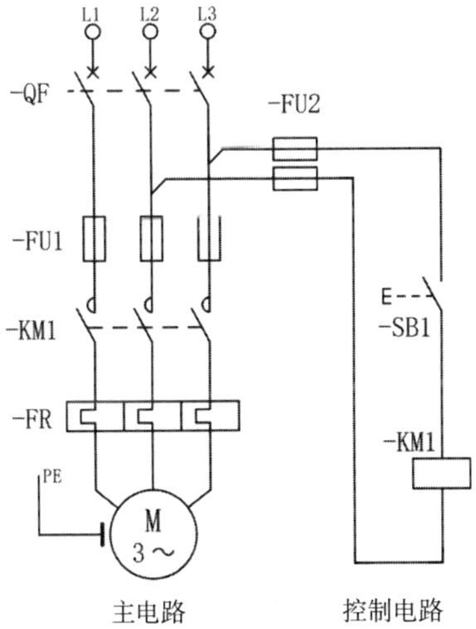

图 2-1-19　电动机点动继电控制原理图

2. I/O 地址分配表

本任务中 PLC 需要连接 SB1 和 KM1,因此需要用到一个输入点和一个输出点，I/O 地址分配表如表 2-1-2 所示。

表 2-1-2　I/O 地址分配表

输入信号			输出信号		
名称	I/O 地址	功能	名称	I/O 地址	功能
SB1	I0.1	启/停	KM1 线圈	Q0.1	控制主回路通断

3. 电气原理图

本任务选择 CPU 1215C AC/DC/RLY,订货号为 6ES7 214-1AG40-0XB0,电气原理图如图 2-1-20 所示。

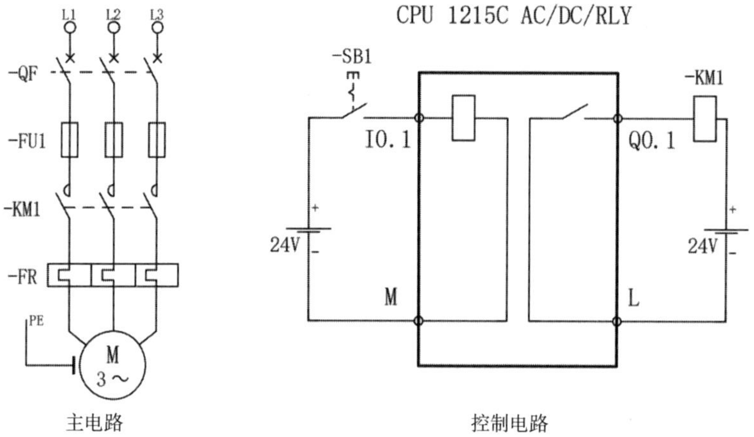

图 2-1-20　电动机点动 PLC 控制原理图

4. 硬件组态与编辑变量

步骤 1:新建一个项目,命名为“电动机点动控制”。

步骤 2:根据所选硬件型号完成 CPU 组态。

步骤 3:编辑变量。在项目树中打开“PLC_1”→“PLC 变量”→“显示所有变量”,按照表 2-1-2 将 I/O 点在变量表中进行定义,如图 2-1-21 所示。

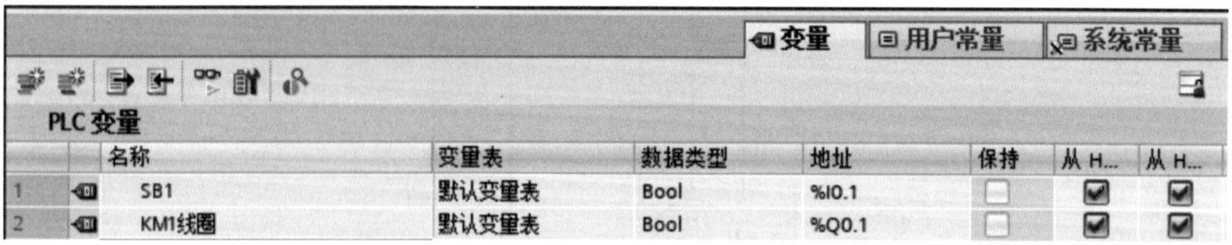

变量 | 用户常量 | 系统常量

PLC 变量

	名称	变量表	数据类型	地址	保持	从 H...	从 H...
1	SB1	默认变量表	Bool	%I0.1	☐	☑	☑
2	KM1线圈	默认变量表	Bool	%Q0.1	☐	☑	☑

图 2-1-21　变量表

5. 程序设计

在“Main[OB1]”中编写如图 2-1-22 所示的程序。

图 2-1-22　PLC 程序

6. 仿真调试

步骤 1：在博途软件中单击“仿真”按钮，可启动 S7-1200 的仿真器，这时会弹出仿真器的精简视图，单击“切换到项目视图”按钮。新建一个项目，打开“SIM 表格_1”，在表中添加变量，如图 2-1-23 所示。

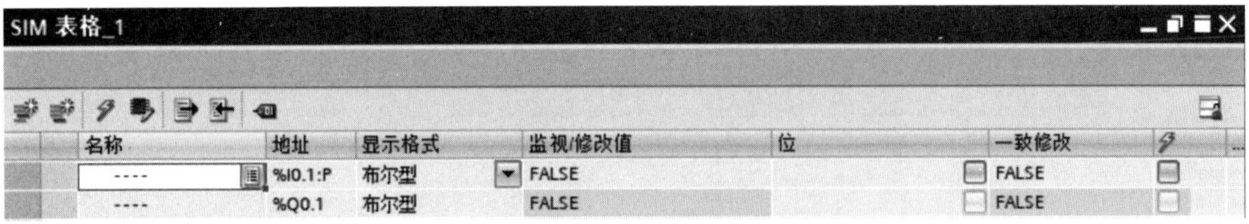

图 2-1-23　SIM 变量表

步骤 2：单击按钮打开仿真器电源（不打开仿真器电源，下载时搜索不到 PLC）。

步骤 3：打开博途软件项目视图中的项目树，选中“PLC_1”，单击“编译”按钮，如提示错误则改正，直到没有错误为止。

步骤 4：在项目树中选中“PLC_1”，单击“下载”按钮，弹出“扩展下载到设备”对话框，如图 2-1-24 所示，单击“开始搜索”按钮，搜索完成后如图 2-1-25 所示。选中“PLC_1”，单击“下载”按钮，弹出“下载预览”对话框，如图 2-1-26 所示，单击“装载”按钮完成程序的下载。

步骤 5：单击“启动 CPU”按钮将 CPU 切换到“RUN”模式。在编程界面工具栏中单击“启用/禁用监视”按钮，可以看到线圈的接通与断开状态（绿色实线为接通，蓝色虚线为断开），如图 2-1-27 所示。

步骤 6：在仿真项目视图中修改 I0.1 的状态为“TRUE”，Q0.1 的监控状态变为“TRUE”；在仿真项目视图中修改 I0.1 的状态为“FALSE”，Q0.1 的监控状态变为“FALSE”。

调试中 Q0.1 的输出状态与上述不同时，检查、修改程序，直到 Q0.1 的输出状态与上述相同。

在仿真项目视图中修改变量的方法：在仿真项目视图的 SIM 变量表中，勾选或取消勾选对应变量的“位”，可以改变该变量的状态，如图 2-1-28 所示。

图 2-1-24 “扩展下载到设备”对话框(搜索前)

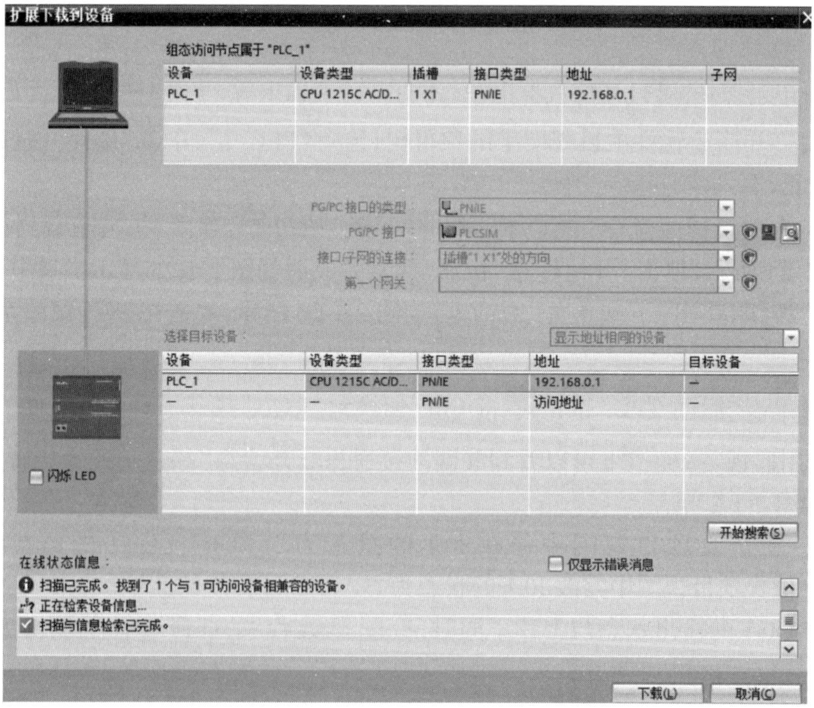

图 2-1-25 “扩展下载到设备”对话框(搜索后)

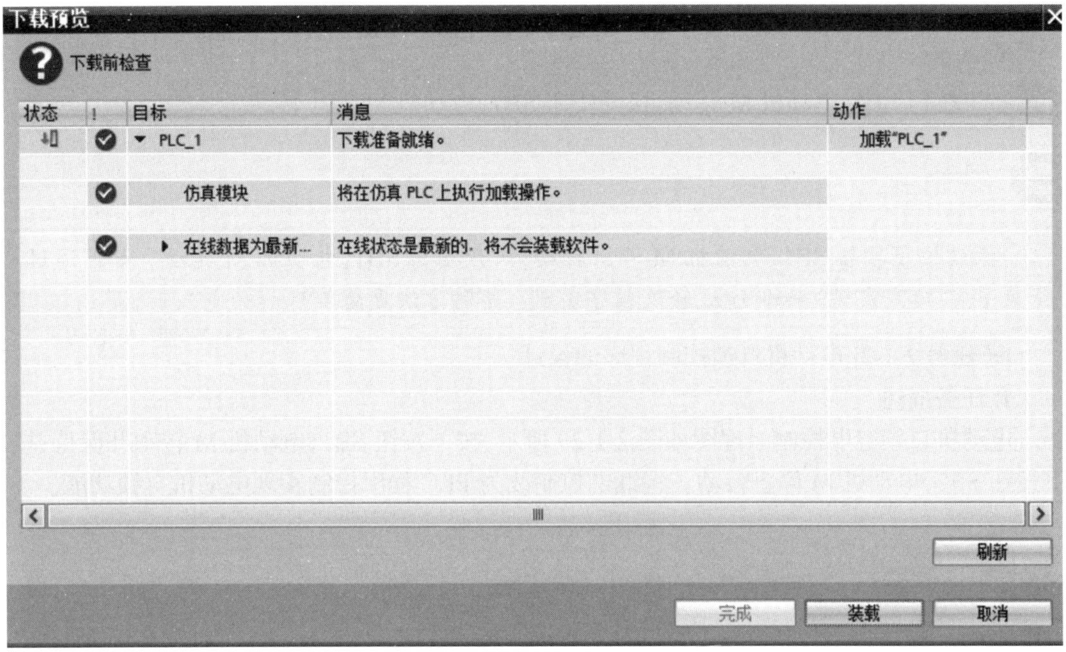

图 2-1-26　“下载预览”对话框

图 2-1-27　程序监控状态

图 2-1-28　仿真调试

7. 工作原理和结果

1）工作原理

（1）按下按钮 SB1，I0.1 线圈得电，I0.1 常开触点闭合，电流从左母线流到线圈 Q0.1，线圈 Q0.1 得电，Q0.1 真实常开触点闭合，KM1 线圈得电，电动机 M 转动。

（2）松开按钮 SB1，I0.1 线圈失电，I0.1 常开触点断开，线圈 Q0.1 失电，Q0.1 真实常开触点断开，KM1 线圈失电，电动机 M 停止转动。

2）结果

按下按钮 SB1，电动机 M 转动；松开按钮 SB1，电动机 M 停止转动。

思考

假设按下按钮 SB1，电动机 M 停止转动；松开按钮 SB1，电动机 M 转动。如何通过修改 PLC 接线实现？如何通过修改程序实现？哪种方法更简单？

[子任务 2-1-2] 电动机自锁控制程序的设计

1. 任务描述

电动机自锁继电控制原理图如图 2-1-29 所示，按下按钮 SB1，电动机 M 转动并保持；按下按钮 SB2，电动机 M 停止转动。将继电控制改为 PLC 程序控制实现电动机自锁功能。

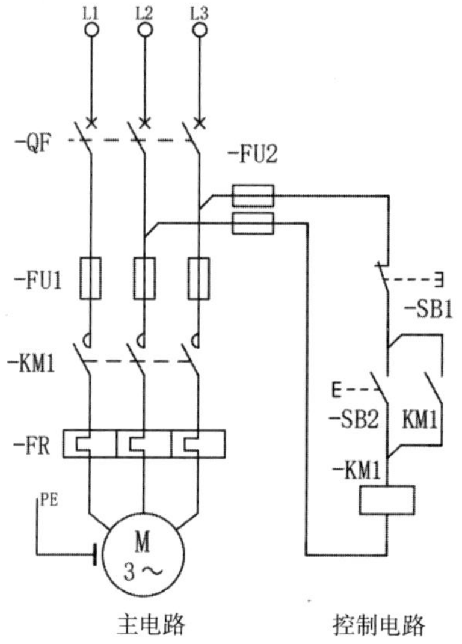

图 2-1-29　电动机自锁继电控制原理图

2. I/O 地址分配表

本任务中 PLC 需要连接 SB1、SB2 和 KM1，因此需要用到两个输入点和一个输出点，I/O 地址分配表如表 2-1-3 所示。

表 2-1-3　I/O 地址分配表

输入信号			输出信号		
名称	I/O 地址	功能	名称	I/O 地址	功能
SB1	I0.1	启动	KM1 线圈	Q0.1	控制主回路通断
SB2	I0.2	停止			

3. 电气原理图

本任务选择 CPU 1215C AC/DC/RLY，订货号为 6ES7 214-1AG40-0XB0，电气原理图如图 2-1-30 所示。

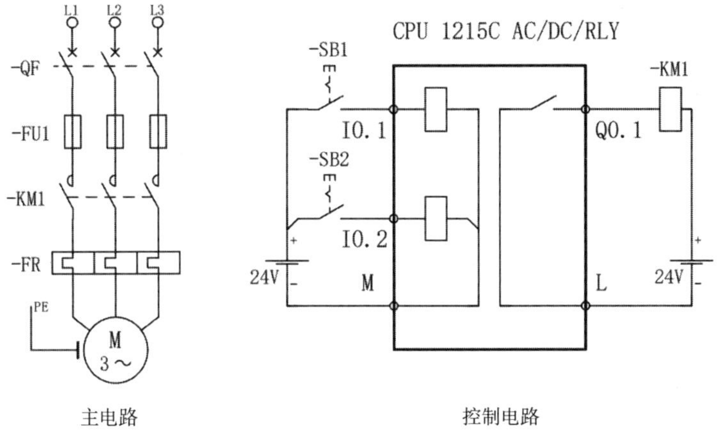

图 2-1-30　电动机自锁 PLC 控制原理图

4. 硬件组态与编辑变量

步骤 1：新建一个项目，命名为“电动机自锁控制”。

步骤 2：根据所选硬件型号完成 CPU 组态。

步骤 3：编辑变量。按照表 2-1-3 将 I/O 点在变量表中进行定义，如图 2-1-31 所示。

PLC 变量

	名称	变量表	数据类型	地址	保持	从 H...	从 H...	在 H...
1	SB1启动按钮	默认变量表	Bool	%I0.1	☐	☑	☑	☑
2	SB2停止按钮	默认变量表	Bool	%I0.2	☐	☑	☑	☑
3	KM1线圈	默认变量表	Bool	%Q0.1	☐	☑	☑	☑

图 2-1-31　变量表

5. 程序设计

在“Main[OB1]”中编写如图 2-1-32 所示的程序。

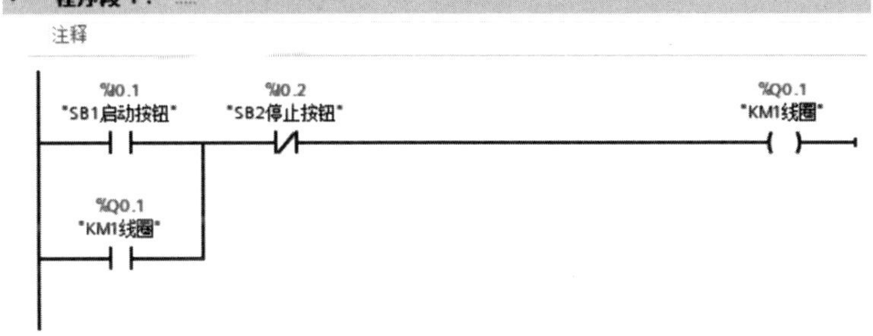

图 2-1-32　PLC 程序（使用线圈指令编写）

6. 仿真调试

步骤 1:启动仿真器,将仿真器切换到项目视图。新建一个项目,打开“SIM 表格_1”,在表中添加变量,如图 2-1-33 所示。

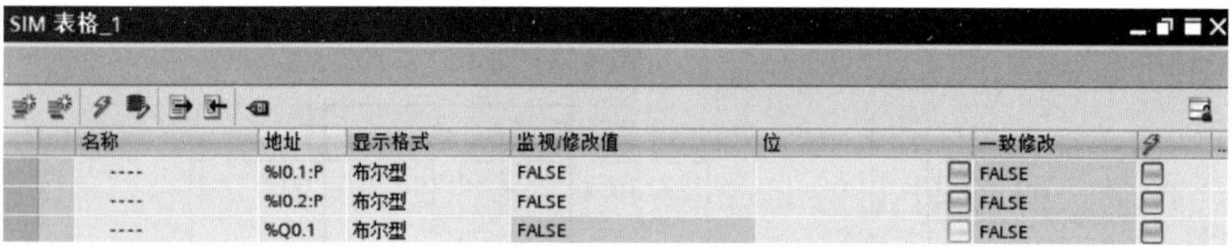
SIM 表格_1

名称	地址	显示格式	监视/修改值	位	一致修改
----	%I0.1:P	布尔型	FALSE		FALSE
----	%I0.2:P	布尔型	FALSE		FALSE
----	%Q0.1	布尔型	FALSE		FALSE

图 2-1-33　SIM 变量表

步骤 2:打开仿真器电源。

步骤 3:下载 PLC 程序到仿真器中,将 PLC 运行状态改为“RUN”模式,将程序切换到监控状态,如图 2-1-34 所示。

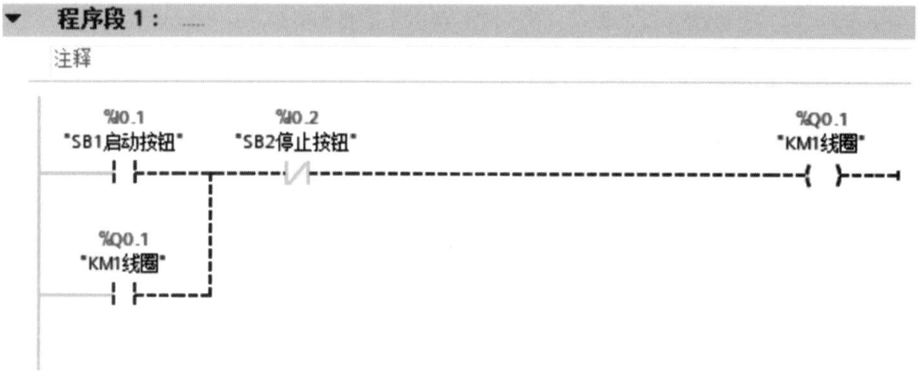

图 2-1-34　程序监控状态

步骤 4:在仿真项目视图中修改 I0.1 的状态为“TRUE”, Q0.1 的监控状态变为“TRUE”;修改 I0.1 的状态为“FALSE”, Q0.1 的监控状态依然为“TRUE”;修改 I0.2 的状态为“TRUE”,Q0.1 的监控状态变为“FALSE”。

调试中 Q0.1 的输出状态与上述不同时,检查、修改程序,直到 Q0.1 的输出状态与上述相同。

7. 工作原理和结果

1)工作原理

(1)按下按钮 SB1, I0.1 线圈得电, I0.1 常开触点闭合,电流从左母线经 I0.1 的常开触点、I0.2 的常闭触点流到线圈 Q0.1,线圈 Q0.1 得电, Q0.1 真实常开触点闭合, KM1 线圈得电,电动机 M 转动。

(2)松开按钮 SB1, I0.1 线圈失电, I0.1 常开触点断开,但是电流经过 Q0.1 的常开触点和 I0.2 的常闭触点流到线圈 Q0.1,线圈 Q0.1 保持得电状态,电动机 M 保持转动状态。

(3)按下按钮 SB2, I0.2 线圈的常闭触点断开,线圈 Q0.1 失电,电动机 M 停止运行,同时线圈 Q0.1 的常开触点断开。

2）结果

按下按钮 SB1，电动机 M 转动并保持；按下按钮 SB2，电动机 M 停止运行。

2.1.3.2　置位与复位指令

1. 置位输出指令和复位输出指令

仅当置位输出指令或复位输出指令输入的 RLO 为“1”时，才执行置位输出指令或复位输出指令。

如果置位输出指令输入的 RLO 为“1”，则将其操作数“OUT”置位为“1”。如果置位输出指令输入的 RLO 为“0”，则其操作数“OUT”的信号状态将保持不变。复位输出指令与置位输出指令相反。置位输出指令和复位输出指令的符号如图 2-1-35 所示。

（a）　（b）

图 2-1-35　置位输出指令和复位输出指令的符号

（a）置位输出指令　（b）复位输出指令

下面通过具体程序说明置位与复位指令和线圈指令的区别。如图 2-1-36 所示，I0.0 常开触点接通时，Q0.0 得电，其常开触点接通，常闭触点断开；I0.0 常开触点断开时，Q0.0 失电，其常开触点断开，常闭触点接通；I0.1 常开触点接通时，CPU 将 Q0.1 置位，I0.1 断开时，第二行指令不执行，Q0.1 保持为“1”，直到 I0.2 接通时，Q0.1 才会复位为“0”。程序中同一变量的置位指令和复位指令一般会成对出现。

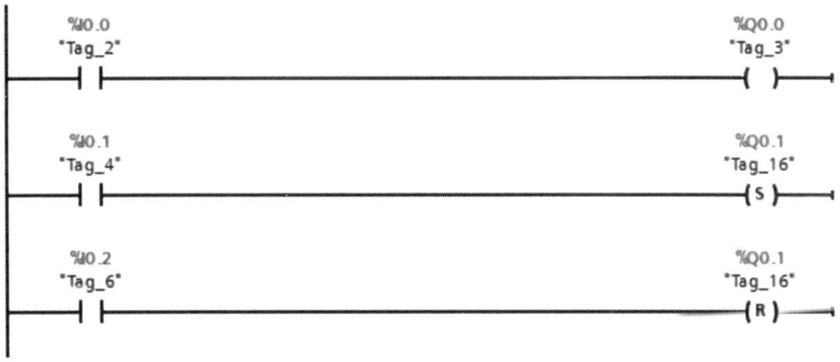

图 2-1-36　置位与复位指令和线圈指令的比较

2. 置位位域指令和复位位域指令

仅当指令输入端的 RLO 为“1”时，才执行该指令。如果指令输入端的 RLO 为“0”，则不会执行该指令。

置位位域指令可对从“OUT”所指定地址开始的“n”位进行置位。复位位域指令可对从“OUT”所指定地址开始的“n”位进行复位。其中“OUT”为布尔型变量，“n”为 UINT 类型常数。置位位域指令和复位位域指令的符号如图 2-1-37 所示。

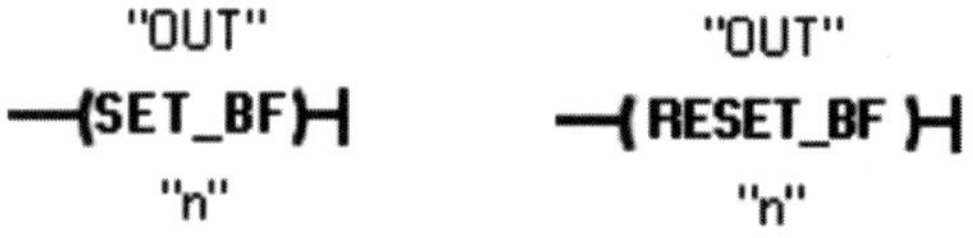

（a） （b）

图 2-1-37 置位位域指令和复位位域指令的符号

（a）置位位域指令 （b）复位位域指令

[子任务 2-1-3] 使用置位与复位指令编写电动机自锁控制程序

1. 任务描述

按下按钮 SB1，电动机 M 转动并保持；按下按钮 SB2，电动机 M 停止转动。

2. I/O 地址分配表

I/O 地址分配表如表 2-1-4 所示。

表 2-1-4 I/O 地址分配表

输入信号			输出信号		
名称	I/O 地址	功能	名称	I/O 地址	功能
SB1	I0.1	启动	KM1 线圈	Q0.1	控制主回路通断
SB2	I0.2	停止			

3. 电气原理图

本任务选择 CPU 1215C AC/DC/RLY，订货号为 6ES7 214-1AG40-0XB0，电气原理图如图 2-1-38 所示。

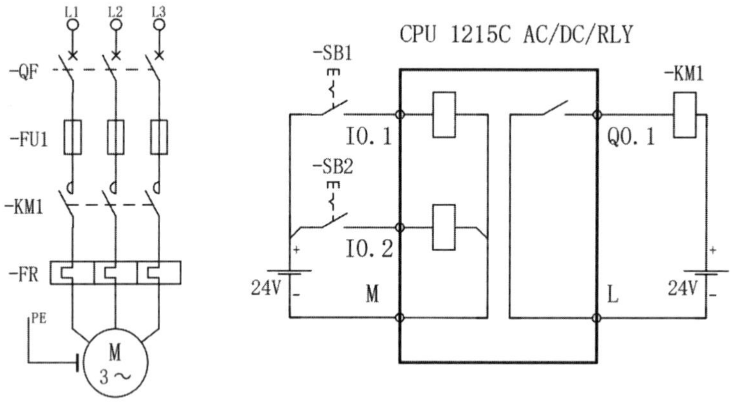

图 2-1-38 电动机自锁 PLC 控制原理图

4. 硬件组态与编辑变量

步骤 1：新建一个项目，命名为“电动机自锁控制”。

步骤 2:根据所选硬件型号完成 CPU 组态。

步骤 3:编辑变量。按照表 2-1-4 将 I/O 点在变量表中进行定义,如图 2-1-39 所示。

PLC 变量

	名称	变量表	数据类型	地址	保持	从 H...	从 H...	在 H...
1	SB1启动按钮	默认变量表	Bool	%I0.1	☐	☑	☑	☑
2	SB2停止按钮	默认变量表	Bool	%I0.2	☐	☑	☑	☑
3	KM1线圈	默认变量表	Bool	%Q0.1	☐	☑	☑	☑

图 2-1-39　变量表

5. 程序设计

在“Main[OB1]”中编写如图 2-1-40 所示的程序。

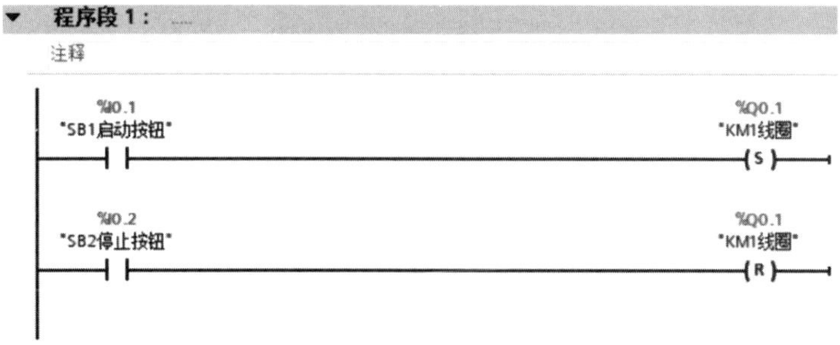

图 2-1-40　PLC 程序(使用线圈指令编写)

6. 调试

按下按钮 SB1,I0.1 常开触点接通,Q0.1 被置“1”,KM1 线圈得电,KM1 主触点接通,电动机 M 转动并保持;按下按钮 SB2, I0.2 常开触点接通, Q0.1 被置“0”, KM1 线圈失电, KM1 主触点断开,电动机 M 停止。

调试中 Q0.1 的输出状态与上述不同时,检查、修改程序,直到 Q0.1 的输出状态与上述相同。

思考

列出置位与复位指令和线圈指令编写的电动机自锁程序运行时的不同之处。

[子任务 2-1-4] 电动机多地控制

1. 任务描述

电动机多地控制继电控制原理图如图 2-1-41 所示, SB1、SB2 为电动机启动按钮, SB3、SB4 为电动机停止按钮, SB1 和 SB3 安装于甲地点, SB2 和 SB4 安装于乙地点,甲、乙两地都可以控制电动机的启动和停止。

2. I/O 地址分配表

本任务中 PLC 需要连接 SB1、SB2、SB3、SB4 和 KM1,因此需要用到四个输入点和一个输出点,I/O 地址分配表如表 2-1-5 所示。

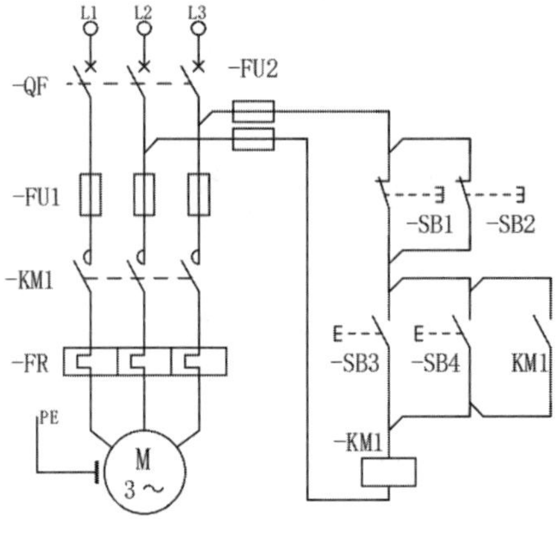

图 2-1-41　电动机多地控制继电控制原理图

表 2-1-5　I/O 地址分配表

输入信号			输出信号		
名称	I/O 地址	功能	名称	I/O 地址	功能
SB1	I0.1	甲地启动	KM1 线圈	Q0.1	控制主回路通断
SB2	I0.2	乙地启动			
SB3	I0.3	甲地停止			
SB4	I0.4	乙地停止			

3. 电气原理图

本任务选择 CPU 1215C AC/DC/RLY，订货号为 6ES7 214-1AG40-0XB0，是紧凑型 CPU，电气原理图如图 2-1-42 所示。

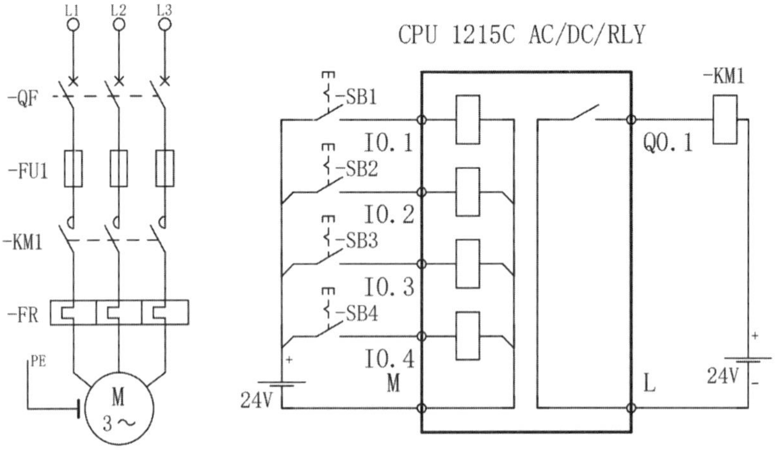

图 2-1-42　电动机多地控制原理图

4. 硬件组态与编辑变量

步骤 1:新建一个项目,命名为“电动机多地控制”。

步骤 2:根据所选硬件型号完成 CPU 组态。

步骤 3:编辑变量。按照表 2-1-5 将 I/O 点在变量表中进行定义,如图 2-1-43 所示。

PLC 变量

	名称	变量表	数据类型	地址	保持	从 H...
1	甲地启动	默认变量表	Bool	%I0.1	☐	☑
2	乙地启动	默认变量表	Bool	%I0.2	☐	☑
3	甲地停止	默认变量表	Bool	%I0.3	☐	☑
4	乙地停止	默认变量表	Bool	%I0.4	☐	☑
5	KM1线圈	默认变量表	Bool	%Q0.1	☐	☑

图 2-1-43　变量表

5. 程序设计

在“Main[OB1]”中编写如图 2-1-44 和图 2-1-45 所示的程序。

图 2-1-44　PLC 程序 1

图 2-1-45　PLC 程序 2

6. 调试

按下按钮 SB1 或 SB3，Q0.1 被置“1”，KM1 线圈得电,电动机 M 转动;按下按钮 SB2 或 SB4,Q0.1 被置“0”,KM1 线圈失电,电动机 M 停止转动。

调试中 Q0.1 的输出状态与上述不同时,检查、修改程序,直到 Q0.1 的输出状态与上述相同。

7. 工作原理

（1）按下按钮 SB1 或 SB3，Q0.1 被置“1”，KM1 线圈得电，电动机 M 转动。

（2）按下按钮 SB2 或 SB4，Q0.1 被置“0”，KM1 线圈失电，电动机 M 停止转动。

思考

（1）用线圈指令如何编写电动机多地控制程序？

（2）如果三个地点需要控制同一台电动机的启动和停止，如何修改原理图和程序？

2.1.3.3 上升沿与下降沿指令

1. 上升沿检测指令和下降沿检测指令

只有在变量“IN”的信号状态从“0”变为“1”时，上升沿检测触点闭合一个扫描周期。只有在变量“IN”的信号状态从“1”变为“0”时，下降沿检测触点闭合一个扫描周期。“IN”和“M_BIT”都是布尔型变量，“M_BIT”用来保存“IN”的上一个周期扫描状态。上升沿检测指令和下降沿检测指令的符号如图 2-1-46 所示。

（a）（b）

图 2-1-46 上升沿检测指令和下降沿检测指令的符号

（a）上升沿检测指令 （b）下降沿检测指令

2. 上升沿置位指令和下降沿置位指令

上升沿置位指令在输入 RLO 从“0”变为“1”时，“OUT”信号状态将在一个程序周期内为“1”，在其他任何情况下，“OUT”信号状态均为“0”。下降沿置位指令在输入 RLO 从“1”变为“0”时，“OUT”信号状态将在一个程序周期内为“1”，在其他任何情况下，“OUT”信号状态均为“0”。“OUT”和“M_BIT”都是布尔型变量，“M_BIT”用来保存上一个周期的输入 RLO。上升沿置位指令和下降沿置位指令的符号如图 2-1-47 所示。

（a）（b）

图 2-1-47 上升沿置位指令和下降沿置位指令的符号

（a）上升沿置位指令 （b）下降沿置位指令

[子任务 2-1-5] 使用上升沿指令编写电动机自锁控制程序

1. 任务描述

按下按钮 SB1 的瞬间，电动机 M 转动并保持；按下按钮 SB2，电动机 M 停止转动。

2. I/O 地址分配表

I/O 地址分配表如表 2-1-6 所示。

表 2-1-6　I/O 地址分配表

输入信号			输出信号		
名称	I/O 地址	功能	名称	I/O 地址	功能
SB1	I0.1	启动	KM1 线圈	Q0.1	控制主回路通断
SB2	I0.2	停止			

3. 电气原理图

本任务选择 CPU 1215C AC/DC/RLY，订货号为 6ES7 214-1AG40-0XB0，电气原理图如图 2-1-48 所示。

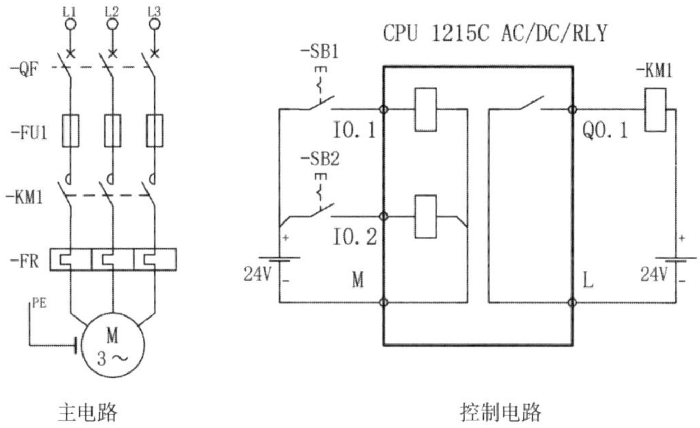

图 2-1-48　电动机自锁 PLC 控制原理图

4. 硬件组态与编辑变量

步骤 1：新建一个项目，命名为“电动机自锁控制”。

步骤 2：根据所选硬件型号完成 CPU 组态。

步骤 3：编辑变量。按照表 2-1-6 将 I/O 点在变量表中进行定义，如图 2-1-49 所示。

PLC 变量

	名称	变量表	数据类型	地址	保持	从 H...	从 H...	在 H...
1	SB1启动按钮	默认变量表	Bool	%I0.1	☐	☑	☑	☑
2	SB2停止按钮	默认变量表	Bool	%I0.2	☐	☑	☑	☑
3	KM1线圈	默认变量表	Bool	%Q0.1	☐	☑	☑	☑

图 2-1-49　变量表

5. 程序设计

在“Main[OB1]”中编写如图 2-1-50 所示的程序。

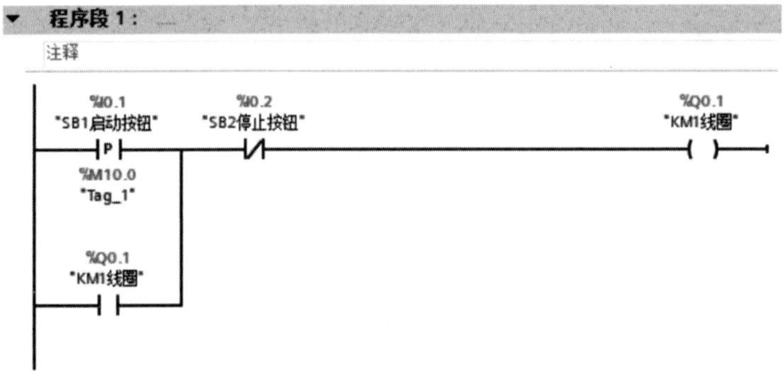

图 2-1-50　PLC 程序(使用线圈指令编写)

6. 调试

按下按钮 SB1,I0.1 上升沿检测触点接通一个扫描周期,Q0.1 线圈得电并保持,KM1 接触器线圈得电，KM1 接触器主触点接通,电动机运行;按下按钮 SB2，I0.2 常闭触点断开,Q0.1 线圈失电,KM1 接触器线圈失电,KM1 接触器主触点断开,电动机停止转动。

调试中 Q0.1 的输出状态与上述不同时,检查、修改程序,直到 Q0.1 的输出状态与上述相同。

思考

[子任务 2-1-5] 中如果控制要求改为“松开按钮 SB1 时,电动机开始转动”,那么程序该怎么编写?

[子任务 2-1-6] 一个按钮控制电动机启动和停止

1. 任务描述

一个按钮控制一台电动机启动和停止。按下按钮 SB1,电动机转动,再按下按钮 SB1,电动机停止转动,如此反复。

2. I/O 地址分配表

本任务中 PLC 需要连接一个按钮 SB1 和一个接触器线圈 KM1,因此需要用到一个输入点和一个输出点,I/O 地址分配表如表 2-1-7 所示。

表 2-1-7　I/O 地址分配表

输入信号			输出信号		
名称	I/O 地址	功能	名称	I/O 地址	功能
SB1	I0.1	启动	KM1 线圈	Q0.1	控制主回路通断

3. 电气原理图

本任务选择 CPU 1215C AC/DC/RLY，订货号为 6ES7 214-1AG40-0XB0，是紧凑型 CPU，电气原理图如图 2-1-51 所示。

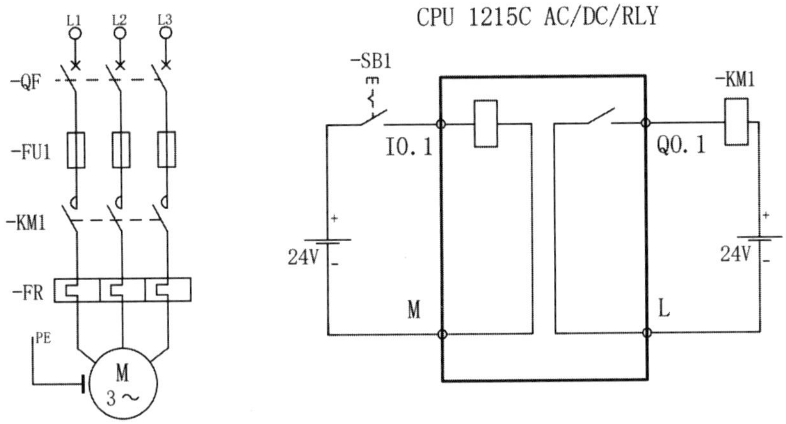

图 2-1-51　一个按钮控制电动机启动和停止的原理图

4. 硬件组态与编辑变量

步骤 1：新建一个项目，命名为“一个按钮控制电动机启动和停止”。

步骤 2：根据所选硬件型号完成 CPU 组态。

步骤 3：编辑变量。按照表 2-1-7 将 I/O 点在变量表中进行定义，如图 2-1-52 所示。

PLC 变量

	名称	变量表	数据类型	地址	保持	从 H...
1	SB1	默认变量表	Bool	%I0.1	☐	☑
2	KM1线圈	默认变量表	Bool	%Q0.1	☐	☑

图 2-1-52　变量表

5. 程序设计

在“Main[OB1]”中编写如图 2-1-53 所示的程序。

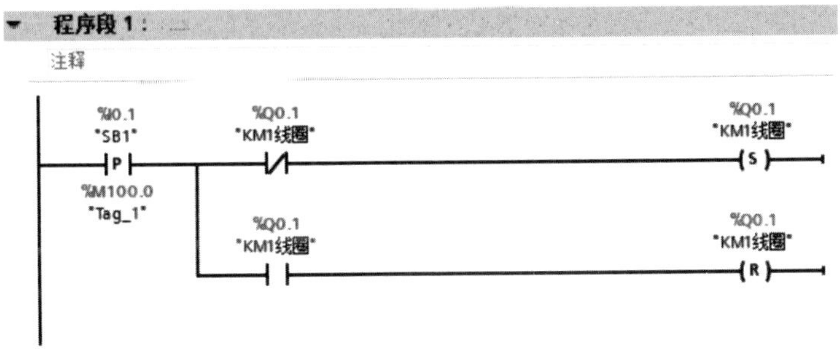

图 2-1-53　PLC 程序

6. 仿真调试

电动机停止时，Q0.1 的输出状态为“0”，其常开触点处于断开状态，常闭触点处于接通状态，按下按钮 SB1，I0.1 上升沿检测触点接通一个扫描周期，Q0.1 置位指令接通一个扫描周期，Q0.1 被置“1”，接触器 KM1 线圈通电，接触器 KM1 主触点接通，电动机运行；电动机运行时，Q0.1 的输出状态为“1”，其常开触点处于接通状态，常闭触点处于断开状态，按下按钮 SB1，I0.1 上升沿检测触点接通一个扫描周期，Q0.1 复位指令接通一个扫描周期，Q0.1 被置“0”，接触器 KM1 线圈断电，接触器 KM1 主触点断开，电动机停止。

调试中 Q0.1 的输出状态与上述不同时，检查、修改程序，直到 Q0.1 的输出状态与上述相同。

2.1.4 变量表、监控表和强制表

2.1.4.1 变量表

1. 变量表简介

变量表的功能是创建、修改和监控变量，变量表窗口如图 2-1-54 所示。在博途软件中添加 CPU 设备后，在项目树中 CPU 设备展开后有一个“PLC 变量”文件夹，此文件夹初始有三个选项：“显示所有变量”“添加新变量表”和“默认变量表”。

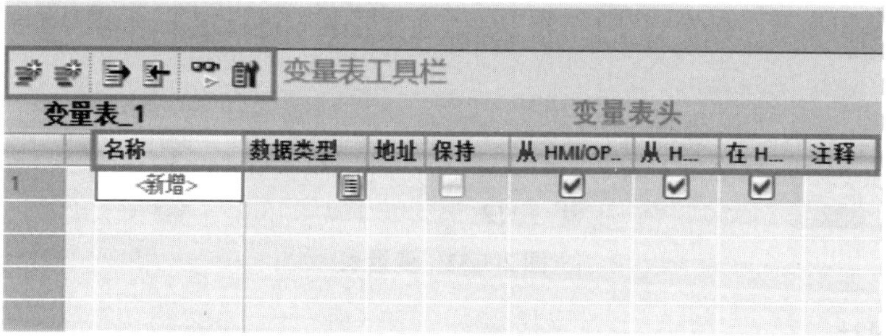

图 2-1-54 变量表窗口

“显示所有变量”包含全部 PLC 变量。该表不能删除、移动和重命名。

“添加新变量表”用来创建新的变量表，用户可以创建多个变量表来分类或分区域管理变量。

“默认变量表”由系统创建，包含用户在“显示所有变量”和“默认变量表”创建的变量。该表不能删除、移动，但可以重命名。

1）变量表工具栏功能

变量表工具栏从左到右的按钮依次为“插入行”“新建行”“导出”“导入”“全部监视”和“保持”。“插入行”和“新建行”在添加新变量时使用，“导出”和“导入”用于将变量表导出为 xlsx 文件或将标准格式的 xlsx 文件导入变量表中，“全部监视”用于在线监视变量状态，“保持”用于设置断电保持性存储区域。

2）变量表表头含义

变量表表头含义如表 2-1-8 所示。

表 2-1-8　变量表表头含义

序号	表头	说明
1	名称	变量在 CPU 范围内的唯一名称
2	数据类型	变量数据类型
3	地址	变量地址
4	保持	显示变量是否为保持型变量 （保持型变量断电后状态不会丢失）
5	从 HMI/OPC UA/Web API 可访问	运行期间 HMI 可访问此变量
6	从 HMI/OPC UA/Web API 可写入	运行期间 HMI 可修改此变量
7	在 HMI 工程组态中可见	显示默认情况下，在选择 HMI 操作数时变量是否显示
8	监视值	在线监控时显示 CPU 中当前数据值
9	注释	用于说明变量的注释信息

2. 变量表使用示例

在博途软件项目视图的项目树中，双击“添加新变量表”选项，PLC 变量文件夹下生成“变量表_1[0]”，选中“变量表_1[0]”，单击鼠标右键，在弹出的快捷菜单中选择“重命名”命令，将此变量表重命名为“上料部分”，用同样的方法添加“工艺部分”和“下料部分”两个变量表。添加完成后变量表文件夹示例如图 2-1-55 所示。“上料部分”变量表内创建上料程序的相关变量，“工艺部分”变量表内创建工艺程序的相关变量，“下料部分”变量表内创建下料程序的相关变量。“上料部分”变量表窗口示例如图 2-1-56 所示。编程时输入变量名称或变量地址都可以。

图 2-1-55　变量表文件夹示例

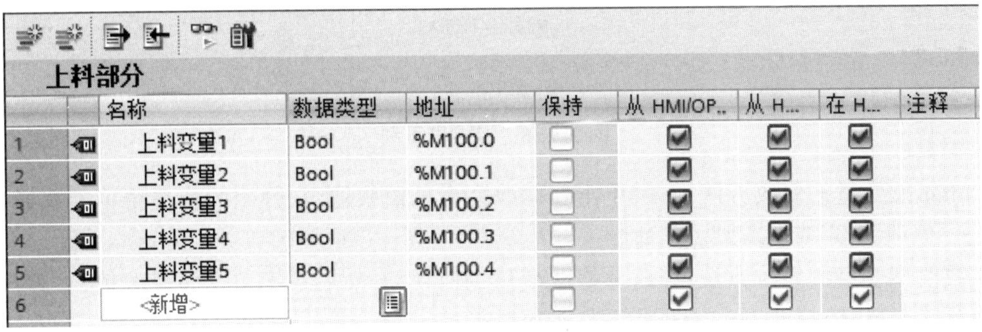

图 2-1-56　变量表窗口示例

2.1.4.2 监控表和强制表

监控表主要用于监控所有变量和修改内部辅助存储器 M 的值，强制表主要用于强制输入 I 和输出 Q 的值。变量被强制后输入输出的状态和强制值一致，不接收程序的扫描刷新。

1. 监控表

初始状态下没有可用的监控表，需要双击项目树 PLC 下方的“监控与强制表”文件夹将其展开，然后双击“添加新监控表”选项，即可创建新的监控表，如图 2-1-57 所示。

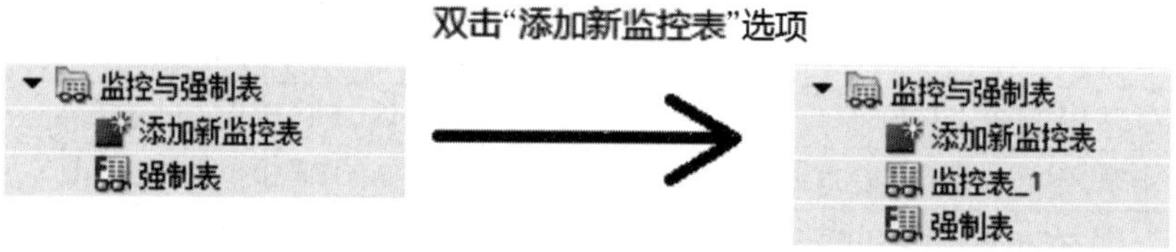

图 2-1-57 添加新监控表

创建后双击“监控表_1”，工作区出现“监控表_1”。根据需要添加要监控和修改的变量后单击工具栏“全部监视”按钮，此时“监视值”列显示变量的当前状态，右键单击要修改的变量，通过弹出菜单的“修改”命令可以修改变量的当前值，如图 2-1-58 所示。

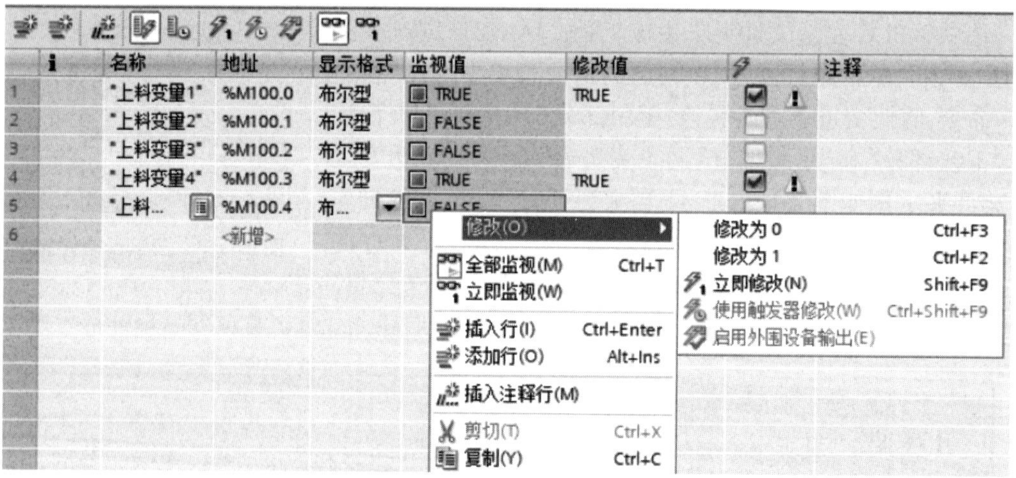

图 2-1-58 监控表示例

布尔型变量的修改方法：右键单击要修改变量的监视值，在弹出的快捷菜单中选择“修改”→“修改为 0”或“修改为 1”命令。

数值型变量的修改方法：修改要修改变量的监视值，然后右键单击该修改值，在弹出的快捷菜单中选择“修改”→“立即修改”命令。

2. 强制表

强制表为系统自动创建，使用时直接双击打开，添加变量后，右键单击要强制的变量，在弹出的快捷菜单中选择“强制”命令可以强制变量的当前值，如图 2-1-59 所示。

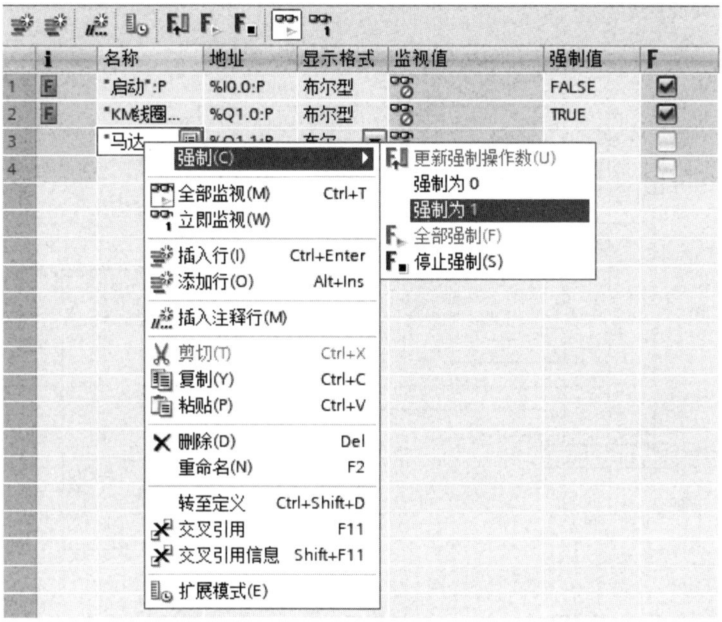

图 2-1-59　强制表示例

强制变量后，CPU 模块的“MAINT”指示灯变为黄色，停止强制后“MAINT”指示灯熄灭，设备运行时严禁 PLC 处于强制状态。

变量强制的方法：右键单击要强制变量的强制值，在弹出的快捷菜单中选择“强制”→“强制为 0”或“强制为 1”命令。

停止强制的方法：右键单击要强制变量的强制值，在弹出的快捷菜单中选择“强制”→“停止强制”命令。

2.1.5　电动机正反转 PLC 控制系统设计

2.1.5.1　控制要求

通过 PLC 控制电动机实现正反转运行，正转启动按钮为 SB1，反转启动按钮为 SB2，停止按钮为 SB3，正转接触器为 KM1，反转接触器为 KM2。

2.1.5.2　电动机正反转继电控制原理图

电动机正反转继电控制原理图如图 2-1-60 所示，通过接触器 KM1 和 KM2 的常开触点实现按钮的自锁，通过 KM1 和 KM2 的常闭触点实现正转和反转的互锁。

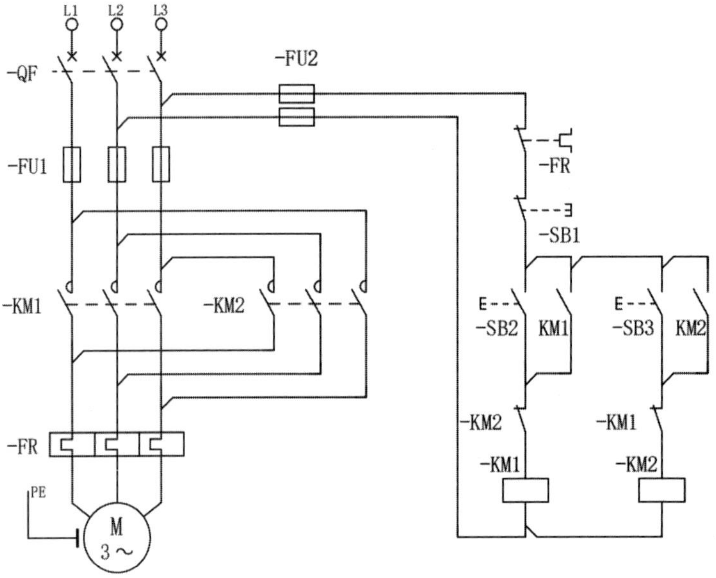

图 2-1-60　电动机正反转继电控制原理图

2.1.5.3　I/O 地址分配表

电动机正反转 PLC 控制系统包含三个按钮和两个接触器，I/O 地址分配表见表 2-1-9。

表 2-1-9　电动机正反转 I/O 地址分配表

输入信号			输出信号		
名称	I/O 地址	功能	名称	I/O 地址	功能
SB1	I0.0	正转启动	KM1	Q0.0	控制主回路通断
SB2	I0.1	反转启动	KM2	Q0.1	控制主回路通断
SB3	I0.2	停止			

2.1.5.4　电气原理图

本任务中 PLC 选型为 S7-1200 CPU 1215C AC/DC/RLY，电气原理图包括电动机主电路和 PLC 控制回路两部分，如图 2-1-61 所示。

说明：控制回路中 KM1 线圈和 KM2 线圈必须添加互锁，如果没有互锁，Q0.0 和 Q0.1 同时输出时，KM1 和 KM2 将同时吸合，主电路将会出现短路危险。

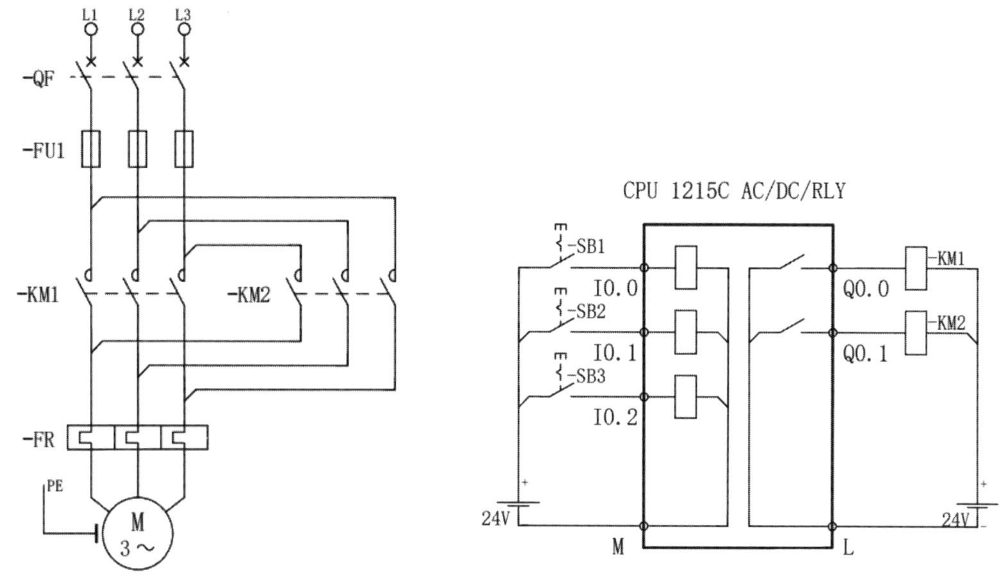

主电路　　　　控制回路

图 2-1-61　电动机正反转 PLC 控制原理图

2.1.5.5　软件设计及调试

步骤 1：新建一个项目，命名为“电动机正反转 PLC 控制”。

步骤 2：组态 CPU 1215C AC/DC/RLY，订货号为 6ES7 215-1BG40-0XB0。

步骤 3：编辑变量表，如图 2-1-62 所示。

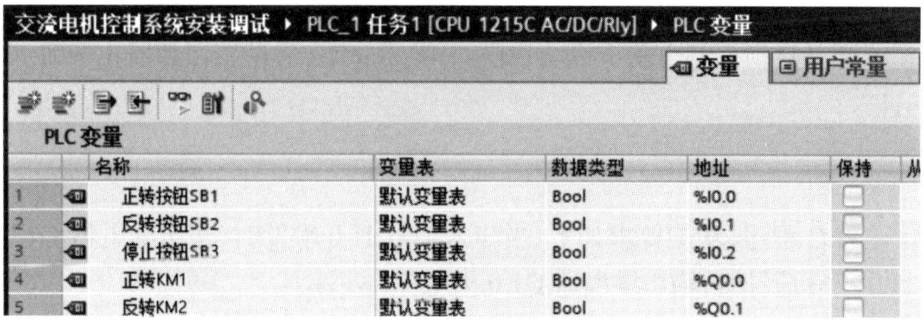

交流电机控制系统安装调试 ▸ PLC_1 任务1 [CPU 1215C AC/DC/Rly] ▸ PLC 变量

变量　用户常量

PLC 变量

	名称	变量表	数据类型	地址	保持
1	正转按钮SB1	默认变量表	Bool	%I0.0	
2	反转按钮SB2	默认变量表	Bool	%I0.1	
3	停止按钮SB3	默认变量表	Bool	%I0.2	
4	正转KM1	默认变量表	Bool	%Q0.0	
5	反转KM2	默认变量表	Bool	%Q0.1	

图 2-1-62　变量表

步骤 4：编写程序，如图 2-1-63 所示。

步骤 5：调试，按下 SB1，KM1 吸合，电动机正转并保持，按下 SB3，电动机停止；按下 SB2，KM2 吸合，电动机反转并保持，按下 SB3，电动机停止。以上每一步操作都要监控程序中各触点和线圈的状态。

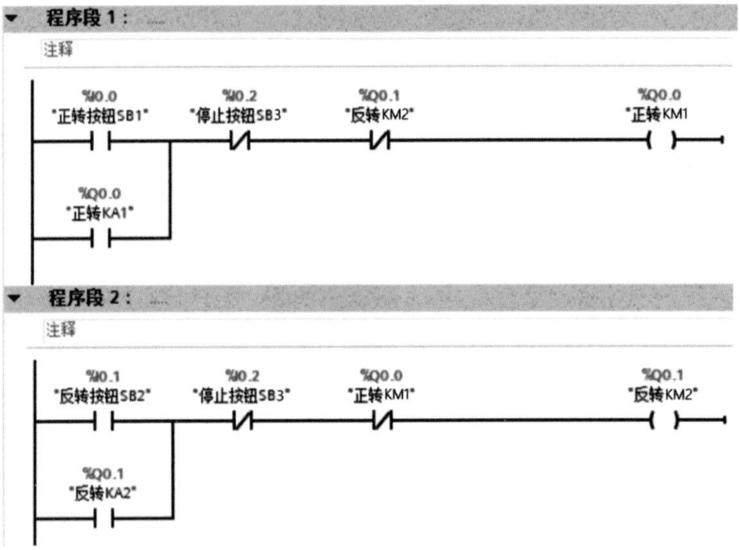

图 2-1-63　电动机正反转控制程序

练习题

1. 填空题

（1）—| |— 是__________指令。

（2）—|/|— 是__________指令。

（3）—( )— 是__________指令。

2. 编程题

（1）编写 PLC 自锁控制电动机启动程序。（要求：包含启动按钮和停止按钮。）

（2）编写 PLC 程序，功能要求如下：当输入信号 I1.0 触发时，输出继电器 Q1.0 得电；当输入信号 I1.0 没有信号时，输出继电器 Q1.0 失电。

（3）编写 PLC 程序，功能要求如下：按下按钮 SB1（I0.5）或 SB2（I0.6）后指示灯（I1.1）得电；松开按钮 SB1 或 SB2 后，指示灯仍然得电；按下按钮 SB3（I0.7）后，指示灯立刻失电。

任务完成报告

<table>
<tr><td>姓名</td><td></td><td>学习日期</td><td></td></tr>
<tr><td>任务名称</td><td colspan="3">电动机点动及自锁控制 PLC 程序设计</td></tr>
<tr><td rowspan="4">任务完成情况</td><td colspan="2">考核内容</td><td>完成情况</td></tr>
<tr><td colspan="2">(1)绘制电动机正反转继电控制原理图</td><td>□好　□良好　□一般　□差</td></tr>
<tr><td colspan="2">(2)进行 I/O 地址分配,绘制电动机正反转 PLC 控制原理图</td><td>□好　□良好　□一般　□差</td></tr>
<tr><td colspan="2">(3)编写电动机正反转控制程序并调试</td><td>□好　□良好　□一般　□差</td></tr>
<tr><td>学习心得</td><td colspan="3"></td></tr>
</table>

任务 2.2　两台电动机延时启动的 PLC 控制

任务要求

（1）进行 I/O 地址分配；
（2）绘制电动机延时启动 PLC 控制原理图；
（3）编写电动机延时启动控制程序并调试。

知识目标

（1）了解 PLC 编程语言及编程规则；
（2）掌握定时器指令的应用。

能力目标

（1）能够应用定时指令编程；
（2）能够完成电动机延时启动 PLC 控制系统的设计及调试。

素养目标

（1）培养学生对问题的思考和分析能力；
（2）培养学生良好的工作习惯。

2.2.1　PLC 编程语言

PLC 编程语言的国际标准由 IEC（国际电工委员会）在 1994 年 5 月公布，该标准详细说明了五种 PLC 编程语言，它们分别是梯形图（Ladder Diagram，LAD）、语句表（Statement List，STL）、顺序功能图（Sequential Function Chart，SFC）、功能块图（Function Block Diagram，FBD）和结构文本（Structured Text，ST）。

2.2.1.1　梯形图

梯形图是由电气原理图演变而来的，它沿用了电气原理图中的触点、线圈、串并联等术语和图形符号，比较形象直观，并且逻辑关系明确，因此熟悉电气控制的工程技术人员和一线的工人师傅非常容易接受。

图 2-2-1（a）为电动机自锁继电接触控制电路图。图 2-2-1（b）所示为用梯形图语言编写的 PLC 程序。图中左、右母线类似于继电接触控制电路图中的电源线，输出线圈类似于负载，输入触点类似于按钮。梯形图由若干梯级组成，每个梯级是一个因果关系。在梯级

中，触点表示逻辑输入条件，如外部的开关、按钮和内部条件等；线圈通常代表逻辑结果，用来控制外部的指示灯、接触器和内部的输出标志位等。梯形图自上而下排列，每个梯级起于左母线，经触点、线圈，止于右母线，右母线也可以不画。

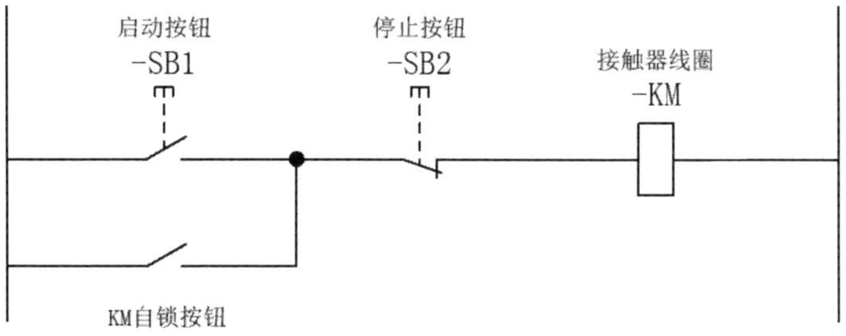

（a）

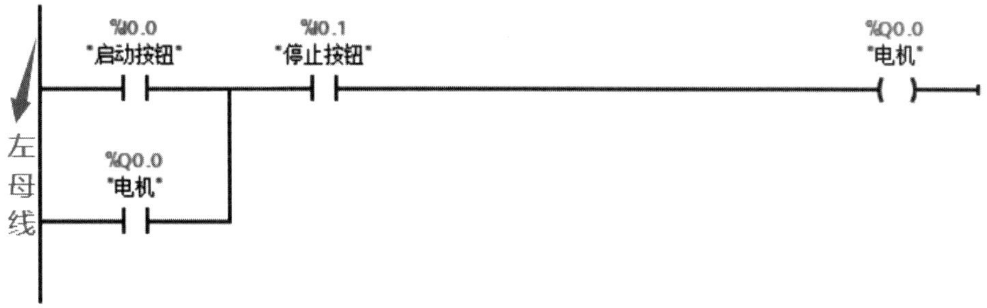

（b）

图 2-2-1　继电接触控制电路图和 PLC 控制梯形图示例

（a）继电接触控制电路图　（b）PLC 控制梯形图

2.2.1.2　语句表

语句表是一种类似于微机汇编语言的文本编程语言，由多条语句组成一个程序段。语言表适合经验丰富的程序员使用，可以实现某些梯形图不能实现的功能。语句表示例如图 2-2-2 所示。

```
LD      I0.0
O       Q0.0
AN      I0.1
=       Q0.0
```

图 2-2-2　语句表示例

2.2.1.3　顺序功能图

顺序功能图又叫功能表图，也称状态转移图，是位于其他编程语言之上的一种图形语言。顺序功能图提供了一种组织程序的图形方法，其中可以用其他语言嵌套编程。顺序功能图表示程序的流程，常用来编制顺序控制类程序，主要由步、有向连线、转换条件和动作组成，如图 2-2-3 所示。

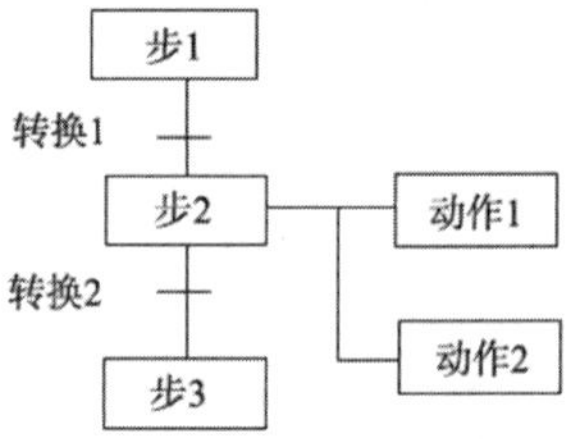

图 2-2-3　顺序功能图

2.2.1.4　功能块图

功能块图实际上是用由逻辑功能符号组成的功能块来表达命令的图形语言，与数字电路中的逻辑图一样，用与门、或门、触发器的方框图来表示逻辑运算关系。方框左侧为逻辑运算的输入变量，右侧为输出变量，信号从左向右流动，这对熟悉数字逻辑电路的工程人员来说编程十分方便。图 2-2-4 所示为先“与”后“或”再输出操作的功能块图示例。

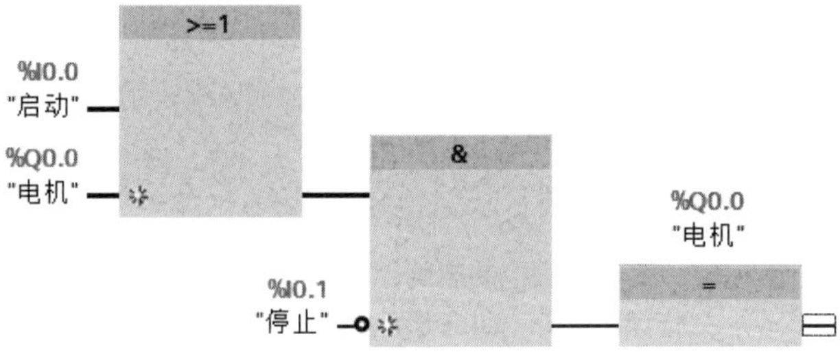

图 2-2-4　功能块图示例

2.2.1.5　结构文本

随着可编程逻辑控制器的飞速发展，许多高级功能仍用梯形图来表示，会很不方便。为了增强可编程逻辑控制器的数字运算、数据处理、PID 调节、通信等功能，方便用户的使用，许多大中型可编程逻辑控制器都配备了 Pascal、Basic、C 等高级编程语言。用高级语言编程的方式叫作结构文本，与梯形图相比，结构文本既能实现复杂的数学运算，又能使语言非常简洁和紧凑。结构文本示例如图 2-2-5 所示。

```
IF ("启动" OR "电机") AND "停止" THEN
        "电机" :=1;
ELSE
        "电机" :=0;
END_IF;
```

图 2-2-5　结构文本示例

2.2.2　梯形图的编程规则

PLC 通过预先编好的程序来实现对不同生产过程的自动控制，而梯形图是目前使用最多的一种编程语言，它是以触点符号代替传统电气控制回路中的按钮、开关、接触器、继电器触点等部件的一种编程语言。下面我们介绍梯形图的编程规则。

（1）PLC 梯形阶梯都是始于左母线，终于右母线（通常可以省掉不画，仅画左母线）。每行的左边是接点组合，表示驱动逻辑线圈的条件，而表示结果的逻辑线圈只能接在右边的母线上，接点不能出现在线圈右边，如图 2-2-6 所示。

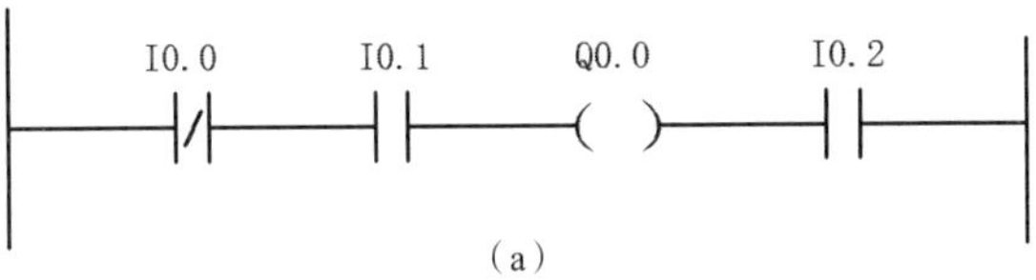

（a）

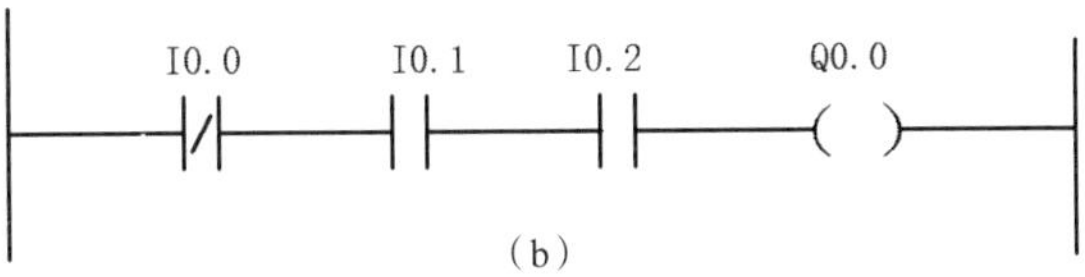

（b）

图 2-2-6　线圈接法

（a）错误　（b）正确

（2）接点应画在水平线上，不应画在垂直线上，如图 2-2-7 所示。

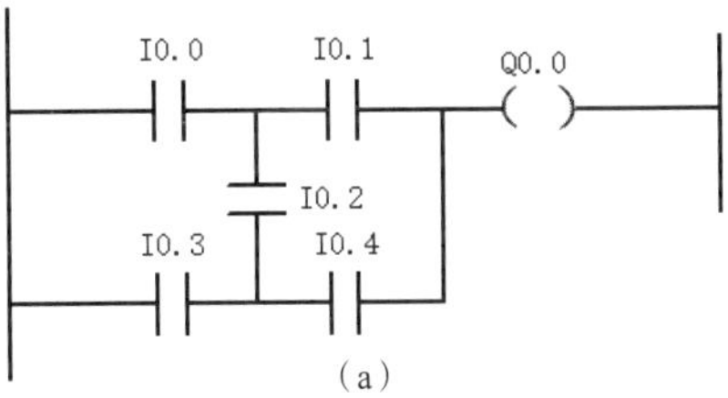

（a）

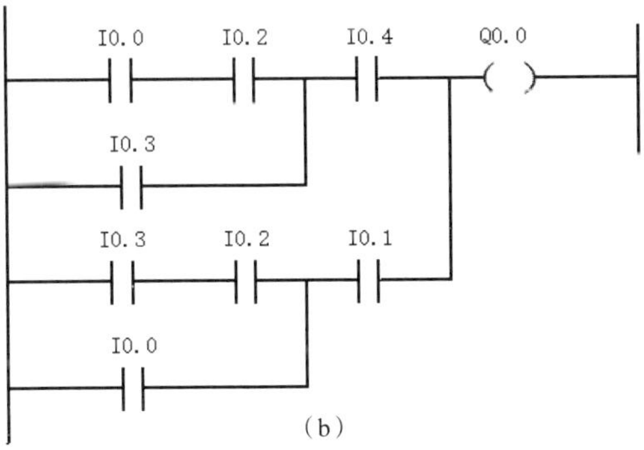

（b）

图 2-2-7　接点画法

（a）错误　（b）正确

（3）并联块串联时，应将接点多的块放在梯形图左方（左重右轻原则）；串联块并联时，应将接点多的块放在梯形图的上方(上重下轻的原则)。这样做,程序简洁,可以缩短指令的扫描时间,对于一些大型的程序尤为重要。如图 2-2-8 所示为左重右轻原则和上重下轻原则示例。

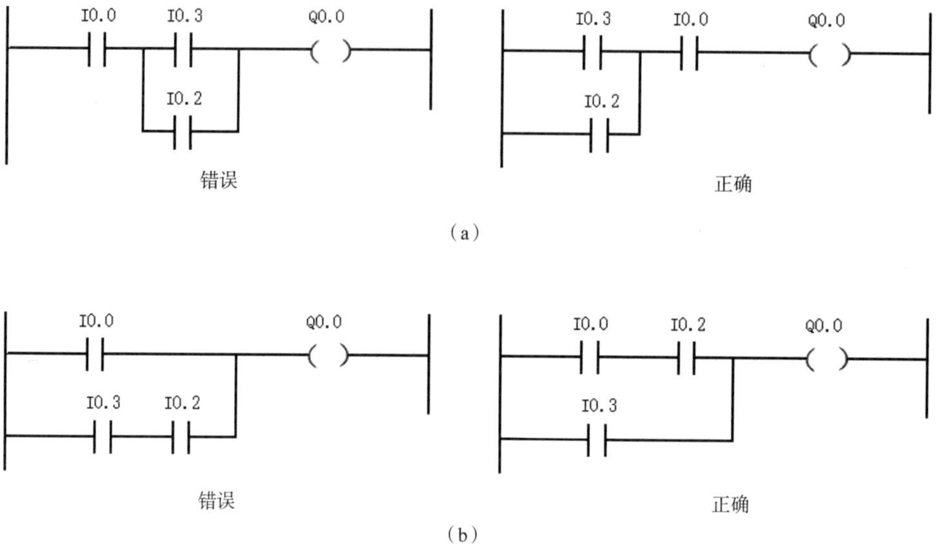

图 2-2-8　左重右轻原则和上重下轻原则示例

(a)左重右轻原则　(b)上重下轻原则

(4)禁止使用双线圈输出。若在同一梯形图中,同一组件的线圈使用两次或两次以上,则称为双线圈输出或线圈的重复使用。双线圈输出是初学者最容易犯的错误之一。在双线圈输出时,只有最后一次的线圈输出是有效的,而前面的线圈输出是无效的。这是由 PLC 的扫描特性决定的。双线圈输出错误和正确的梯形图画法如图 2-2-9 所示。

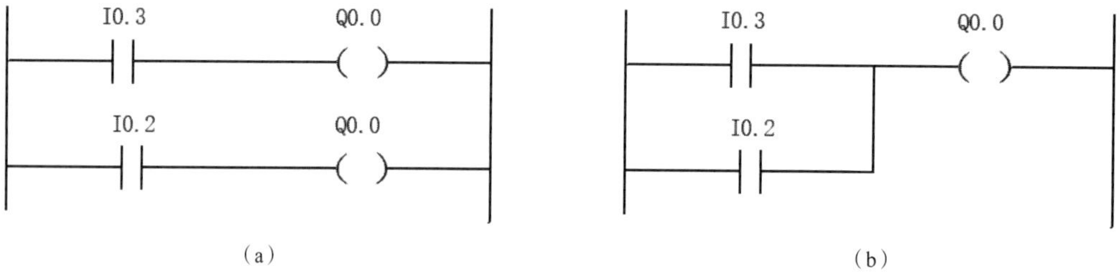

图 2-2-9　双线圈输出错误和正确的梯形图画法

(a)双线圈输出错误　(b)正确的梯形图画法

2.2.3　定时器指令

S7-1200 的定时器为 IEC 定时器,用户程序中可以使用的定时器数量仅受 CPU 存储器容量的限制。使用定时器需要使用与定时器相关的背景数据块或者数据类型为 IEC_Timer

的数据块变量，不同的变量代表着不同的定时器。

S7-1200 包含四种定时器：脉冲定时器（TP）、接通延时定时器（TON）、关断延时定时器（TOF）和时间累加器（TONR）等。定时器指令表如图 2-2-10 所示，上面四个为块指令，下面六个为线圈定时器指令，编程时一般习惯使用块指令。

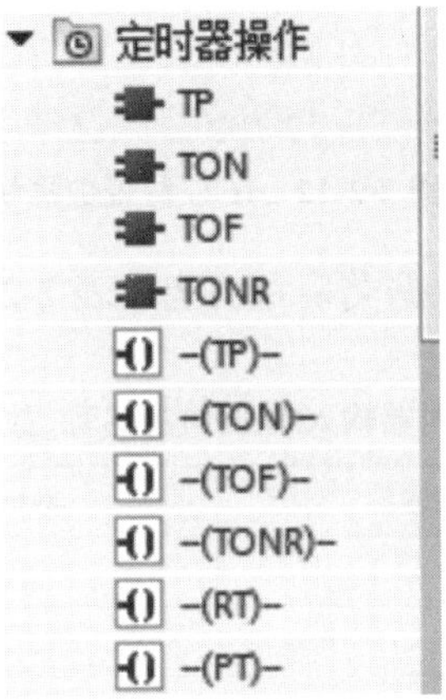

图 2-2-10　定时器指令表

使用定时器指令时，会弹出“调用选项”对话框，如图 2-2-11 所示，通过该对话框可以修改默认背景数据块的名称（如“T2”或“启动延时”等），编号一般选择“自动”。

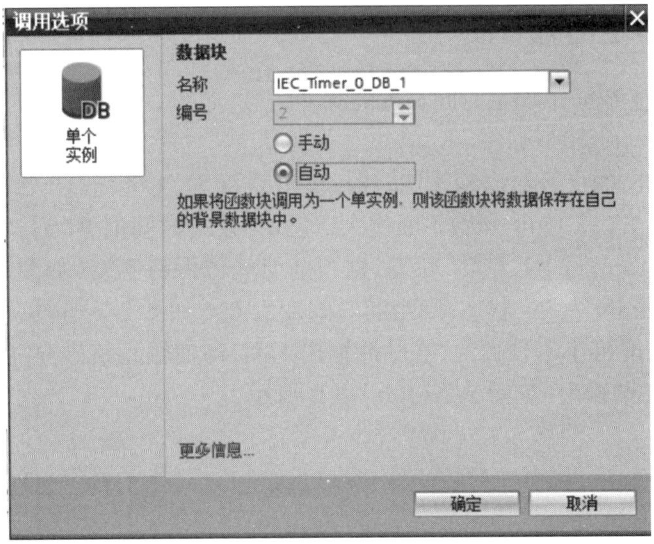

图 2-2-11　“调用选项”对话框

博途软件在插入定时器指令时会自动创建一个 16 B 的 ICE_Timer 数据块，用于存储定时器的相关数据，自动生成的背景数据块如图 2-2-12 所示。

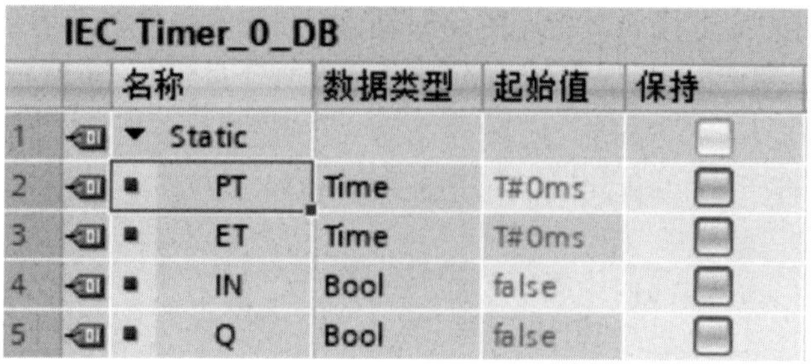

	名称	数据类型	起始值	保持
1	▼ Static			
2	PT	Time	T#0ms	
3	ET	Time	T#0ms	
4	IN	Bool	false	
5	Q	Bool	false	

图 2-2-12　ICE 背景数据块

定时器输入/输出端的名称、数据类型和功能如表 2-2-1 所示。

表 2-2-1　定时器输入/输出端的名称、数据类型和功能

名称	输入/输出	数据类型	功能
IN	输入	Bool	启动定时器
PT	输入	Time	预设时间值
ET	输出	Time	当前时间值
Q	输出	Bool	定时器输出
R	输入	Bool	复位

2.2.3.1　脉冲定时器(TP)

TP 指令用于生成一个设定时间长度的脉冲信号，如图 2-2-13 所示为 TP 指令程序及对应时序图。

在输入信号 IN 的上升沿启动该定时器，输出 Q 变为“1”状态，开始输出脉冲。定时开始后，当前时间值 ET 从 0 ms 开始不断增大，达到预设的时间值 PT 后，输出 Q 变为“0”状态。此时，如果输入信号 IN 为“1”状态，则当前时间值保持不变(如图 2-2-13(b)中 A 所示)；如果输入信号 IN 为“0”状态，则当前时间变为 0 s(如图 2-2-13(b)中 B 所示)。输入信号 IN 的脉冲宽度可小于预设值，在脉冲输出期间，即使输入信号 IN 出现下降沿和上升沿也不会影响脉冲的输出(如图 2-2-13(b)中 B 所示)。

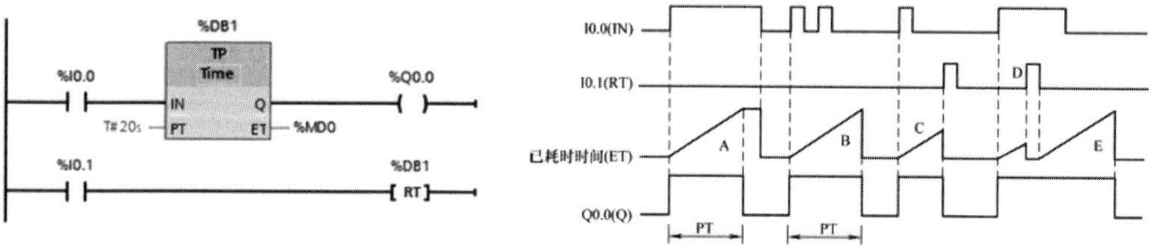

(a)　　　　(b)

图 2-2-13　TP 指令程序及对应时序图

(a)程序　(b)时序图

当 I0.1 为 1 时，定时器复位线圈（RT）接通，定时器被复位。用定时器的背景数据块的编号或符号名来指定需要复位的定时器。RT 指令接通后，ET 端清零，Q 端输出 IN 端的状态；RT 指令断开后，如果 IN 端状态为“1”，则 ET 端重新开始计时，Q 端输出“1”（如图 2-2-13（b）中图 C、D、E 所示）。只在有需要时才对定时器使用 RT 指令。

[子任务 2-2-1] TP 指令的应用

1. 任务描述

在指示灯灭的情况下，按下按钮 SB1，指示灯 L1 亮 10 s；在指示灯亮的情况下，按下按钮 SB1 不起作用；按下按钮 SB2，指示灯立刻熄灭。

2. I/O 地址分配表

本任务中 PLC 需要连接 SB1、SB2 和 L1，因此需要用到两个输入点和一个输出点，I/O 地址分配表如表 2-2-2 所示。

表 2-2-2　I/O 地址分配表

输入信号			输出信号		
名称	I/O 地址	功能	名称	I/O 地址	功能
SB1	I0.1	启动	L1	Q0.1	指示灯
SB2	I0.2	停止			

3. 电气原理图

本任务选择 CPU 1215C AC/DC/RLY，订货号为 6ES7 214-1AG40-0XB0，电气原理图如图 2-2-14 所示。

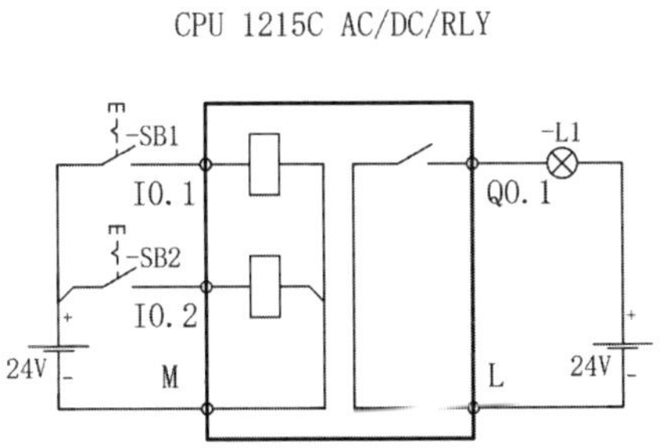

图 2-2-14　电气原理图

4. 硬件组态与编辑变量

步骤 1：新建一个项目，命名为“TP 指令应用”。

步骤 2：根据所选硬件型号完成 CPU 组态。

步骤 3：编辑变量。按照表 2-2-2 将 I/O 点在变量表中进行定义，如图 2-2-15 所示。

PLC 变量

		名称	变量表	数据类型	地址 ▲	保持
1		SB1 启动	默认变量表	Bool	%I0.1	
2		SB2 停止	默认变量表	Bool	%I0.2	
3		指示灯L1	默认变量表	Bool	%Q0.1	

图 2-2-15　变量表

5. 程序设计

步骤 1：打开“Main[OB1]”，单击鼠标选中程序段 1，在指令表中双击 TP 指令，弹出“调用选项”对话框，如图 2-2-16 所示，修改名称为“TP1”，编号选“自动”，单击“确定”按钮，TP 定时器就出现在程序段 1。

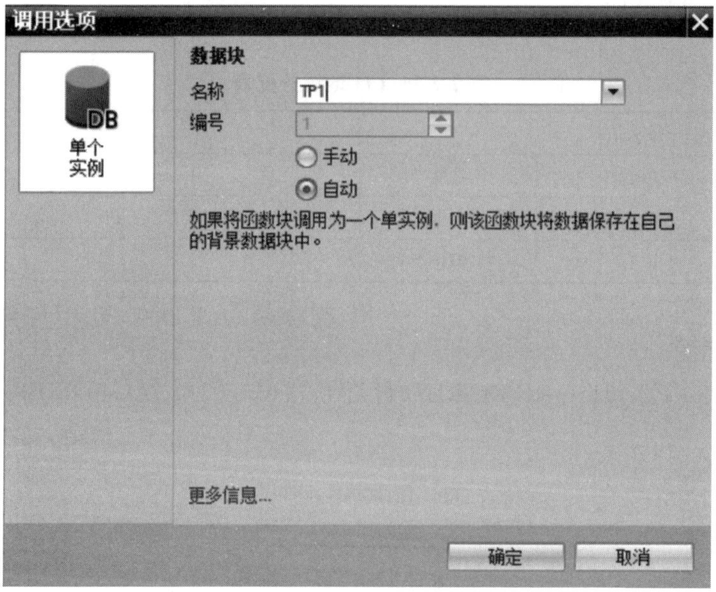

图 2-2-16　TP 指令调用选项

步骤 2：编写程序，如图 2-2-17 所示。

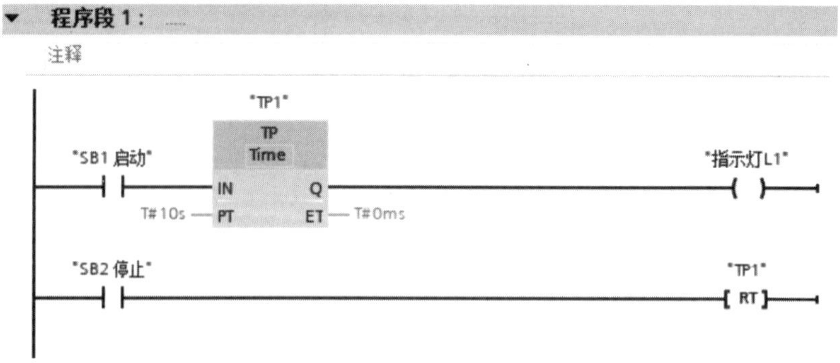

图 2-2-17　PLC 程序

2.2.3.2　接通延时定时器（TON）

TON 指令用于实现一个在一段时间后开启的定时功能，如图 2-2-18 所示为接通延时定时器指令程序及对应时序图。

IN 端由“0”变为“1”状态时开始定时，IN 端为“1”状态的时间大于或等于预设时间值 PT 时，输出 Q 变为“1”状态，当前时间值 ET 保持不变（如图 2-2-18（b）中 A 所示）。IN 端由“1”变为“0”状态时，定时器复位，ET 端清零，Q 端变为“0”状态。如果 IN 端为“1”状态的时间小于 PT，输出 Q 保持“0”状态不变（如图 2-2-18（b）中 B 所示）。

当 I0.1 为“1”状态时，定时器复位线圈 RT 接通（如图 2-2-18（b）中 C 所示），定时器被复位，ET 端清零，Q 端变为“0”状态。复位输入 I0.3 变为“0”状态时，如果输入信号 IN 为“1”状态，将重新开始定时（如图 2-2-18（b）中 D 所示）。

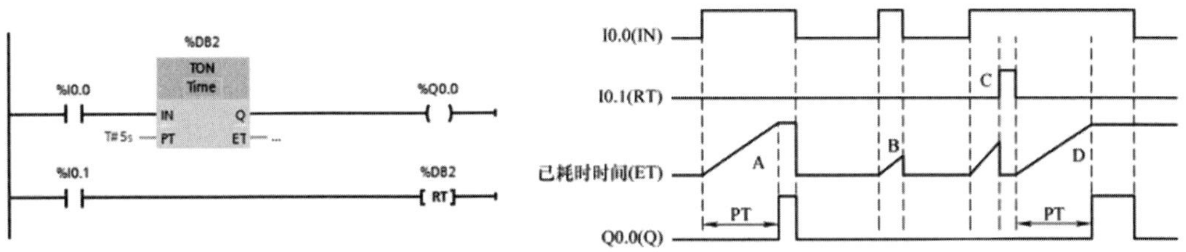

（a）　　　　（b）

图 2-2-18　TON 指令程序及对应时序图

（a）程序　（b）时序图

[子任务 2-2-2] TON 指令的应用

1. 任务描述

按下启动按钮 SB1，指示灯 L1 点亮，10 s 后指示灯 L2 点亮；按下停止按钮 SB2，指示灯 L1 和 L2 同时熄灭。

2. I/O 地址分配表

本任务中 PLC 需要连接 SB1、SB2、L1 和 L2，因此需要用到两个输入点和两个输出点，I/O 地址分配表如表 2-2-3 所示。

表 2-2-3　I/O 地址分配表

输入信号			输出信号		
名称	I/O 地址	功能	名称	I/O 地址	功能
SB1	I0.1	启动	L1	Q0.1	指示灯
SB2	I0.2	停止	L2	Q0.2	指示灯

3. 电气原理图

本任务选择 CPU 1215C AC/DC/RLY，订货号为 6ES7 214-1AG40-0XB0，电气原理图如图 2-2-19 所示。

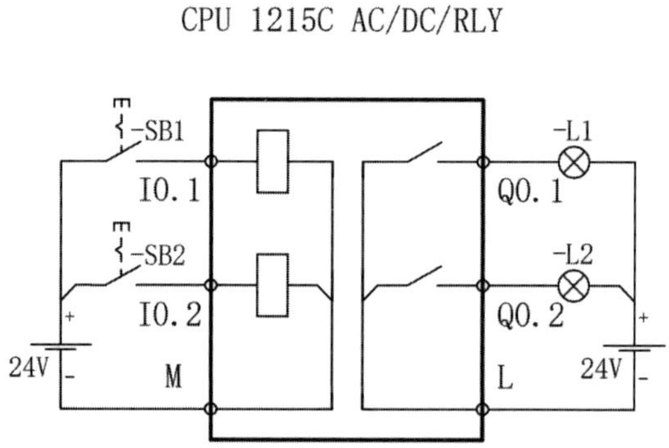

图 2-2-19 电气原理图

4. 硬件组态与编辑变量

步骤 1:新建一个项目,命名为“TON 指令应用”。

步骤 2:根据所选硬件型号完成 CPU 组态。

步骤 3:编辑变量。按照表 2-2-3 将 I/O 点在变量表中进行定义,如图 2-2-20 所示。

PLC 变量

	名称	变量表	数据类型	地址	保持
1	SB1	默认变量表	Bool	%I0.1	
2	SB2	默认变量表	Bool	%I0.2	
3	指示灯L1	默认变量表	Bool	%Q0.1	
4	指示灯L2	默认变量表	Bool	%Q0.2	

图 2-2-20 变量表

5. 程序设计

在“Main[OB1]”中编写如图 2-2-21 所示的程序,按下 SB1, I0.1 常开触点接通, Q0.1 线圈得电并自锁,指示灯 L1 点亮;同时定时器开始计时, 10 s 后定时器 Q 输出, Q0.2 得电,指示灯 L2 点亮。

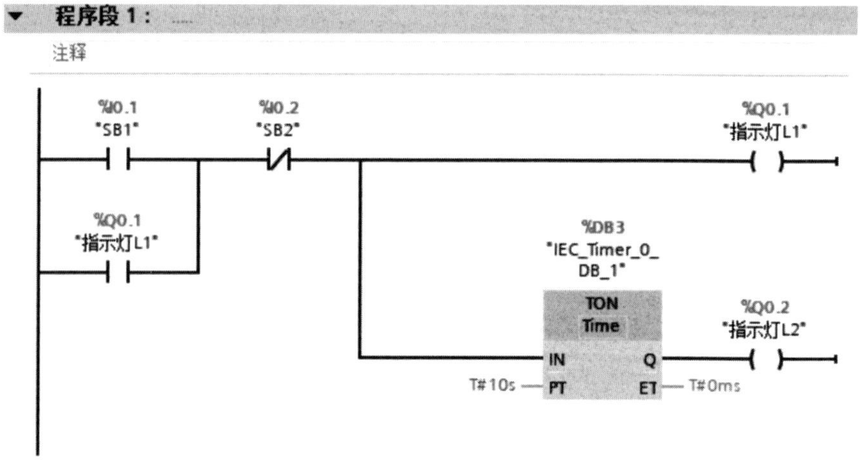

图 2-2-21 PLC 程序

2.2.3.3　关断延时定时器(TOF)

TOF 指令用于实现一个在一段时间后关闭的定时功能,如图 2-2-22 所示为关断延时定时器指令程序及对应时序图。

IN 端由"0"变为"1"状态时,Q 端变为"1"状态; IN 端由"1"变为"0"状态时开始定时,输出 Q 为"1"状态,当前时间从零开始计时,当前时间值 ET 等于预设时间值 PT 时,输出 Q 为"0"状态, ET 保持不变,直到输入端为"1"状态时, ET 端才清零(如图 2-2-22(b)中 A 所示)。关断延时定时器可以用于设备停机后的延时,如大型电动机的冷却风扇的延时关断。

如果当前时间未达到 PT 预设的值,输入信号 IN 就变为"1"状态, ET 端被清零,输出 Q 将保持"1"状态不变(如图 2-2-22(b)中 B 所示)。当 I0.1 为"1"时,定时器复位线圈 RT 接通。如果此时输入信号 IN 为"0"状态,则定时器被复位,当前时间被清零,输出 Q 变为"0"状态(如图 2-2-22(b)中 C 所示);如果复位时输入信号 IN 为"1"状态,则复位信号不起作用(如图 2-2-22(b)中 D 所示)。

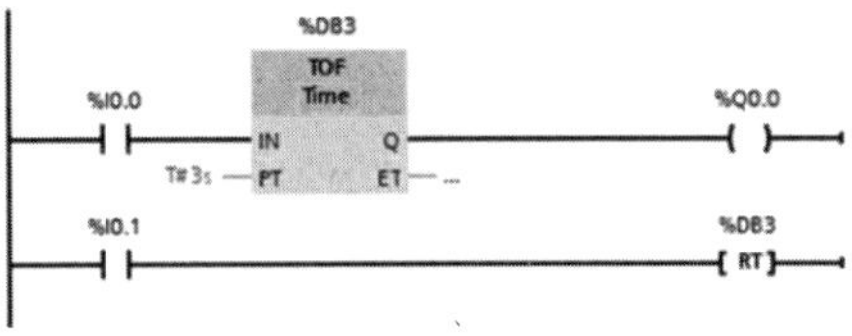

(a)

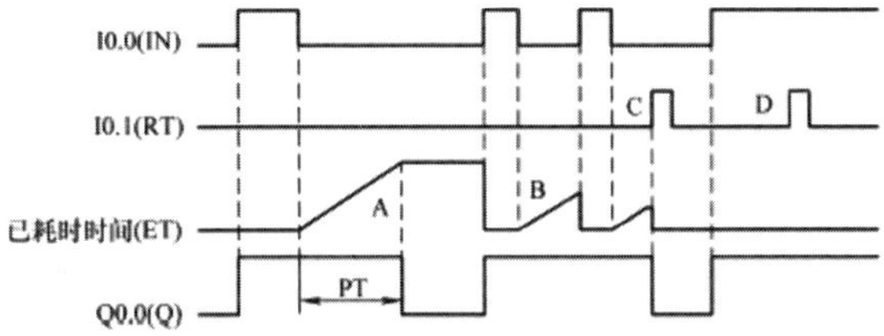

(b)

图 2-2-22　TOF 指令程序及对应时序图

(a)程序　(b)时序图

[子任务 2-2-3] TOF 指令的应用

1. 任务描述

按下启动按钮 SB1,指示灯 L1 点亮;按下停止按钮 SB2 后 15 s,指示灯 L1 熄灭。

2. I/O 地址分配表

本任务中 PLC 需要连接 SB1、SB2 和 L1,因此需要用到两个输入点和一个输出点, I/O 地址分配表如表 2-2-4 所示。

表 2-2-4　I/O 地址分配表

输入信号			输出信号		
名称	I/O 地址	功能	名称	I/O 地址	功能
SB1	I0.1	启动	L1	Q0.1	指示灯
SB2	I0.2	停止			

3. 电气原理图

本任务选择 CPU 1215C AC/DC/RLY,订货号为 6ES7 214-1AG40-0XB0,电气原理图如图 2-2-23 所示。

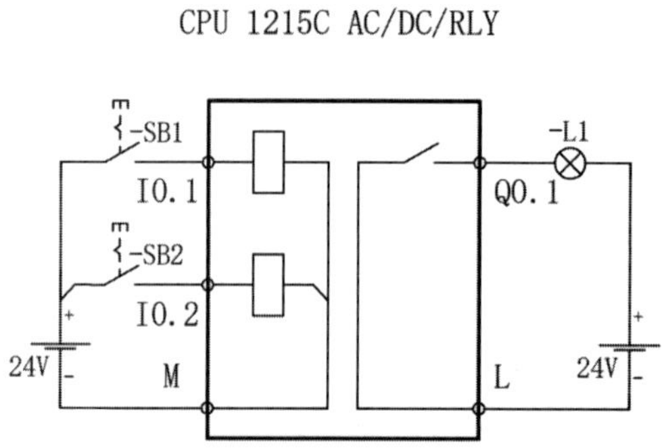

图 2-2-23　电气原理图

4. 硬件组态与编辑变量

步骤 1:新建一个项目,命名为“TOF 指令应用”。

步骤 2:根据所选硬件型号完成 CPU 组态。

步骤 3:编辑变量。按照表 2-2-4 将 I/O 点在变量表中进行定义,如图 2-2-24 所示。

PLC 变量

	名称	变量表	数据类型	地址 ▲	保持
1	SB1	默认变量表	Bool	%I0.1	
2	SB2	默认变量表	Bool	%I0.2	
3	指示灯L1	默认变量表	Bool	%Q0.1	

图 2-2-24　变量表

5. 程序设计

在“Main[OB1]”中编写如图 2-2-25 所示的程序,按下 SB1，I0.1 常开触点接通，M10.0 线圈得电并自锁,定时器 IN 端通过 M10.0 的常开触点和 I0.2 的常闭触点接通,指示灯 L1 点亮;按下 SB2,M10.0 线圈失电,定时器 IN 端断开,15 s 后定时器 Q 端停止输出,指示灯 L1 熄灭。

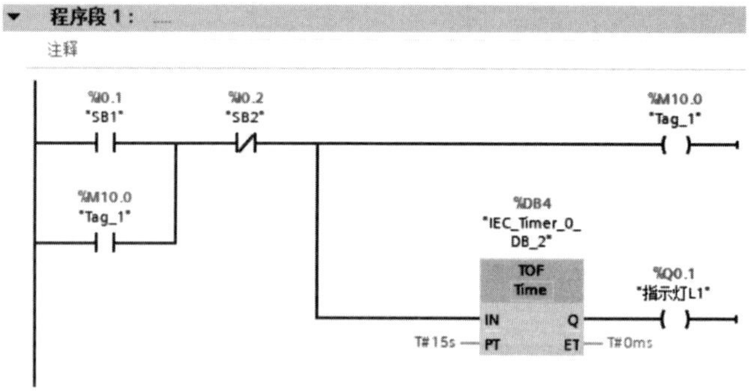

图 2-2-25　PLC 程序

2.2.3.4　时间累加器(TONR)

TONR 指令与 TON 指令类似,但具有保持功能,即使电源中断再恢复,定时器也能保持上一次的计时值。TONR 指令时序图如图 2-2-26 所示。

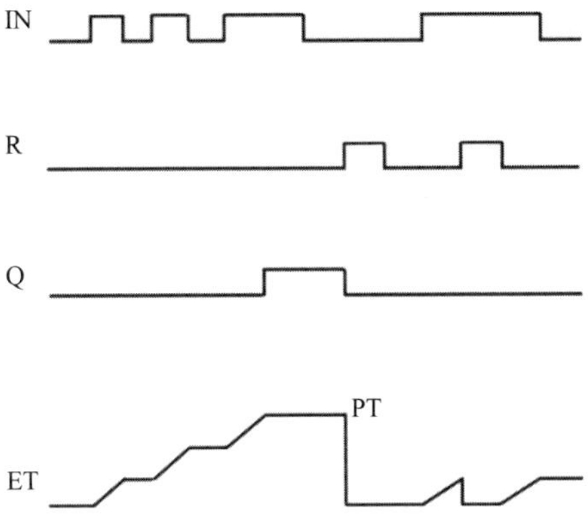

图 2-2-26　TONR 指令时序图

TONR 指令的 IN 端接通时开始定时，IN 端断开时，累计的当前时间值保持不变。可以用 TONR 来累计输入电路接通的若干个时间段，当累计时间等于 PT 预设值时，Q 端变为“1”状态。

复位输入 R 为“1”状态时，TONR 指令被复位，ET 端清零，同时输出 Q 变为“0”状态。

[子任务 2-2-4] TONR 指令的应用

1. 任务描述

某清洗设备，水泵累计工作时间达到 3 min 后，指示灯 L1 点亮，提示工作人员往水箱中加水，加水后按下复位按钮，水泵累计工作时间清零。

2. I/O 地址分配表

本任务中 PLC 需要连接水泵接触器的常开触点、复位按钮 SB1 和指示灯 L1，因此需要用到两个输入点和一个输出点，I/O 地址分配表如表 2-2-5 所示。

表 2-2-5　I/O 地址分配表

输入信号			输出信号		
名称	I/O 地址	功能	名称	I/O 地址	功能
SB1	I0.1	复位	L1	Q0.1	提示工作人员往水箱加水
KM1 的常开触点	I0.2	水泵状态检测			

3. 电气原理图

本任务选择 CPU 1215C AC/DC/RLY，订货号为 6ES7 214-1AG40-0XB0，电气原理图如图 2-2-27 所示。

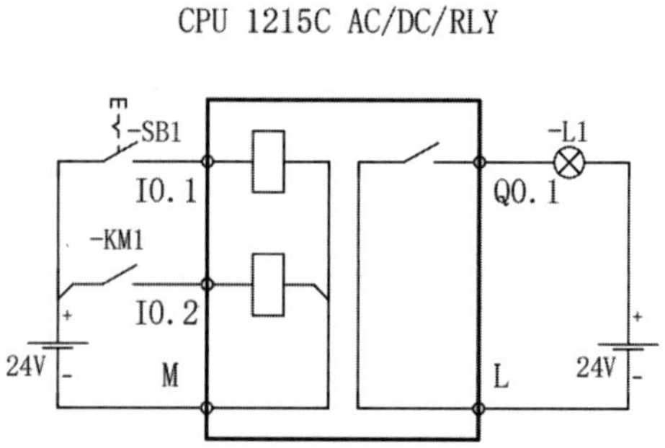

图 2-2-27　电气原理图

4. 硬件组态与编辑变量

步骤 1:新建一个项目,命名为"TONR 指令应用"。

步骤 2:根据所选硬件型号完成 CPU 组态。

步骤 3:编辑变量。按照表 2-2-5 将 I/O 点在变量表中进行定义,如图 2-2-28 所示。

PLC 变量

		名称	变量表	数据类型	地址	保持
1		SB1复位按钮	默认变量表	Bool	%I0.1	
2		水泵运行	默认变量表	Bool	%I0.2	
3		加水指示灯L1	默认变量表	Bool	%Q0.1	

图 2-2-28　变量表

5. 程序设计

在"Main[OB1]"中编写如图 2-2-29 所示的程序。水泵运行时,水泵接触器 KM1 吸合,其常开触点接通, I0.2 常开触点接通,时间累加器累计计时,当水泵运行时间大于或等于 3 min 时,时间累加器 Q 端输出,指示灯 L1 点亮;工作人员加水后按下复位按钮,时间累加器复位,指示灯 L1 熄灭。

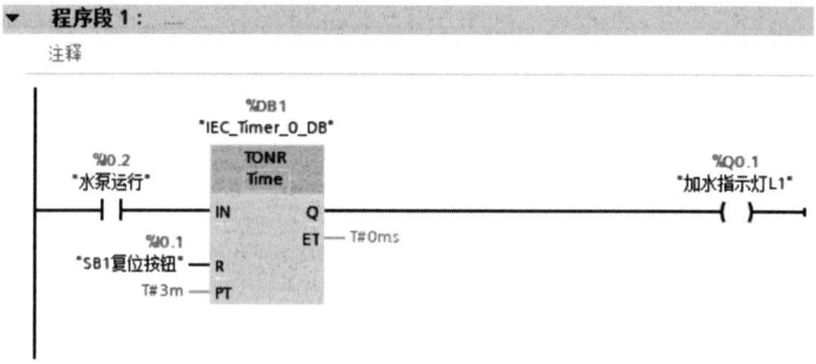

图 2-2-29　PLC 程序

2.2.4　电动机延时启动 PLC 控制系统设计

2.2.4.1　控制要求

启动按钮为 SB1,停止按钮为 SB2,电动机 M1 接触器为 KM1,电动机 M2 接触器为 KM2。按下启动按钮 SB1,电动机 M1 运行，5 s 后电动机 2 运行,按下停止按钮 SB2,两台电动机同时停止。

2.2.4.2　电动机延时启动继电控制原理图

电动机延时启动继电控制原理图如图 2-2-30 所示,按下启动按钮 SB1，KM1 线圈得电并自锁,电动机 M1 转动,时间继电器 KT1 线圈得电;经过 5 s(时间继电器设定时间为 5 s)后,时间继电器 KT1 延时接通常开触点接通，KM2 线圈得电,电动机 M2 转动;按下 SB2,KM1、KT1、KM2 线圈都断电,两台电动机同时停止。

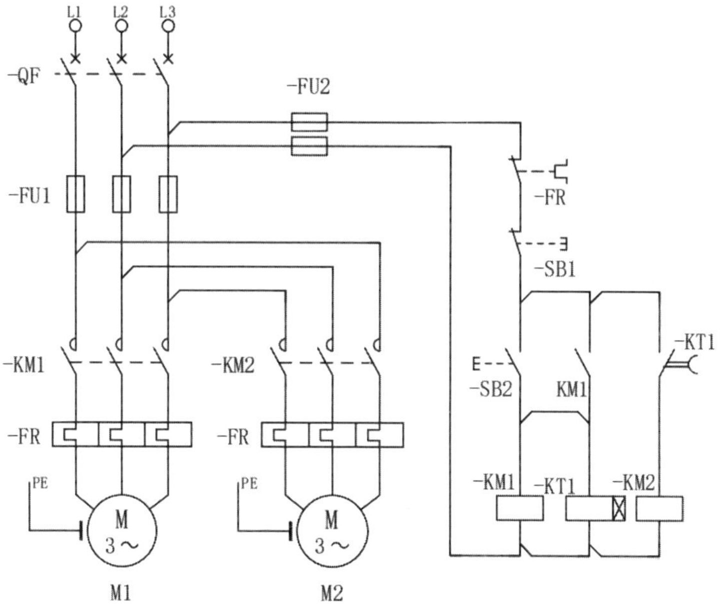

图 2-2-30　电动机延时启动继电控制原理图

2.2.4.3　I/O 地址分配表

电动机延时启动 PLC 控制系统包含两个按钮和两个接触器，I/O 地址分配表见表 2-2-6。

表 2-2-6　电动机延时启动 I/O 地址分配表

输入信号			输出信号		
名称	I/O 地址	功能	名称	I/O 地址	功能
SB1	I0.1	启动	KM1	Q0.1	控制主回路通断
SB2	I0.2	停止	KM2	Q0.2	控制主回路通断

2.2.4.4　电气原理图

本任务选择 CPU 1215C AC/DC/RLY,电气原理图如图 2-2-31 所示。

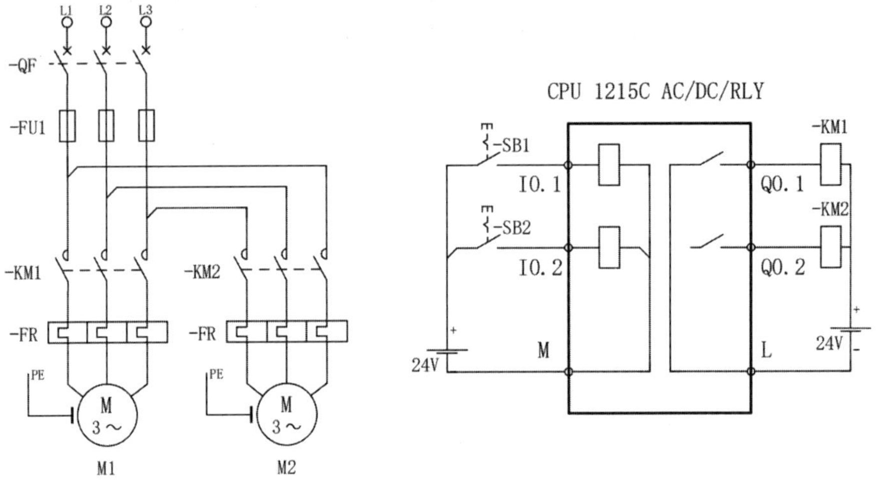

主电路　　　　控制电路

图 2-2-31　电动机延时启动 PLC 控制原理图

2.2.4.5　软件设计及调试

步骤 1:新建一个项目,命名为“电动机延时启动 PLC 控制”。

步骤 2:完成 CPU 硬件组态。

步骤 3:编辑变量表,如图 2-2-32 所示。

PLC 变量

	名称	变量表	数据类型	地址	保持
1	SB1启动按钮	默认变量表	Bool	%I0.1	
2	SB2停止按钮	默认变量表	Bool	%I0.2	
3	电动机1KM1	默认变量表	Bool	%Q0.1	
4	电动机1KM2	默认变量表	Bool	%Q0.2	

图 2-2-32　变量表

步骤 4:编写程序,如图 2-2-33 所示。

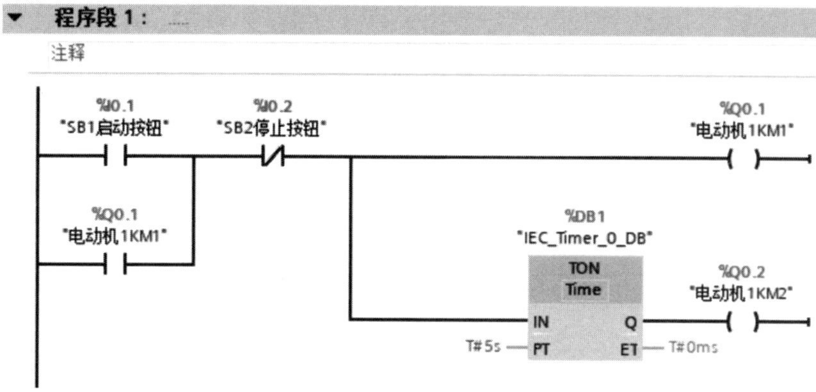

图 2-2-33　PLC 程序

步骤 5：调试，按下 SB1，KM1 吸合，电动机 M1 运行并保持，监控程序中定时器开始计时，5 s 后 KM2 吸合，电动机 M2 运行；按下 SB2，两台电动机同时停止。

练习题

1. 填空题

（1）梯形图是由电气原理图演变而来的，它沿用了电气原理图中的________、________、________等术语和图形符号。

（2）PLC 梯形阶梯都是始于____母线，终于____母线。

（3）S7-1200 的定时器为_______定时器，用户程序中可以使用的定时器数量仅受______存储器容量的限制。

（4）定时器指令包括__________、__________、__________、__________。

2. 简答题

（1）列出五种 PLC 编程语言。

（2）简述梯形图的编程规则。

任务完成报告

<table>
<tr><td>姓名</td><td colspan="2"></td><td>学习日期</td><td></td></tr>
<tr><td>任务名称</td><td colspan="4">两台电动机延时启动的 PLC 控制</td></tr>
<tr><td rowspan="4">任务完成情况</td><td colspan="2">考核内容</td><td colspan="2">完成情况</td></tr>
<tr><td colspan="2">(1)进行 I/O 地址分配</td><td colspan="2">□好　□良好　□一般　□差</td></tr>
<tr><td colspan="2">(2)绘制电动机延时启动 PLC 控制原理图</td><td colspan="2">□好　□良好　□一般　□差</td></tr>
<tr><td colspan="2">(3)编写电动机延时启动控制程序并调试</td><td colspan="2">□好　□良好　□一般　□差</td></tr>
<tr><td>学习心得</td><td colspan="4"></td></tr>
</table>

项目 3

停车场控制系统的设计与调试

学习情境描述

在收费停车场经常能看到“剩余 ×× 空位”的字样(图 3-1),那么停车场控制系统为何能够准确显示停车场有多少空位?这是因为停车场入口和出口都装有检测车辆的传感器,车辆通过时都会将信号传送给控制系统,控制系统根据停车场车位总数、进入停车场车辆数、从停车场出去的车辆数计算出当前空位数,最后控制系统将当前空位数显示到显示屏上。

通过本项目,我们学习如何使用 S7-1200 PLC 作为控制系统,实现停车场空位的计算。

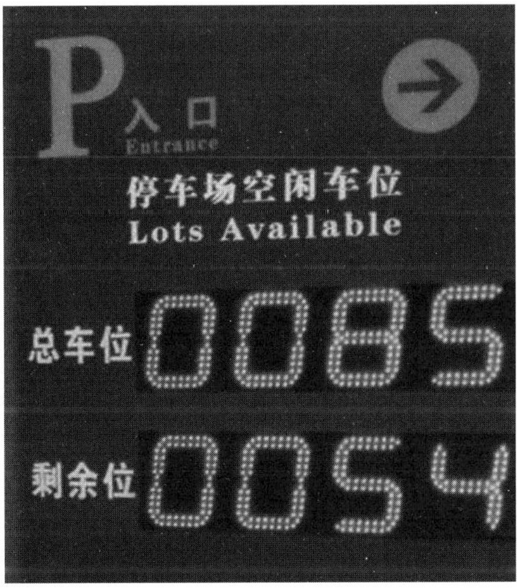

图 3-1　停车场控制系统示意图

项目目标

（1）了解 PLC 的数据类型及存储区；
（2）掌握计数器指令的应用；
（3）掌握比较指令、数学函数指令和移动指令的应用；
（4）掌握移位指令和循环指令的应用。

项目描述

学生在本项目中主要学习 S7-1200 PLC 中的数据类型、存储区的地址表示、计数器指令、数学函数指令、比较指令、移位和循环指令等内容，应用所学知识完成停车场控制系统的设计与调试工作。

任务分解

任务 3.1　车辆计数系统的设计与调试

本任务使用 PLC 读取停车场入口和出口传感器发送的脉冲信号，应用计数器指令实现停车场车辆的计数，任务内容包括 I/O 地址分配、电气原理图绘制、PLC 编程和调试等。

任务 3.2　停车场控制系统的设计与调试

本任务使用 PLC 读取停车场入口和出口传感器发送的脉冲信号，应用计数器、比较、数学函数等指令实现停车场车辆的计数及停车场空位显示，任务内容包括 I/O 地址分配、电气原理图绘制、PLC 编程和调试等。

任务 3.1　车辆计数系统的设计与调试

任务要求

（1）完成车辆计数系统的 I/O 地址分配；
（2）绘制车辆计数系统的原理图；
（3）编写车辆计数系统控制程序并调试。

知识目标

（1）了解 PLC 的数据类型及存储区；
（2）掌握计数器指令的应用。

PLC 控制技术(实训手册)

杨耀臣　田立宁　傅浩　主编

天津大学出版社
TIANJIN UNIVERSITY PRESS

实训1　PLC控制系统认知

小组组号：________________　　　小组人员：______________

一、实训内容

参观PLC实训室，了解实训台的组成及使用方法，明确实训规范及流程，认识PLC控制系统。

二、实训目标

1. 了解实训台的组成及使用方法；
2. 能够遵守实训规范及流程；
3. 熟悉并回顾理论课所讲的知识。

三、实训步骤

1. 熟悉PLC实训台的组成，说出实训设备（THPFSM-2型网络型可编程控制器综合控制实训装置）主要部分的名称，填写下表。

序号	模块名称	功能
1		
2		
3		
4		
5		

2. 熟悉实训规范及流程。

实训规范及流程列举如下。

（1）指导老师介绍实训项目及安全注意事项。

（2）指导老师根据实训项目要求或者设备数量，将学生分成不同的组，并指定组长。

（3）组长负责领取本次实训所需的元器件、工具和耗材，并签名；组长要保证元器件不丢失，如发生丢失或损坏及时上报指导老师，由指导老师做好记录和处理。

（4）学生要认真按照实训指导书中的内容实训，实训中遇到问题先思考，进行组内讨论，如解决不了，请指导老师指导。

（5）学生实训完成后，由指导老师进行检查和指导。

（6）学生实训完成后，填写实训报告并交由指导老师批阅，指导老师给出批阅意见。

（7）实训完成后，由每组的组长负责将元器件、工具和耗材归还到指定位置，指导老师确认完好后，组长签名确认，如有损坏指导老师做好记录。

（8）学生将实训室卫生打扫好，并将座位归位，整理好工作台。

实训 2　使用博途软件新建、下载及监控程序

小组组号：________________　　　　小组人员：________________

一、实训内容

使用博途软件新建项目，按照实训台的硬件型号完成硬件组态，编写启—保—停程序（启动信号 M10.0、停止信号 M10.1、保持信号 M10.2），下载并监控程序。

二、实训目标

1. 巩固项目组态的方法；
2. 巩固程序编辑、下载、监控的方法。

三、实训步骤

1. 填写软元件分配表。

地址	功能
	启动
	停止
	保持

2. 硬件组态与编辑变量。

步骤 1：新建一个项目，命名为“启—保—停程序”。

步骤 2：设备硬件组态。配置硬件 CPU 1215C AC/DC/RLY，订货号为 6ES7 215-1BG40-0XB0。

步骤 3：编辑变量，在变量表中定义程序中要用到的变量名称。

3. 编写控制程序并将其写在下方空白处。

4. 监控程序。

步骤 1:下载程序。

步骤 2:监控程序。

步骤 3:按照下表顺序修改启动信号和停止信号的状态,观察保持信号的状态,并将保持信号的状态填入下表。

启动信号	停止信号	保持信号
OFF	OFF	
ON	OFF	
OFF	OFF	
OFF	ON	
OFF	OFF	

5. 实训中遇到的问题及解决措施。

实训 3　3 路抢答器 PLC 程序设计

小组组号：________________　　　　小组人员：________________

一、实训内容

抢答器包括抢答按钮 SB1~SB3、抢答指示灯 L1~L3、主持人按钮 SB4。主持人按下 SB4，所有指示灯复位（熄灭），开始通过 SB1~SB3 抢答，抢答成功后对应的抢答指示灯点亮。任意一组抢答成功后，其他组抢答按钮均无效。

二、实训目标

1. 巩固位逻辑指令的应用；
2. 掌握 3 路抢答器 PLC 程序设计方法。

三、实训步骤

1. 填写 I/O 地址分配表。

输入信号			输出信号		
名称	I/O 地址	功能	名称	I/O 地址	功能
SB1			L1		
SB2			L2		
SB3			L3		
SB4					

2. 在下方空白处绘制控制原理图。

3. 硬件组态与编辑变量。

步骤 1:新建一个项目,命名为“3 路抢答器”。

步骤 2:设备硬件组态。配置硬件 CPU 1215C AC/DC/RLY,订货号为 6ES7 215-1BG40-0XB0。

步骤 3:编辑变量,将 I/O 地址分配表中的变量在变量表中进行定义。

4. 编写控制程序并将其写在下方空白处。

5. 调试。

步骤 1:下载程序。

步骤 2:监控程序。

步骤 3:按下主持人按钮 SB4,所有指示灯熄灭。

步骤 4:抢答,按下 SB1~SB3 中的任意一个按钮,观察哪个指示灯亮。

步骤 5:按下 SB1~SB3 中的任何按钮,指示灯都没有发生变化。

步骤 6:按下主持人按钮 SB4,所有指示灯熄灭,重复一遍步骤 4、5。

6. 将实训中遇到的问题及解决措施写在下方空白处。

实训 4　电动机延时停止 PLC 控制系统设计

小组组号：________________　　　　小组人员：________________

一、实训内容

启动按钮为 SB1，停止按钮为 SB2，电动机 1 接触器为 KM1，电动机 2 接触器为 KM2。按下启动按钮，电动机 1、2 同时启动；按下停止按钮，电动机 1 停止，5 s 后电动机 2 停止。

二、实训目标

1. 巩固定时器指令的应用；
2. 掌握电动机延时停止的编程方法。

三、实训步骤

1. 填写 I/O 地址分配表。

输入信号			输出信号		
名称	I/O 地址	功能	名称	I/O 地址	功能
SB1			KM1		
SB2			KM2		

2. 在下方空白处绘制控制原理图。

3. 硬件组态与编辑变量。

步骤 1:新建一个项目,命名为“电动机延时停止”。

步骤 2:设备硬件组态。配置硬件 CPU 1215C AC/DC/RLY,订货号为 6ES7 215-1BG40-0XB0。

步骤 3:编辑变量,将 I/O 地址分配表中的变量在变量表中进行定义。

4. 编写控制程序并将其写在下方空白处。

5. 调试。

步骤 1:下载程序。

步骤 2:监控程序。

步骤 3:按下启动按钮,电动机 1、2 运行。

步骤 4:按下停止按钮,电动机 1 停止,5 s 后电动机 2 停止。

6. 将实训中遇到的问题及解决措施写在下方空白处。

实训 5　宿舍楼门禁计数系统的设计与调试

小组组号：________________　　　　　小组人员：______________

一、实训内容

宿舍楼进出口分别安装一个传感器，入口进入一个人，传感器 S1 激活一次，出口出去一个人，传感器 S2 激活一次。将进入宿舍楼人数记录于 MW100 中，将从宿舍楼出去的人数记录于 MW102 中，宿舍楼内现有人数记录于 MW104 中（开机后默认宿舍楼为空）。SB1 为复位按钮，按下 SB1，所有数据清零。

二、实训目标

1. 巩固计数器指令的应用；
2. 巩固数学函数指令的应用；
3. 掌握门禁计数系统的编程方法。

三、实训步骤

1. 填写 I/O 地址分配表。

输入信号			输出信号		
名称	I/O 地址	功能	名称	I/O 地址	功能
S1					
S2					
SB1					

2. 在下方空白处绘制控制原理图。

3. 硬件组态与编辑变量。

步骤 1:新建一个项目,命名为"门禁计数系统"。

步骤 2:设备硬件组态。配置硬件 CPU 1215C AC/DC/RLY,订货号为 6ES7 215-1BG40-0XB0。

步骤 3:编辑变量,将 I/O 地址分配表中的变量在变量表中进行定义。

4. 编写控制程序并将其写在下方空白处。

5. 调试。

步骤 1:下载程序。

步骤 2:监控程序。

步骤 3:触发 S1,监控 MW100 的值。

步骤 4:触发 S2,监控 MW102 的值。

步骤 5:监控 MW104 的值是否等于 MW100 的值与 MW102 的值之差。

6. 将实训中遇到的问题及解决措施写在下方空白处。

实训 6　基于 FC 的模块化编程

小组组号：________________　　　　小组人员：________________

一、实训内容

某机械设备上料单元和下料单元各由一台电动机控制。当上料口检测传感器 S1 检测到物料后，延时 3 s，上料电动机 M1 转动，S1 检测到没有物料后，延时 3 s，M1 停止转动；当下料口检测传感器 S2 检测到物料后，延时 3 s，下料电动机 M2 转动，S2 检测到没有物料后，延时 3 s，M2 停止转动。

二、实训目标

巩固函数的应用。

三、实训步骤

1. 填写 I/O 地址分配表。

输入信号			输出信号		
名称	I/O 地址	功能	名称	I/O 地址	功能
S1		上料口检测传感器	KM1		M1 接触器
S2		M1 停止按钮	KM2		M2 接触器

2. 在下方空白处绘制控制原理图。

3. 硬件组态与编辑变量。

步骤1:新建一个项目,命名为"FC模块化编程"。

步骤2:设备硬件组态。配置硬件CPU 1215C AC/DC/RLY,订货号为6ES7 215-1BG40-0XB0。

步骤3:编辑变量,将I/O地址分配表中的变量在变量表中进行定义。

4. 编写控制程序并将其写在下方空白处。

(1)Main

(2)FC1

(3)FC2

5. 调试。

步骤1:下载程序。

步骤2:监控程序。

步骤3:S1置为ON,3 s后M1转动;S1置为OFF,3 s后M1停止转动。

步骤4:S2置为ON,3 s后M2转动;S2置为OFF,3 s后M2停止转动。

6. 将实训中遇到的问题及解决措施写在下方空白处。

实训 7　基于 FB 背景数据星/三角降压启动的 PLC 控制

小组组号:______________　　　　小组人员:______________

一、实训内容

某车间有两台电动机,启动方式都是星/三角降压启动,电动机 1 星形转三角形的时间为 5 s,电动机 2 星形转三角形的时间为 3 s。绘制控制原理图,编写控制程序,并完成调试。

下图为星/三角启动的主回路,启动过程如下:按下启动按钮, KM1 和 KM3 吸合,电动机为星形接法;延时数秒后,KM3 断开,KM2 吸合,电动机变为三角形接法,完成启动过程。

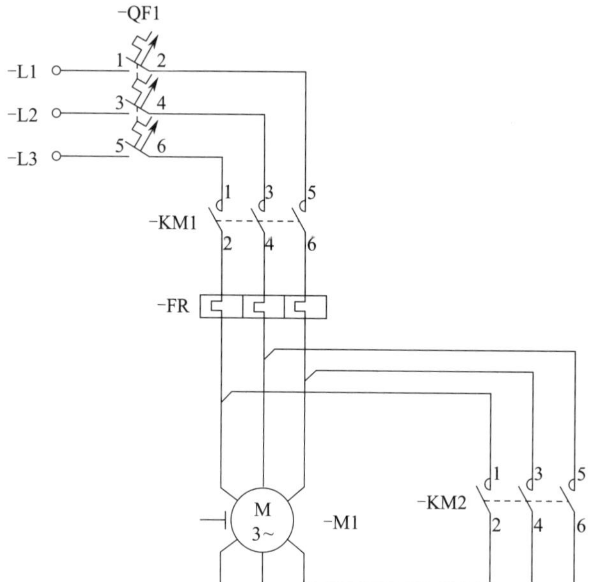

二、实训目标

巩固函数块的应用。

三、实训步骤

1. 填写 I/O 地址分配表。

输入信号			输出信号		
名称	I/O 地址	功能	名称	I/O 地址	功能
SB1		M1 启动按钮	KM1		M1 主接触器
SB2		M1 停止按钮	KM2		M1 星形接触器
SB3		M2 启动按钮	KM3		M1 三角形接触器
SB4		M2 停止按钮	KM4		M2 主接触器
			KM5		M2 星形接触器
			KM6		M2 三角形接触器

2. 在下方空白处绘制控制原理图。

3. 硬件组态与编辑变量。

步骤 1:新建一个项目,命名为“星/三角启动 PLC 控制”。

步骤 2:设备硬件组态。配置硬件 CPU 1215C AC/DC/RLY,订货号为 6ES7 215-1BG40-0XB0。

步骤 3:编辑变量,将 I/O 地址分配表中的变量在变量表中进行定义。

4. 编写控制程序并将其写在下方空白处。

(1)Main

（2）FB

5. 调试。

步骤 1：下载程序。

步骤 2：监控程序。

步骤 3：按下 SB1，观察 KM1~KM3 的状态变化，记录于下方。

步骤 4：按下 SB2，观察 KM1~KM3 的状态变化，记录于下方。

步骤 5：按下 SB3，观察 KM1~KM3 的状态变化，记录于下方。

步骤 6：按下 SB4，观察 KM1~KM3 的状态变化，记录于下方。

6. 将实训中遇到的问题及解决措施写在下方空白处。

实训 8　G120 变频器多段速控制

小组组号：________________　　　　小组人员：______________

一、实训内容

使用 S7-1200 PLC 实现对 G120 C 变频器的多段速控制，要求完成变频器与 PLC 的线路连接，设置变频器参数，编写控制程序，并调试、运行。

二、实训目标

巩固 G120 变频器的多段速控制。

三、实训步骤

1. 填写 I/O 地址分配表。

输入信号			输出信号		
名称	I/O 地址	功能	名称	I/O 地址	功能
SB1		M1 点动低速运行（300 r/min）	变频器 DI0		变频器启动
SB2		M1 点动中速运行（600 r/min）	变频器 DI1		固定转速 1 选择（300 r/min）
SB3		M1 点动高速运行（1 000 r/min）	变频器 DI2		固定转速 2 选择（600 r/min）
			变频器 DI3		固定转速 3 选择（1 000 r/min）

2. 在下方空白处绘制变频器与 PLC 的接线图。

3. 变频器参数设置。

序号	变频器参数	设定值	功能说明
1	P0010	1	进行快速调试
2	P096	1	应用级:标准驱动
3	P1900	2	电动机数据检测和转速检测
4	P1000	3	转速为多段速控制
5	P840[0]	r722.0	数字量输入 DI0 设置为启动命令
6	P1020[0]	r722.1	数字量输入 DI1 设置为固定转速 1 选择
7	P1021[0]	r722.2	数字量输入 DI2 设置为固定转速 2 选择
8	P1022[0]	r722.3	数字量输入 DI3 设置为固定转速 3 选择
9	P1070[0]	r1024	转速固定设定值作为主设定值
10	P1016	1	设置选择转速固定设定值的模式:直接
11	P1001	300	固定转速 1(r/min)
12	P1002	600	固定转速 2(r/min)
13	P1003	1 000	固定转速 3(r/min)
14	P0010	0	结束快速调试

4. 硬件组态与编辑变量。

步骤 1:新建一个项目,命名为“变频器多段速控制”。

步骤 2:设备硬件组态。配置硬件 CPU 1215C AC/DC/RLY,订货号为 6ES7 215-1BG40-0XB0。

步骤 3:编辑变量,将 I/O 地址分配表中的变量在变量表中进行定义。

5. 编写控制程序并将其写在下方空白处。

6. 调试。

步骤 1:下载程序。

步骤 2:监控程序。

步骤 3:按下 SB1,变频器面板显示的速度为________r/min。

步骤 4:按下 SB2,变频器面板显示的速度为________r/min。

步骤 5:按下 SB3,变频器面板显示的速度为________r/min。

7. 将实训中遇到的问题及解决措施写在下方空白处。

实训 9 输煤皮带 PLC 控制系统的设计与调试

小组组号:________________　　　　小组人员:________________

一、实训内容

某煤矿的输煤皮带如下图所示,按下 SB1, M3 转动, 3 s 后 M2 转动,再过 3 s 后 M1 转动;按下 SB2,M1 停止,3 s 后 M2 停止,再过 3 s 后 M3 停止。

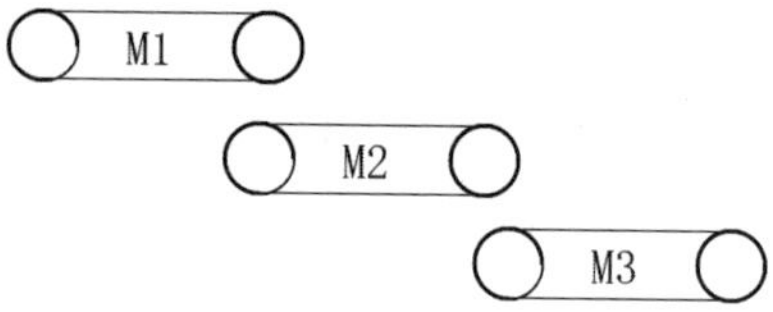

二、实训目标

巩固顺序控制程序的应用。

三、实训步骤

1. 填写 I/O 地址分配表。

输入信号			输出信号		
名称	I/O 地址	功能	名称	I/O 地址	功能
SB1		启动按钮	KM1		M1 接触器
SB2		停止按钮	KM2		M2 接触器
			KM3		M3 接触器

2. 在下方空白处绘制控制原理图。

3. 在下方空白处绘制顺序功能图。

4. 硬件组态与编辑变量。

步骤 1:新建一个项目,命名为“输煤皮带 PLC 控制”。

步骤 2:设备硬件组态。配置硬件 CPU 1215C AC/DC/RLY,订货号为 6ES7 215-1BG40-0XB0。

步骤 3:编辑变量,将 I/O 地址分配表中的变量在变量表中进行定义。

5. 编写控制程序并将其写在下方空白处。

6. 调试。

步骤 1:下载程序。

步骤 2:监控程序。

步骤 3:按下 SB1,观察皮带 M1~M3 的状态变化,记录于下方空白处。

步骤 4:按下 SB2,观察皮带 M1~M3 的状态变化,记录于下方空白处。

7. 将实训中遇到的问题及解决措施写在下方空白处。

实训 10　S7-1200 PLC 之间的 S7 通信

小组组号:________________　　　　小组人员:______________

一、实训内容

某生产线的上料机械手与流水线控制器都是 S7-1200 PLC(CPU 1215C AC/DC/RLY),上料机械手 PLC 需要读取流水线 PLC MB100~MB109 10 个字节,并将其存储于上料机械手 PLC 的 MB100~MB109 中;上料机械手 PLC 还需要将其 MB200~MB209 10 个字节写入流水线 PLC 的 MB200~MB209 中。

二、实训目标

巩固 S7 通信的配置及编程。

三、实训步骤

1. IP 地址设置及硬件组态。

步骤 1:使用网线将上料机械手 PLC(以下简称 PLC1)与编程计算机连接,设置其 IP 地址为 192.168.0.1。

步骤 2:使用网线将流水线 PLC(以下简称 PLC2)与编程计算机连接,设置其 IP 地址为 192.168.0.2。

步骤 3:将 PLC1、PLC2、编程计算机接入同一个交换机。

步骤 4:新建项目,命名为“两台 S7-1200 PLC 之间通信”。

步骤 5:在设备和网络中添加两个 CPU 1215C AC/DC/RLY,并将 CPU1 重命名为“上料机械手”,将 CPU2 重命名为“流水线”。

步骤 6:打开设备和网络窗口,单击“上料机械手”的网口,按住鼠标左键将光标移动到“流水线”的网口,单击上方的“连接”按钮,在其右边的下拉列表选择“S7 连接”。

步骤 7:设置 PLC1 和 PLC2 的连接属性为“允许来自远程对象的 PUT/GET 通信访问”。

2. 在上料机械手 PLC 中编写通信程序,并将其记录于下方。

3. 调试。

步骤 1:在 PLC1 中新建监控表,添加变量 MB100~MB109 和 MB200~MB209。

步骤 2:在 PLC2 中新建监控表,添加变量 MB100~MB109 和 MB200~MB209。

步骤 3:在 PLC1 的监控表中修改 MB200 的值为 16#12,打开 PLC2 的监控表,监控 PLC2 中 MW200 的值也变为 16#12。

步骤 4:在 PLC2 的监控表中修改 MW100 的值为 16#43,打开 PLC1 的监控表,监控 PLC1 中 MW100 的值也变为 16#43。

步骤 5:在 PLC1 的监控表中修改 MB209 的值为 16#56,打开 PLC2 的监控表,监控 PLC2 中 MW209 的值也变为 16#56。

步骤 6:在 PLC2 的监控表中修改 MW109 的值为 16#87,打开 PLC1 的监控表,监控 PLC1 中 MW109 的值也变为 16#87。

4. 将实训中遇到的问题及解决措施写在下方空白处。

能力目标

(1)能够应用计数器指令编程;
(2)能够完成车辆计数系统的设计与调试。

素养目标

(1)培养学生对问题的思考和分析能力;
(2)培养学生的沟通和协调能力。

3.1.1 S7-1200 PLC 中的数据类型与存储区的地址表示

3.1.1.1 数制

S7-1200 PLC 中常用的数为二进制数、十六进制数和 BCD(英文“binary-coded Decimal”的缩写,直译为“二进制编码的十进制数”)码。二进制数能够表示两种不同的状态,有 0 和 1 两个不同的数字符号。在 S7-1200 PLC 中二进制数常用 2#表示,如 2#1001 0010 用来表示一个 8 位二进制数,该二进制数据转换为十进制数等于 $1\times2^7+1\times2^4+1\times2=146$。在使用中,“1”状态和“0”状态也可以用“TRUE”和“FALSE”表示。

4 位二进制数可以用 1 位十六进制数表示,使得计数更加简洁。十六进制数由 0~F 十六个符号组成。在 S7-1200 PLC 中,十六进制数用 16#表示,如 16#12AB,该十六进制数转换为十进制数等于 $1\times16^3+2\times16^2+10\times16+11=4\ 779$。

BCD 码用 4 位二进制数表示 1 位十进制数, BCD 码用 0000、0001、0010、0011、0100、0101、0110、0111、1000、1001 分别表示十进制数的 0、1、2、3、4、5、6、7、8、9。

BCD 码其实是十六进制数,但各位间的运算关系是逢十进一,十进制数可以方便地转化为 BCD 码,如十进制数 368 对应的 BCD 码为 0000 0011 0110 1000。

不同进制数的表示方法如表 3-1-1 所示。

表 3-1-1 不同进制数的表示方法

十进制	二进制	十六进制	BCD 码	十进制	二进制	十六进制	BCD 码
0	0000 0000	0	0000 0000	9	0000 1001	9	0000 1001
1	0000 0001	1	0000 0001	10	0000 1010	A	0001 0000
2	0000 0010	2	0000 0010	11	0000 1011	B	0001 0001
3	0000 0011	3	0000 0011	12	0000 1100	C	0001 0010
4	0000 0100	4	0000 0100	13	0000 1101	D	0001 0011
5	0000 0101	5	0000 0101	14	0000 1110	E	0001 0100
6	0000 0110	6	0000 0110	15	0000 1111	F	0001 0101
7	0000 0111	7	0000 0111	16	0001 0000	10	0001 0110
8	0000 1000	8	0000 1000	17	0001 0001	11	0001 0111

3.1.1.2 数据类型

数据类型用来描述数据的长度和属性，S7-1200 PLC 的基本数据类型如表 3-1-2 所示。数据类型的选择原则是:在满足要求的前提下尽量选择短的数据类型。

表 3-1-2 S7-1200 PLC 的基本数据类型

数据类型	符号	长度/位	取值范围
位	Bool	1	1,0
字节	Byte	8	16#00~16#FF
字	Word	16	16#0000~16#FFFF
双字	DWord	32	16#0000 0000~16#FFFF FFFF
字符	Char	8	16#00~16#FF
短整型	SInt	8	-128~127
整型	Int	16	-32 768~32 767
双整型	DInt	32	-2 147 483 648~2 147 483 647
无符号短整型	USInt	8	0~255
无符号整型	UInt	16	0~65 535
无符号双整型	UDInt	32	0~4 294 967 295
浮点数	Real	32	$(-3.402\ 823 \sim 3.402\ 823) \times 10^{38}$
双精度浮点数	LReal	64	$(-1.797\ 693\ 134\ 862\ 315\ 7 \sim 1.797\ 693\ 134\ 862\ 315\ 7) \times 10^{308}$
时间	Time	32	T#-24d20h31m23s648ms~ T#+24d20h31m23s647ms

3.1.1.3 存储区的地址表示

S7-1200 PLC 的物理存储器以字节为基本单位,所以存储器单元规定为字节(B)。存储单元可以以位(bit)、字节(B)、字(W)或双字(DW)为单位使用。一个字节包括 8 位;一个字包括 2 个字节,即 16 位;一个双字包括 4 个字节,即 32 位。双字、字、字节和位之间的关系及表示方法如表 3-1-3 所示。

表 3-1-3 双字、字、字节和位之间的关系及表示方法

双字	字	字节	位							
			7	6	5	4	3	2	1	0
ID0	IW0	IB0	I0.7	I0.6	I0.5	I0.4	I0.3	I0.2	I0.1	I0.0
		IB1	I1.7	I1.6	I1.5	I1.4	I1.3	I1.2	I1.1	I1.0
	IW2	IB2	I2.7	I2.6	I2.5	I2.4	I2.3	I2.2	I2.1	I2.0
		IB3	I3.7	I3.6	I3.5	I3.4	I3.3	I3.2	I3.1	I3.0

续表

双字	字	字节	位							
			7	6	5	4	3	2	1	0
QD0	QW0	QB0	Q0.7	Q0.6	Q0.5	Q0.4	Q0.3	Q0.2	Q0.1	Q0.0
		QB1	Q1.7	Q1.6	Q1.5	Q1.4	Q1.3	Q1.2	Q1.1	Q1.0
	QW2	QB2	Q2.7	Q2.6	Q2.5	Q2.4	Q2.3	Q2.2	Q2.1	Q2.0
		QB3	Q3.7	Q3.6	Q3.5	Q3.4	Q3.3	Q3.2	Q3.1	Q3.0
MD0	MW0	MB0	M0.7	M0.6	M0.5	M0.4	M0.3	M0.2	M0.1	M0.0
		MB1	M1.7	M1.6	M1.5	M1.4	M1.3	M1.2	M1.1	M1.0
	MW2	MB2	M2.7	M2.6	M2.5	M2.4	M2.3	M2.2	M2.1	M2.0
		MB3	M3.7	M3.6	M3.5	M3.4	M3.3	M3.2	M3.1	M3.0

S7-1200 中,字和双字的高位是地址小的字节,低位是地址大的字节。如图 3-1-1 所示,MD10 由 MW10 和 MW12 组成,其中 MW10 为高位;MW10 由 MB10 和 MB11 组成,其中 MB10 为高位。

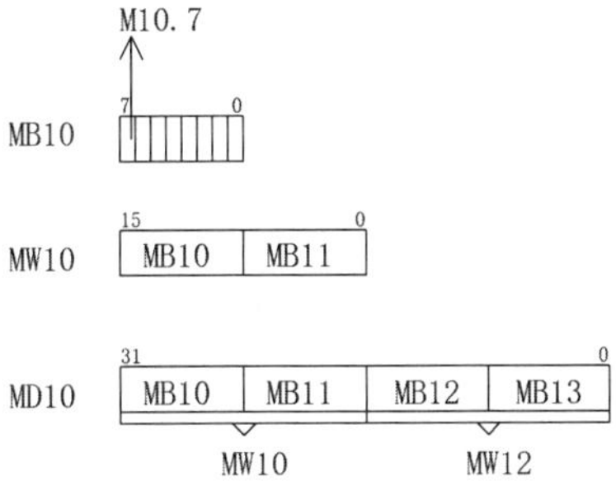

图 3-1-1　字节、字和双字

3.1.2　计数器指令

S7-1200 的计数器为 IEC 计数器,包括加计数器(CTU)、减计数器(CTD)和加减计数器(CTUD)。用户程序中可以使用的计数器数量仅受 CPU 的存储器容量限制。计数器最大计数速率受所在组织块(OB)的执行速率限制。指令所在 OB 的执行频率必须足够高,以检测输入脉冲的所有变化,如果需要更快的计数操作,可使用高速计数器(HSC)。

计数器指令块和定时器指令块一样属于函数块,调用时自动生成背景数据块,用于存放计数器指令的相关数据。

计数器输入/输出端的名称、数据类型和功能如表 3-1-4 所示。

表 3-1-4　计数器输入/输出端的名称、数据类型和功能

名称	输入/输出	数据类型	功能
CU	输入	Bool	加计数输入，上升沿有效
CD	输入	Bool	减计数输入，上升沿有效
CV	输出	Int、SInt、DInt、USInt、UInt、UDInt	当前计数值
PV	输入	Int、SInt、DInt、USInt、UInt、UDInt	预设计数值
Q	输出	Bool	计数器输出
R	输入	Bool	复位
LD	输入	Bool	装载

使用计数器指令时可通过指令块上面的箭头选择 PV 和 CV 的数据类型，如图 3-1-2 所示。

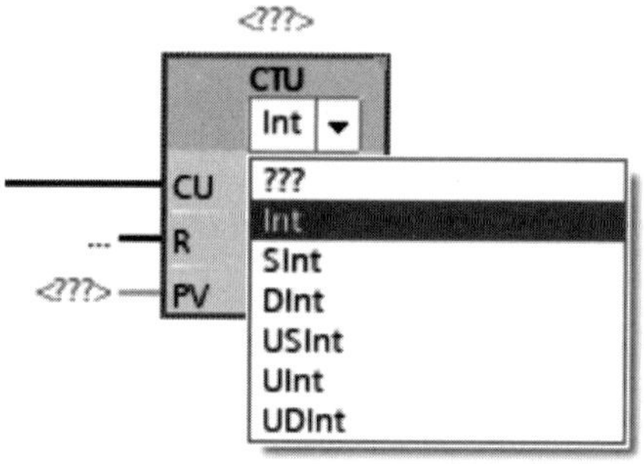

图 3-1-2　计数器指令选择数据类型

3.1.2.1　加计数器(CTU)

CTU 指令应用程序如图 3-1-3 所示，对应的时序图如图 3-1-4 所示。当接在输入端 R 的复位输入 I0.2 为“0”状态时，接在输入端 CU 的加计数脉冲输入电路由“0”状态变为“1”状态(上升沿)，当前计数器值 CV 加 1，直到 CV 达到指定的数据类型的上限值，此后输入端 CU 的状态变化不再起作用，CV 的值不再增加。CV 大于或等于预设计数值 PV 时，输出 Q 变为“1”状态，反之为“0”状态。第一次执行指令时 CV 被清零。复位输入 R 为“1”状态时，计数器被复位，输出 Q 变为“0”状态，CV 被清零。

[子任务 3-1-1] 加计数器指令的应用

1. 任务描述

按下按钮 SB1 3 次，指示灯 L1 点亮；按下按钮 SB2，指示灯 L1 熄灭。

2. I/O 地址分配表

本任务中 PLC 需要连接 SB1、SB2 和 L1，因此需要用到两个输入点和一个输出点，I/O 地址分配表如表 3-1-5 所示。

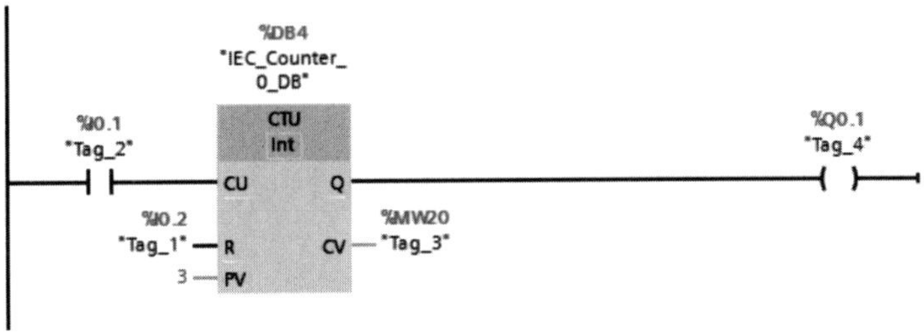

图 3-1-3　CTU 指令应用程序

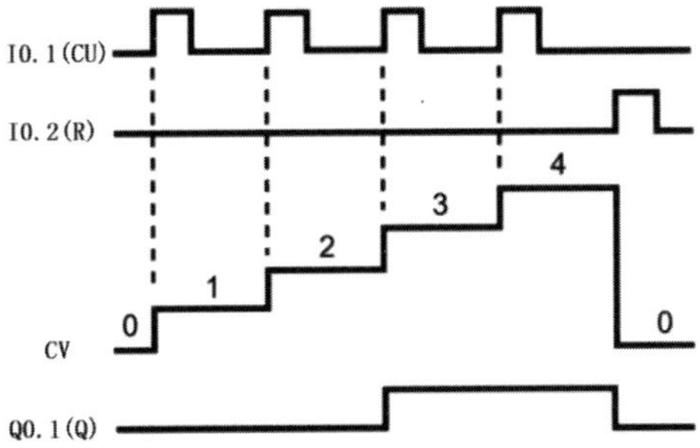

图 3-1-4　CTU 指令时序图

表 3-1-5　I/O 地址分配表

输入信号			输出信号		
名称	I/O 地址	功能	名称	I/O 地址	功能
SB1	I0.1	启动	L1	Q0.1	指示灯
SB2	I0.2	停止			

3. 电气原理图

本任务选择 CPU 1215C AC/DC/RLY，订货号为 6ES7 214-1AG40-0XB0，电气原理图如图 3-1-5 所示。

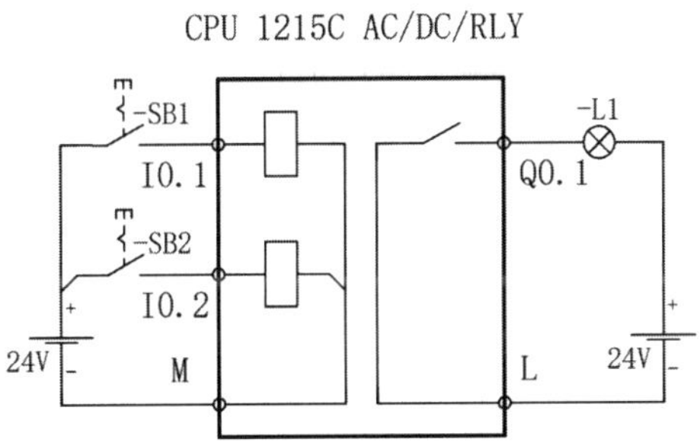

图 3-1-5　电气原理图

4. 硬件组态与编辑变量

步骤 1:新建一个项目,命名为“CTU 指令应用”。

步骤 2:根据所选硬件型号完成 CPU 组态。

步骤 3:编辑变量。按照表 3-1-5 将 I/O 点在变量表中进行定义,如图 3-1-6 所示。

PLC 变量

	名称	变量表	数据类型	地址	保持
1	SB1 启动	默认变量表	Bool	%I0.1	
2	SB2 停止	默认变量表	Bool	%I0.2	
3	L1 指示灯	默认变量表	Bool	%Q0.1	

图 3-1-6　变量表

5. 程序设计

在“Main[OB1]”中编写如图 3-1-7 所示的程序。

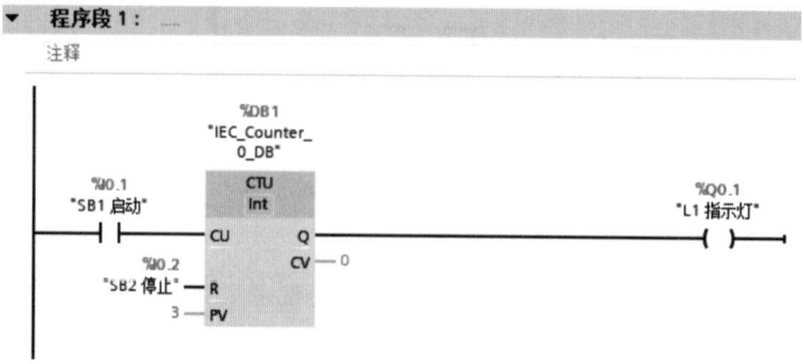

图 3-1-7　PLC 程序

3.1.2.2　减计数器(CTD)

CTD 指令应用程序如图 3-1-8 所示,对应的时序图如图 3-1-9 所示。减计数器的装载输入 LD 为“1”状态时,输出 Q 被复位为“0”状态,并把预设计数值 PV 的值装入 CV。LD 为“1”状态时,减计数器输入 CD 不起作用。LD 为“0”状态时,减计数器输入 CD 的上升沿,当前计数器值 CV 减 1,直到 CV 达到指定的数据类型的下限值,此后 CD 输入信号的状态变化不再起作用, CV 的值不再减小。当前计数器值 CV 小于或等于 0 时,输出 Q 为“1”状态,反之 Q 为“0”状态。第一次执行指令时,CV 被清零。

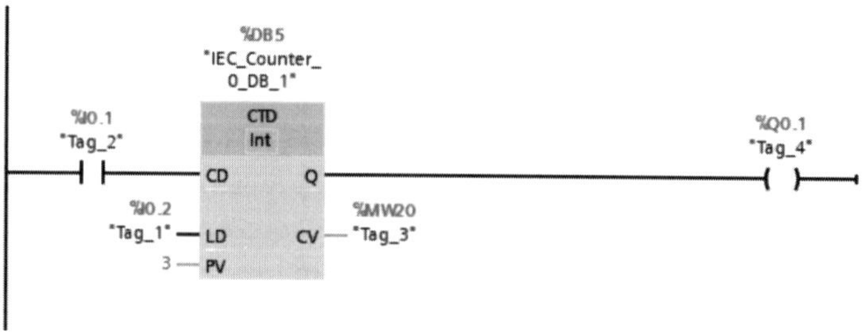

图 3-1-8　CTD 指令应用程序

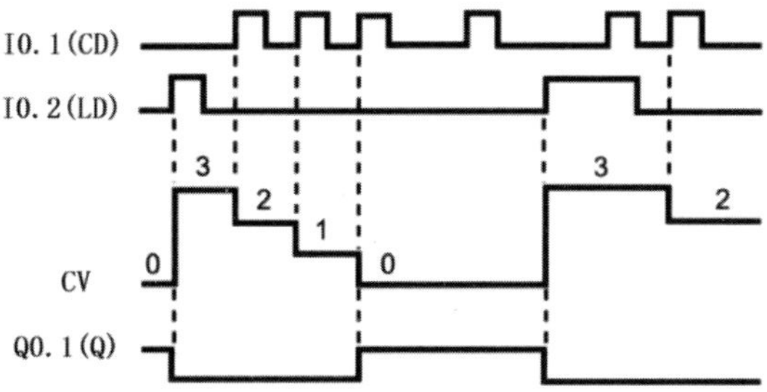

图 3-1-9 CTD 指令时序图

[子任务 3-1-2] 减计数器指令的应用

1. 任务描述

某自动售货机可容纳 20 件货物,每卖出一件货物,光电传感器会发一个脉冲,当 20 件货物全部售完后,指示灯 L1 点亮,提示工作人员添加货物。工作人员添加货物后,按下 SB1,指示灯 L1 熄灭。

2. I/O 地址分配表

本任务中 PLC 需要连接光电传感器、SB1 和 L1,因此需要用到两个输入点和一个输出点,I/O 地址分配表如表 3-1-6 所示。

表 3-1-6 I/O 地址分配表

输入信号			输出信号		
名称	I/O 地址	功能	名称	I/O 地址	功能
SB1	I0.1	复位	L1	Q0.1	指示灯
S1	I0.2	检测货物			

3. 电气原理图

本任务选择 CPU 1215C AC/DC/RLY,订货号为 6ES7 214-1AG40-0XB0,电气原理图如图 3-1-10 所示。

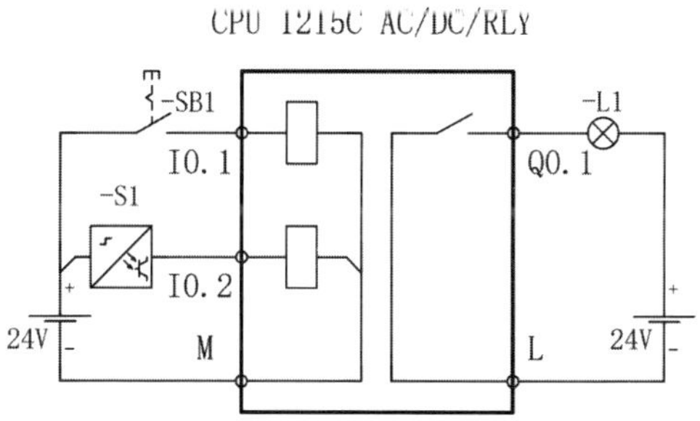

图 3-1-10 电气原理图

4. 硬件组态与编辑变量

步骤 1:新建一个项目,命名为“CTD 指令应用”。

步骤 2:根据所选硬件型号完成 CPU 组态。

步骤 3:编辑变量。按照表 3-1-6 将 I/O 点在变量表中进行定义,如图 3-1-11 所示。

PLC 变量

	名称	变量表	数据类型	地址	保持
1	SB1 复位	默认变量表	Bool	%I0.1	☐
2	S1 货物检测	默认变量表	Bool	%I0.2	☐
3	L1	默认变量表	Bool	%Q0.1	☐

图 3-1-11　变量表

5. 程序设计

在“Main[OB1]”中编写如图 3-1-12 所示的程序。

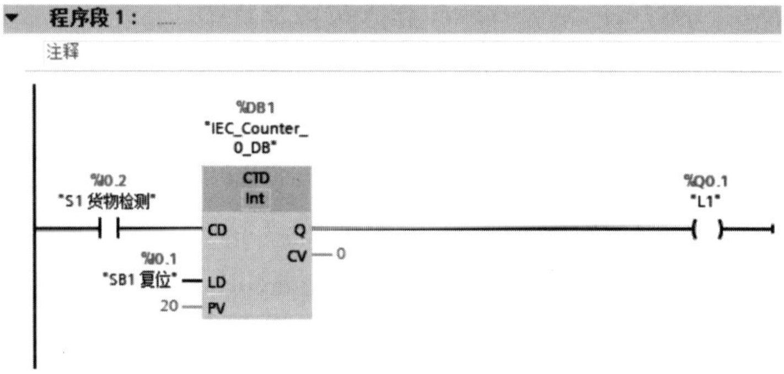

图 3-1-12　PLC 程序

3.1.2.3　加减计数器(CTUD)

CTUD 指令应用程序如图 3-1-13 所示,对应的时序图如图 3-1-14 所示。在加减计数器的加计数输入 CU 端输入上升沿,当前计数器值 CV 加 1, CV 达到指定的数据类型的上限值后不再增加。在减计数输入 CD 端输入上升沿,CV 减 1,CV 达到指定的数据类型的下限值后不再减小。如果同时出现 CU 和 CD 的上升沿, CV 的值保持不变。CV 大于或等于预设计数值 PV 时,输出 QU 为“1”状态,反之为“0”状态。CV 小于或等于 0 时,输出 QD 为“1”状态,反之为“0”状态。

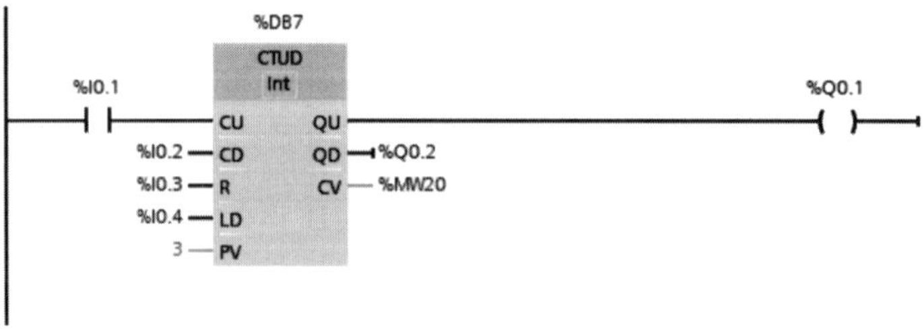

图 3-1-13　CTUD 指令应用程序

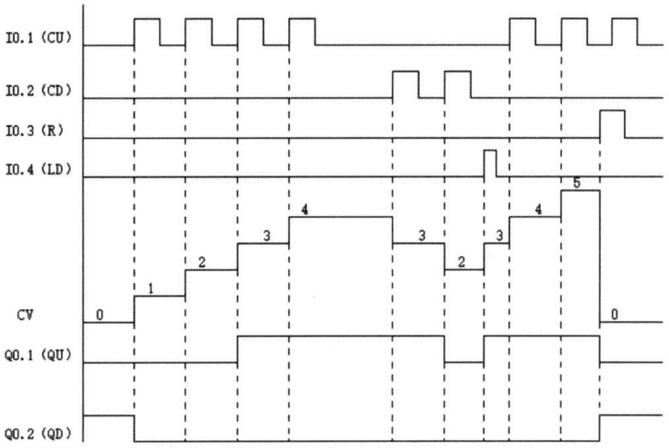

图 3-1-14　CTUD 指令时序图

装载输入 LD 为“1”状态时，预设计数值 PV 被装入当前计数器值 CV，输出 QU 变为“1”状态，QD 被复位为“0”状态。

复位输入 R 为“1”状态时，计数器被复位，CV 被清零，输出 QU 变为“0”状态，QD 变为“1”状态。R 为“1”状态时，CU、CD 和 LD 不起作用。

[子任务 3-1-3] 加减计数器指令的应用

1. 任务描述

按下 SB1 计数值加 1，按下 SB2 计数值减 1，按下 SB3 计数值清零，计数值大于或等于 5 时指示灯 L1 点亮，计数值小于或等于 0 时指示灯 L2 点亮。

2. I/O 地址分配表

本任务中 PLC 需要连接 SB1、SB2、SB3、L1 和 L2，因此需要用到三个输入点和两个输出点，I/O 地址分配表如表 3-1-7 所示。

表 3-1-7　I/O 地址分配表

输入信号			输出信号		
名称	I/O 地址	功能	名称	I/O 地址	功能
SB1	I0.1	加计数	L1	Q0.1	指示灯 1
SB2	I0.2	减计数	L2	Q0.2	指示灯 2
SB3	I0.3	复位			

3. 电气原理图

本任务选择 CPU 1215C AC/DC/RLY，订货号为 6ES7 214-1AG40-0XB0，电气原理图如图 3-1-15 所示。

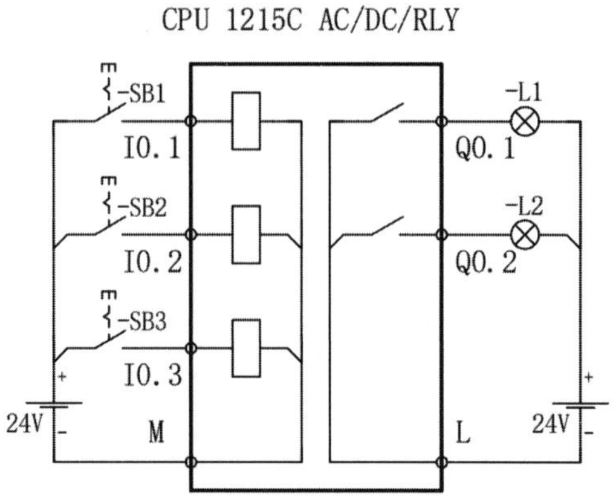

图 3-1-15　电气原理图

4. 硬件组态与编辑变量

步骤 1:新建一个项目,命名为“CTUD 指令应用”。

步骤 2:根据所选硬件型号完成 CPU 组态。

步骤 3:编辑变量。按照表 3-1-7 将 I/O 点在变量表中进行定义,如图 3-1-16 所示。

PLC 变量

	名称	变量表	数据类型	地址	保持
1	SB1加计数按钮	默认变量表	Bool	%I0.1	
2	SB2减计数按钮	默认变量表	Bool	%I0.2	
3	SB3复位按钮	默认变量表	Bool	%I0.3	
4	L1指示灯	默认变量表	Bool	%Q0.1	
5	L2指示灯	默认变量表	Bool	%Q0.2	

图 3-1-16　变量表

5. 程序设计

在“Main[OB1]”中编写如图 3-1-17 所示的程序。

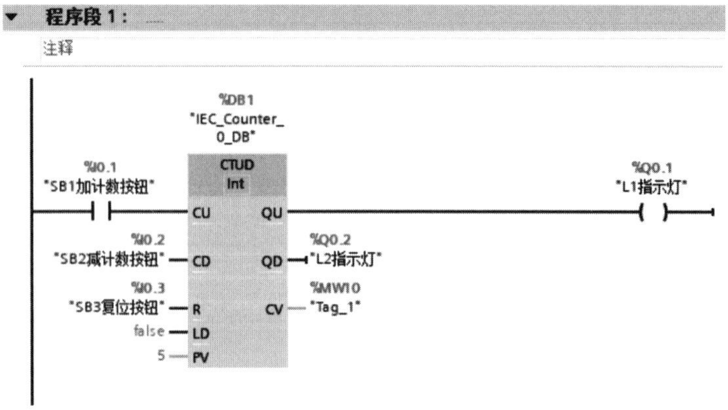

图 3-1-17　PLC 程序

3.1.3　车辆计数系统的设计与调试

3.1.3.1　控制要求

停车场车辆总数记录于 MW100 中，开机 MW100 为 0，进入一辆车，停车场入口传感器发一个脉冲，出去一辆车，停车场出口传感器发一个脉冲。按下 SB1，停车场车辆总数清零。停车场车位共计 20 个，停车场有空位时绿色指示灯 L1 点亮，没有空位时红色指示灯 L2 点亮。

3.1.3.2　I/O 地址分配表

车辆计数系统包含两个传感器、一个按钮和一个指示灯，I/O 地址分配表见表 3-1-8。

表 3-1-8　I/O 地址分配表

输入信号			输出信号		
名称	I/O 地址	功能	名称	I/O 地址	功能
SB1	I0.1	复位	L1(绿色)	Q0.1	有空位指示灯
S1	I0.2	入口车辆检测	L2(红色)	Q0.2	停车场满指示灯
S2	I0.3	出口车辆检测			

3.1.3.3　电气原理图

本任务选择 CPU 1215C AC/DC/RLY，电气原理图如图 3-1-18 所示。

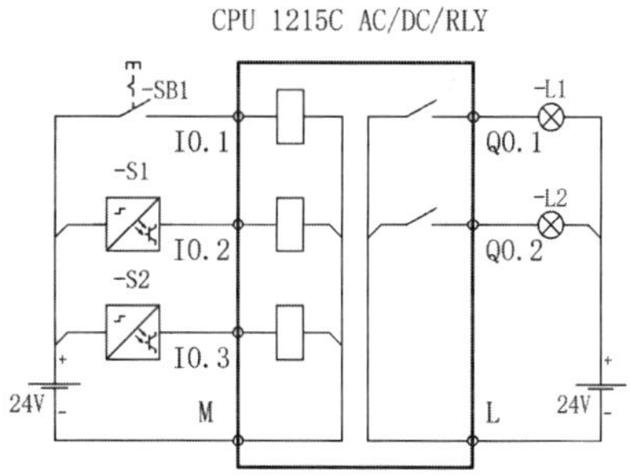

图 3-1-18　车辆计数系统电气原理图

3.1.3.4　软件设计及调试

步骤 1：新建一个项目，命名为“车辆计数系统”。

步骤 2：完成 CPU 硬件组态。

步骤 3：编辑变量表，如图 3-1-19 所示。

PLC 变量

	名称	变量表	数据类型	地址	保持
1	SB1复位	默认变量表	Bool	%I0.1	
2	S1入口车辆检测	默认变量表	Bool	%I0.2	
3	S2出口车辆检测	默认变量表	Bool	%I0.3	
4	L1有空位指示灯（绿色）	默认变量表	Bool	%Q0.1	
5	L2停车场满指示灯（红色）	默认变量表	Bool	%Q0.2	

图 3-1-19　变量表

步骤 4:编写程序,如图 3-1-20 所示。

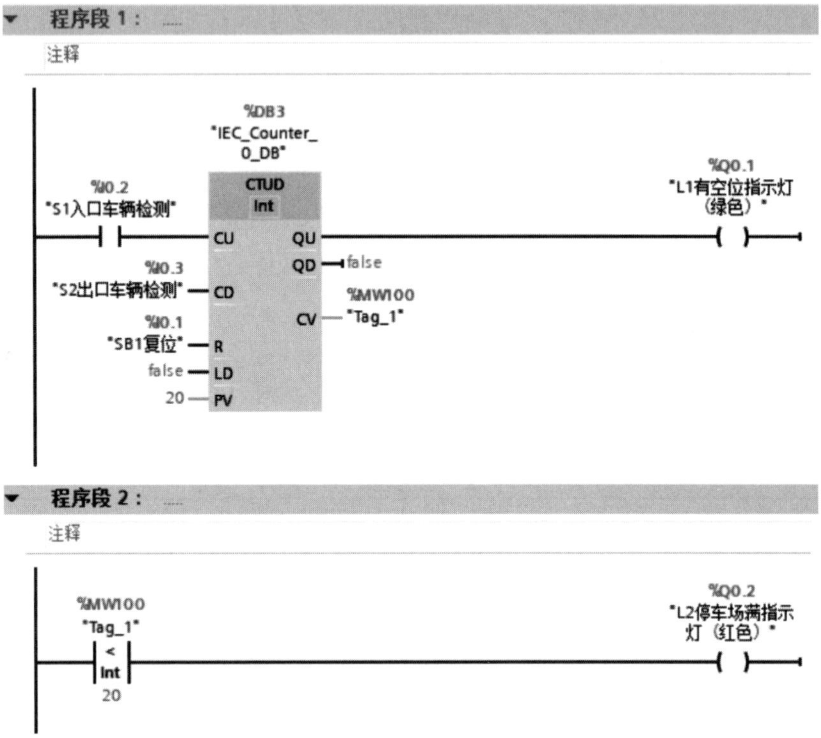

图 3-1-20　车辆计数系统控制程序

步骤 5:调试。触发一次停车场入口传感器，MW100 存储的数值加 1;触发一次停车场出口的传感器，MW100 存储的数值减 1。当 MW100 存储的数值小于 20 时 L1 亮,当 MW100 存储的数值大于或等于 20 时 L2 亮。

练习题

1. 判断题

(1)S7-1200 PLC 中常用的数为二进制数、十六进制数和 BCD 码。(　)

(2)MW100 包括 MB100 和 MB101,其中 MB100 为高位。(　)

(3)计数器指令块和定时器指令块一样属于函数块,调用时自动生成背景数据块。(　)

2. 填空题

(1)存储单元可以以位(bit)、字节(B)、字(W)或双字(DW)为单位使用。一个字节包括______位;一个字包括______个字节,即______位;一个双字包括______个字节,即______位。

(2)计数器最大计数速率受所在组织块(OB)的执行速率限制。指令所在 OB 的执行频率必须足够高,以检测______的所有变化,如果需要更快的计数操作,可使用________。

任务完成报告

姓名		学习日期	
任务名称	车辆计数系统的设计与调试		
任务完成情况	考核内容	完成情况	
	（1）完成车辆计数系统的 I/O 地址分配	□好　□良好　□一般　□差	
	（2）绘制车辆计数系统的原理图	□好　□良好　□一般　□差	
	（3）编写车辆计数系统控制程序并调试	□好　□良好　□一般　□差	
学习心得			

任务 3.2　停车场控制系统的设计与调试

任务要求

(1)完成停车场控制系统的 I/O 地址分配；
(2)绘制停车场控制系统的原理图；
(3)编写停车场控制系统控制程序并调试。

知识目标

(1)掌握比较指令、数学函数指令和移动指令的应用；
(2)掌握移位指令和循环指令的应用。

能力目标

(1)能够应用比较指令、数学函数指令和移动指令编程；
(2)能够应用移位指令和循环指令编程。

素养目标

(1)培养学生的实际动手操作能力；
(2)培养学生的团队合作精神。

3.2.1　比较指令

博途软件提供了比较丰富的比较指令，可以满足用户的各种需求。比较指令可以对整数、实数、时间等数据类型的值进行比较。

比较指令如图 3-2-1 所示，包括等于(CMP==)、不等于(CMP<>)、大于或等于(CMP>=)、小于或等于(CMP<=)、大于(CMP>)、小于(CMP<)、值在范围内(IN_Range)、值不在范围内(OUT_Range)、检查有效性(OK)和检查无效性(NOT_OK)指令。

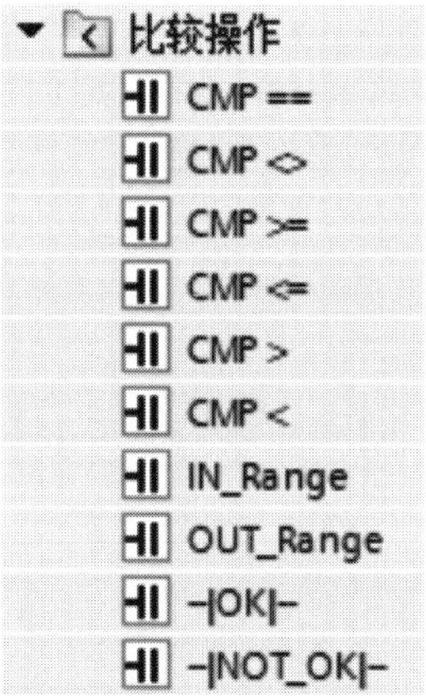

图 3-2-1　比较指令

3.2.1.1　基础比较指令

基础比较指令包括等于(CMP==)、不等于(CMP<>)、大于或等于(CMP>=)、小于或等于(CMP<=)、大于(CMP>)、小于(CMP<)六个指令。基础比较指令对操作数 1(指令上方的操作数)和操作数 2(指令下方

的操作数）进行比较，比较结果为真，则逻辑运算结果 RLO 为“1”，反之则为“0”。可以把基础比较指令当成常开触点，比较运算结果为“1”时该常开触点导通。

下面通过具体程序讲述基础比较指令的应用。

1. 程序要求

比较 INT 数据 MW100 和 MW102，如果 MW100>MW102，则线圈 Q0.1 接通，反之，线圈 Q0.1 断开。

2. 程序编写

步骤 1：将“大于”指令拓展到程序段 1 上，如图 3-2-2 所示。

图 3-2-2　步骤 1 操作结果

步骤 2：单击上方的“???”修改操作数为 MW100，单击下方的“???”修改操作数为 MW102，如图 3-2-3 所示，此时“Tag_1”和“Tag_2”显示为红色，说明指令数据类型存在错误或未选择。

说明：通过单击“>”后面的下拉箭头，可以修改该指令为其他比较指令，如图 3-2-4 所示。

图 3-2-3　步骤 2 操作结果

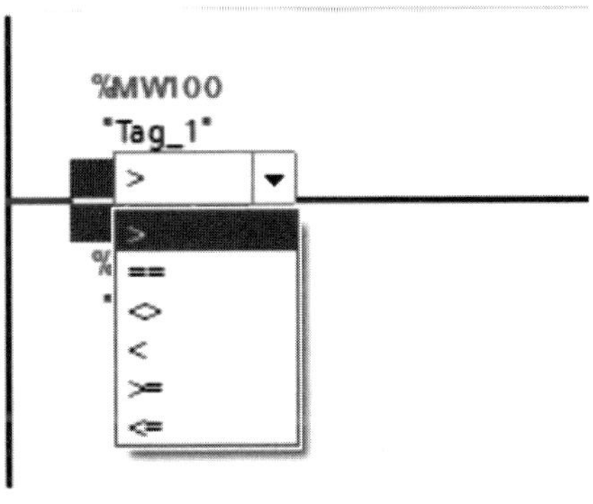

图 3-2-4　比较指令修改

步骤 3:单击中间的“???”修改指令数据类型为“Int”,添加 Q0.1 的线圈输出,如图 3-2-5 所示。

图 3-2-5　步骤 3 操作结果

步骤 4:下载程序后,修改操作数 MW100 和 MW102 的值,当 MW100>MW102 时,线圈 Q0.1 接通,反之,线圈 Q0.1 断开。

[子任务 3-2-1] 基础比较指令的应用

1. 任务描述

按下按钮 SB1 的次数大于或等于 3 且小于 6 时,指示灯 L1 点亮;按下按钮 SB2, SB1 按钮计数清零。

2. I/O 地址分配表

本任务中 PLC 需要连接 SB1、SB2 和 L1,需要用到两个输入点和一个输出点,I/O 地址分配表如表 3-2-1 所示。

表 3-2-1　I/O 地址分配表

输入信号			输出信号		
名称	I/O 地址	功能	名称	I/O 地址	功能
SB1	I0.1	计数	L1	Q0.1	指示灯
SB2	I0.2	复位			

3. 电气原理图

本任务选择 CPU 1215C AC/DC/RLY,订货号为 6ES7 214-1AG40-0XB0,电气原理图如图 3-2-6 所示。

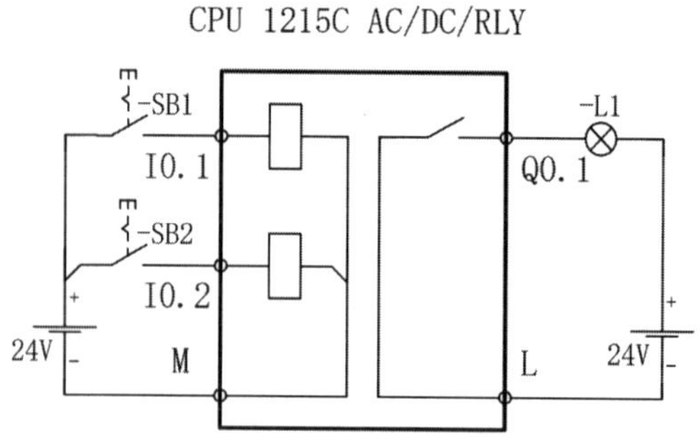

图 3-2-6　电气原理图

4. 硬件组态与编辑变量

步骤 1:新建一个项目,命名为“CTU 指令应用”。

步骤 2:根据所选硬件型号完成 CPU 组态。

步骤 3:编辑变量。按照表 3-2-1 将 I/O 点在变量表中进行定义,如图 3-2-7 所示。

PLC 变量

	名称	变量表	数据类型	地址	保持
1	SB1 计数	默认变量表	Bool	%I0.1	
2	SB2 复位	默认变量表	Bool	%I0.2	
3	L1指示灯	默认变量表	Bool	%Q0.1	
4	SB1计数	默认变量表	Int	%MW100	

图 3-2-7　变量表

5. 程序设计

在“Main[OB1]”中编写如图 3-2-8 和图 3-2-9 所示的程序。

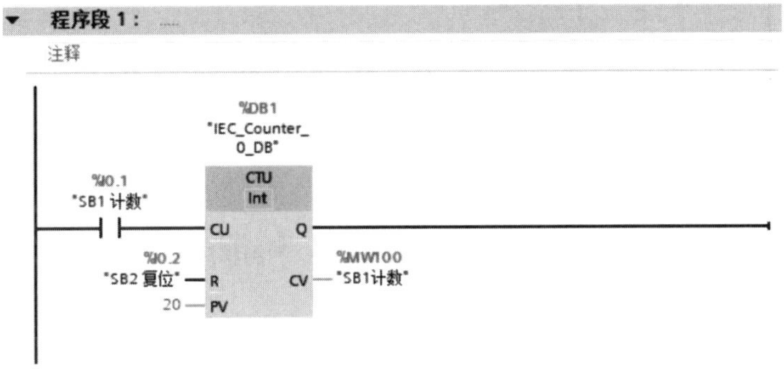

图 3-2-8　PLC 程序 1

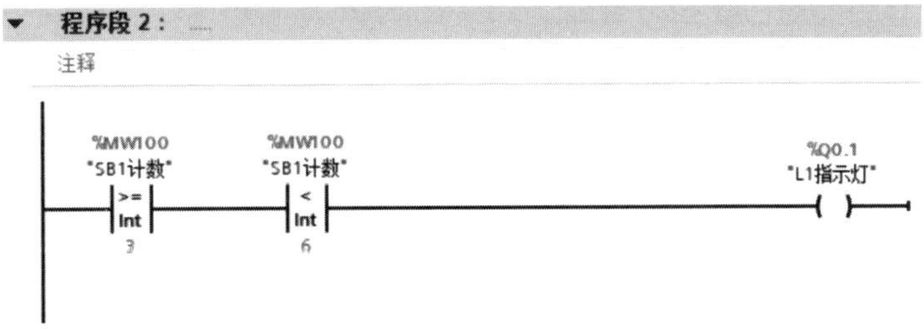

图 3-2-9　PLC 程序 2

3.2.1.2　值在范围内与值不在范围内指令

值在范围内(IN_Range)指令和值不在范围内(OUT_Range)指令可以等效为一个触点。如果有能流流入指令方框,则执行比较操作,反之则不执行比较操作。IN_Range 指令的参数 VAL 满足 MIN≤VAL≤MAX,OUT_Range 指令的参数 VAL 满足 VAL<MIN 或 VAL>MAX 时,等效触点闭合。不满足比较条件,则等效触点断开。这两条指令的 MIN、

MAX 和 VAL 的数据类型必须相同，可选整数和实数，可以是 I、Q、M、L、D 存储区中的变量或常量。

在如图 3-2-10 所示的程序中，当 4≤MW110≤9 时，Q1.0 接通，否则 Q1.0 断开。

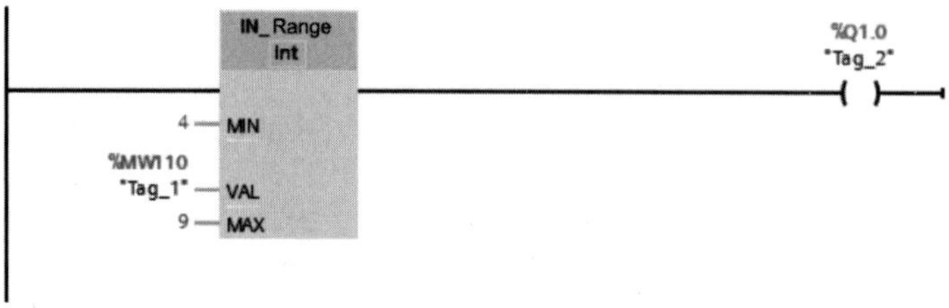

图 3-2-10　IN_Range 指令示例程序 1

在如图 3-2-11 所示的程序中，当 MW110<4 或 MW110>9 时，Q1.0 接通，否则 Q1.0 断开。

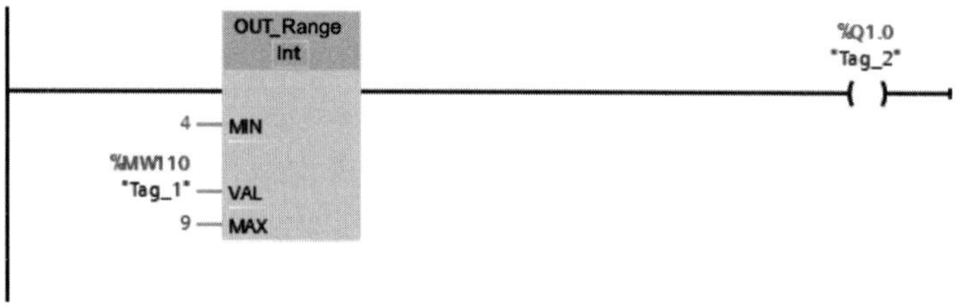

图 3-2-11　OUT_Range 指令示例程序 2

3.2.2　移动(MOVE)指令

MOVE 指令用于将单个数据元素从参数 IN 指定的源地址复制到参数 OUT 指定的目标地址。

3.2.2.1　参数说明

MOVE 指令有四个参数，分别是 EN、ENO、OUT1 和 IN。各参数说明见表 3-2-2。

表 3-2-2　MOVE 指令参数说明

参数	数据类型	说明
EN	Bool	指令使能
ENO	Bool	输出(指令成功执行输出 1)
OUT1	String、Int、Timer、Real、Time、Char、WChar(宽字符)、Struct(结构体)、Array(数列)、Counter(计时器)、IEC 数据类型、PLC 数据类型	目标地址(单击“*”可以添加目标地址)
IN		源值

3.2.2.2　指令说明

当 EN 输入端为“1”时，将 IN 输入处操作数中的内容复制给 OUT1 输出的操作数，IN 操作数的内容不变。IN 参数的数据类型与 OUT1 参数的指定数据类型可以不一致。如果输入 IN 数据类型的位长度超过输出 OUT1 数据类型的位长度，则源值的高位会丢失。如果输入 IN 数据类型的位长度小于输出 OUT1 数据类型的位长度，则目标值的高位会被改写为 0。

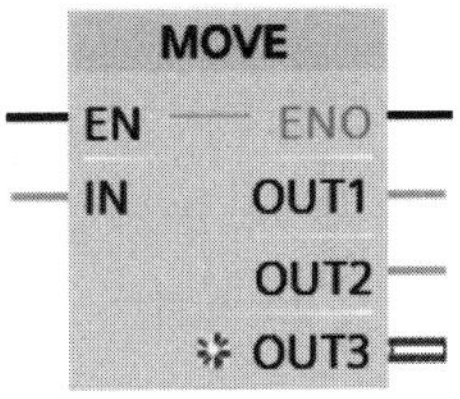

图 3-2-12　MOVE 添加目标地址

单击一次指令上面的“*”可以添加一个目标地址，图 3-2-12 所示为添加了两个目标地址的 MOVE 指令，该指令将 IN 输入处操作数中的内容同时复制给 OUT1、OUT2、OUT3 输出的操作数。

在如图 3-2-13 所示的程序中，当 M10.0 常开触点接通时，MOVE 指令将 MW100 中的 16#AACD 同时复制给 MW102 和 MW104。

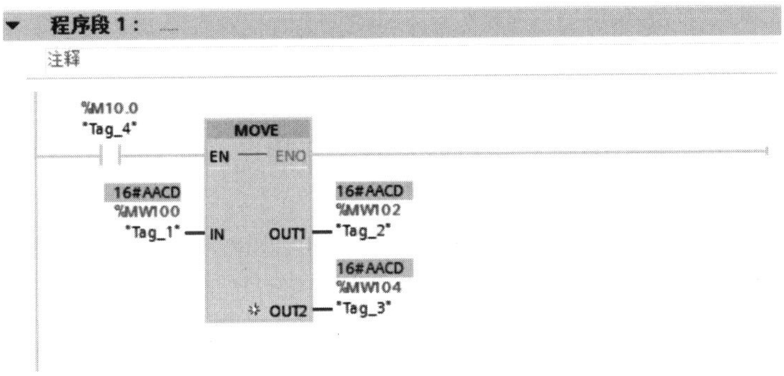

图 3-2-13　MOVE 指令应用

3.2.3　数学函数指令

数学函数指令非常重要，主要包括加、减、乘、除、三角函数、反三角函数、乘方、开方、对数、绝对值、最大值、最小值和 PID 等指令。在模拟量控制和 PID 等很多场合都会用到数学函数指令，各指令的描述如表 3-2-3 所示。

数学函数指令中的 ADD、SUB、MUL 和 DIV 分别是加法、减法、乘法、除法指令，操作数的数据类型可选整数（SInt、Int、DInt、USInt、UInt、UDInt）和浮点数（Real），IN1 和 IN2 可以是常数，IN1、IN2 和 OUT 的数据类型应相同。

整数除法指令将得到的商截尾取整后，以整数格式输出到 OUT。

ADD 和 MUL 指令允许有多个输入，单击指令中参数 IN2 后面的“*”，将会增加输入 IN3，增加的输入编号依次递增。

表 3-2-3　数学函数描述表

梯形图	描述或表达式	梯形图	描述或表达式
ADD	OUT=IN1+IN2	SQR	$OUT=IN^2$
SUB	OUT=IN1−IN2	SQRT	$OUT=\sqrt{IN}$
MUL	OUT=IN1 × IN2	LN	OUT=ln IN
DIV	OUT=IN1 ÷ IN2	EXP	$OUT=e^{IN}$
MOD	返回除法的余数	SIN	OUT=sin IN
NEG	OUT= −IN	COS	OUT=cos IN
INC	IN/OUT=IN/OUT+1	TAN	OUT=tan IN
DEC	IN/OUT=IN/OUT−1	ASIN	OUT=arcsin IN
ABS	OUT=|IN|	ACOS	OUT=arccos IN
MIN	OUT=MIN(IN1 : IN*n*)	ATAN	OUT=arctan IN
MAX	OUT=MAX(IN1 : IN*n*)	EXPT	$OUT=IN1^{IN2}$
LIMIT	将输入值限制在指定范围内	FRAC	提取小数部分的值

[例 3-2-1] 数学函数指令的应用(一)

某设备可生产两种产品，当日生产的甲产品个数存放于 MW100 中，生产的乙产品个数存放于 MW200 中。当 M10.0 变为 ON 时，计算当日生产产品总数并将其存放于 MW300 中。数据类型全部为无符号整数(UInt)。

根据题意可知，当 M10.0 变为 ON 时，计算 M100 加 MW200 的和，并将其存入 MW300 中。控制程序如图 3-2-14 所示。

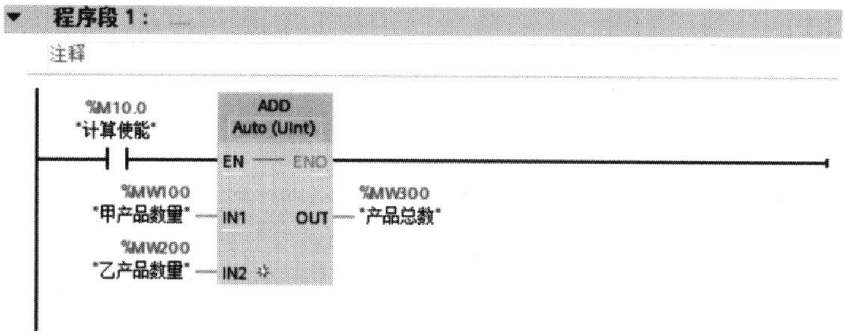

图 3-2-14　例 3-2-1 控制程序

[例 3-2-2] 数学函数指令的应用(二)

某设备传送皮带由一台电动机驱动，电动机转速值存储于 MW100 中，单位是 r/min，电动机旋转一圈，皮带移动 200 mm，计算皮带的移动速度(单位为 mm/s)，并将结果存储于 MW200 中。数据类型全部为无符号整数(UInt)。

根据题意可知，MW200(皮带速度 mm/s)=MW100(电动机转速 r/min) ÷ 60 × 200，编程时为了提高计算结果的精确度，整数的乘除法一般先计算乘法，后计算除法。控制程序如图 3-2-15 所示。

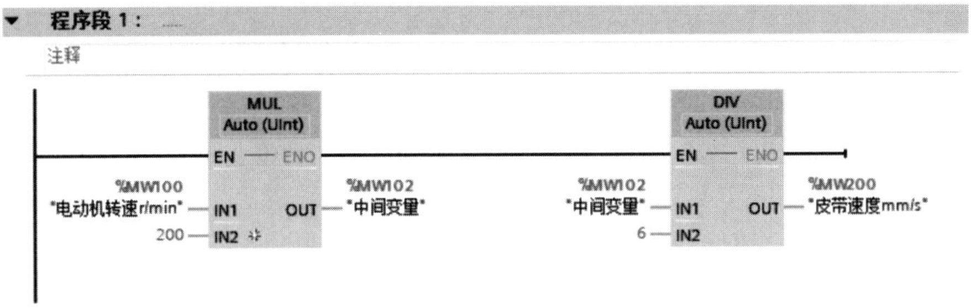

图 3-2-15　例 3-2-2 控制程序

3.2.4　移位与循环移位指令

3.2.4.1　移位指令

移位指令包括右移（SHR）指令和左移（SHL）指令，它们将输入 IN 指定的存储单元的全部内容逐位右移或左移若干位，移位的位数用输入 *N* 来定义，移位的结果保存在输出 OUT 指定的地址中。

左移后右边空出来的位用 0 填充。无符号整数右移后左边空出来的位用 0 填充，有符号整数右移后左边空出来的位用符号位（原来的最高位）填充，正数的符号位为 0，负数的符号位为 1。移位位数 *N* 为 0 时不会移位，但是指定的输入值会被复制给 OUT 指定的地址。

如图 3-2-16 和图 3-2-17 所示，MW90 中的 16#8ABC 右移 2 位后变为 16#E2AF，存储于 MW92 中，MW94 中的 16#8ABC 左移 2 位后变为 16#2AF0，存储于 MW96 中。具体的二进制数据移动过程如图 3-2-17 所示，MW90 右移时高位用符号位的 1 填充，MW94 左移时低位用 0 填充。

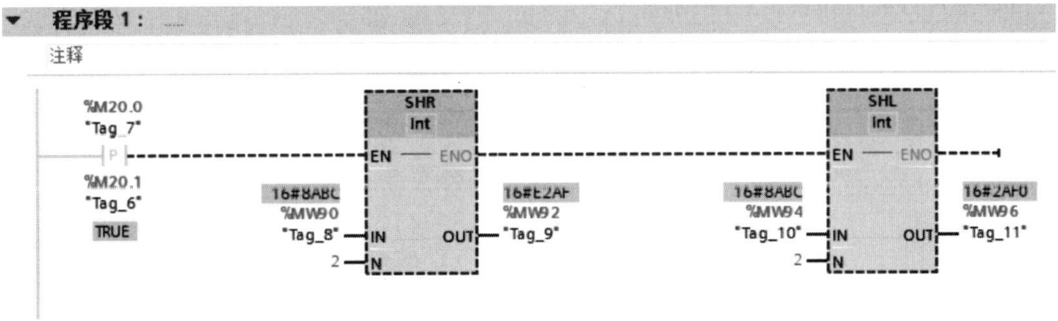

图 3-2-16　移位指令示例程序

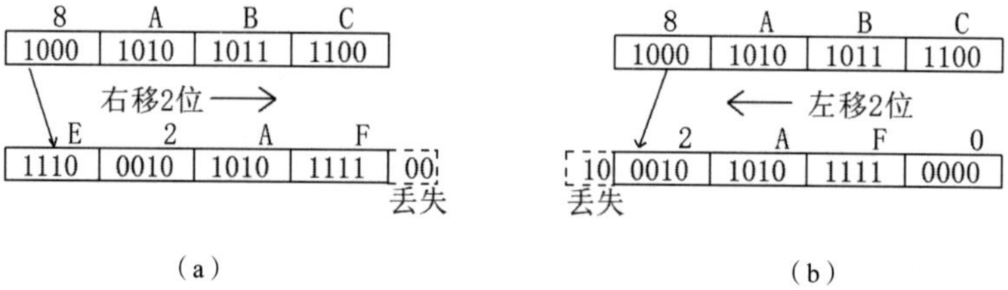

图 3-2-17　二进制数据右移和左移

（a）右移 2 位　（b）左移 2 位

3.2.4.2　循环移位指令

循环移位指令包括循环右移（ROR）指令和循环左移（ROL）指令，它们将输入 IN 指定的存储单元的全部内容逐位循环右移或循环左移若干位，即移出来的位又送回存储单元另一端空出来的位中，原始的位不会丢失。*N* 为移位的位数，移位的结果保存在输出 OUT 指定的地址中。*N* 为 0 时不会移位，但是 IN 指定的输入值会复制给 OUT 指定的地址。移位位数 *N* 可以大于被移位存储单元的位数。循环移位数据移动过程如图 3-2-18 所示。

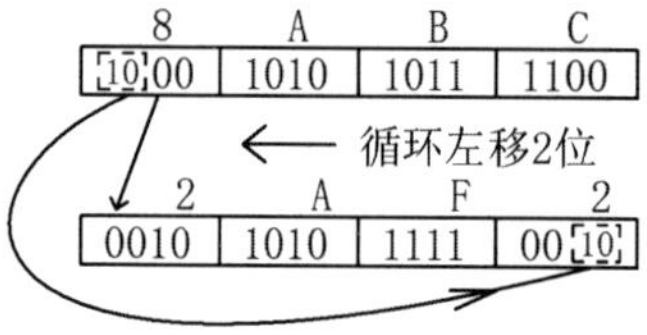

图 3-2-18　二进制数据循环左移

[子任务 3-2-2] 循环移位指令的应用

1. 任务描述

按下 SB1，L1、L3、L5、L7 与 L2、L4、L6、L8 两组指示灯交替闪烁，间隔时间为 1 s。松开 SB1，所有指示灯熄灭。

2. I/O 地址分配表

本任务中 PLC 需要连接 SB1 和八个指示灯（L1~L8），需要用到一个输入点和八个输出点，I/O 地址分配表如表 3-2-4 所示。

表 3-2-4　I/O 地址分配表

输入信号			输出信号		
名称	I/O 地址	功能	名称	I/O 地址	功能
SB1	I0.1	加计数	L1	Q0.0	指示灯 1
			L2	Q0.1	指示灯 2
			L3	Q0.2	指示灯 3
			L4	Q0.3	指示灯 4
			L5	Q0.4	指示灯 5
			L6	Q0.5	指示灯 6
			L7	Q0.6	指示灯 7
			L8	Q0.7	指示灯 8

3. 电气原理图

本任务选择 CPU 1215C AC/DC/RLY，订货号为 6ES7 214-1AG40-0XB0，电气原理图如图 3-2-19 所示。

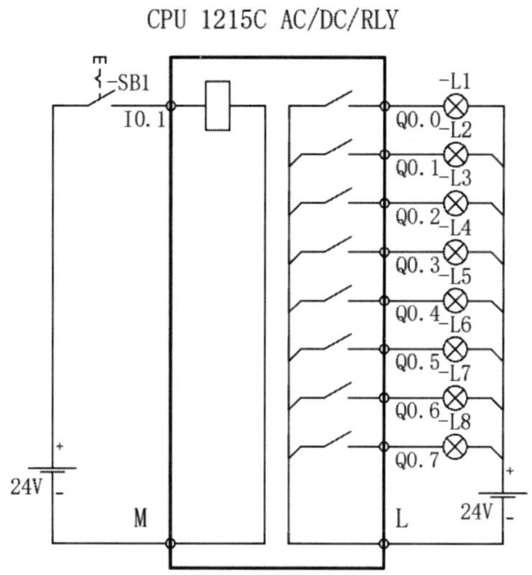

图 3-2-19　电气原理图

4. 硬件组态与编辑变量

步骤 1：新建一个项目，命名为“循环移位指令应用”。

步骤 2：根据所选硬件型号完成 CPU 组态。

步骤 3：编辑变量。按照表 3-2-4 将 I/O 点在变量表中进行定义，如图 3-2-20 所示。

PLC 变量

	名称	变量表	数据类型	地址	保持
1	SB1	默认变量表	Bool	%I0.1	☐
2	L1	默认变量表	Bool	%Q0.0	☐
3	L2	默认变量表	Bool	%Q0.1	☐
4	L3	默认变量表	Bool	%Q0.2	☐
5	L4	默认变量表	Bool	%Q0.3	☐
6	L5	默认变量表	Bool	%Q0.4	☐
7	L6	默认变量表	Bool	%Q0.5	☐
8	L7	默认变量表	Bool	%Q0.6	☐
9	L8	默认变量表	Bool	%Q0.7	☐

图 3-2-20　变量表

5. 程序设计

编程需要用到时钟存储器字节，所以编程之前需要先启用时钟存储器字节，启用方法为：打开设备组态窗口，选中 CPU，在巡视窗口打开“属性”→“常规”选项卡，找到系统和时钟存储器，勾选“启用时钟存储器字节”复选框，如图 3-2-21 所示。

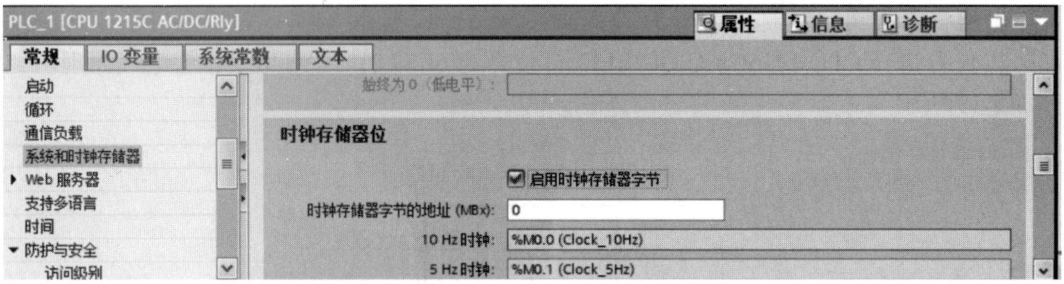

图 3-2-21 启用时钟存储器字节

在“Main[OB1]”中编写如图 3-2-22 和图 3-2-23 所示的程序。

程序段 1:按下 SB1 时，I0.1 上升沿检测触点接通一个扫描周期,将“16#AA”赋值给 QB0,此时,Q0.1、Q0.3、Q0.5、Q0.7 的值为“1”,L2、L4、L6、L8 点亮。松开 SB1,I0.1 常闭触点接通,将“0”赋值给 QB0,这样才能保证松开按钮后所有指示灯熄灭。

注意:这里如果使用 I0.1 常开触点,按下按钮 MOVE 指令会一直执行。

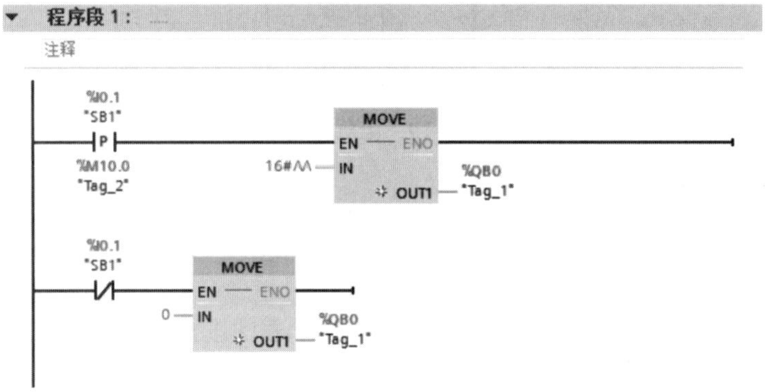

图 3-2-22 PLC 程序 1

程序段 2:按下 SB1 时,M0.5 的上升沿检测触点每秒钟接通一次,执行一次循环移位指令,指示灯状态改变一次。

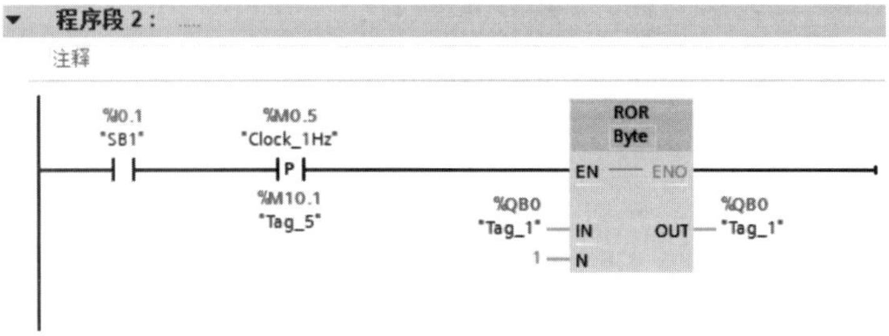

图 3-2-23 PLC 程序 2

3.2.5　停车场控制系统的设计与调试

3.2.5.1　控制要求

某停车场示意图如图 3-2-24 所示，该停车场有 50 个车位，入口和出口各有一个传感器检测车辆通过，进入一辆车，停车场入口传感器发一个脉冲，出去一辆车，停车场出口传感器发一个脉冲。按下 SB1，停车场车辆总数清零。停车场空位大于或等于 10 时绿色指示灯 L1 亮，空位大于 0 且小于 10 时黄色指示灯 L2 点亮，停车场无空位时红色指示灯 L3 点亮。

图 3-2-24　停车场示意图

3.2.5.2　I/O 地址分配表

车辆计数系统包含两个传感器、一个按钮和三个指示灯，I/O 地址分配表见表 3-2-5。

表 3-2-5　I/O 地址分配表

输入信号			输出信号		
名称	I/O 地址	功能	名称	I/O 地址	功能
SB1	I0.1	复位	L1（绿色）	Q0.1	有空位指示灯
S1	I0.2	入口车辆检测	L2（黄色）	Q0.2	停车场空位少指示灯
S2	I0.3	出口车辆检测	L3（红色）	Q0.3	停车场满指示灯

3.2.5.3　电气原理图

本任务选择 CPU 1215C AC/DC/RLY，电气原理图如图 3-2-25 所示。

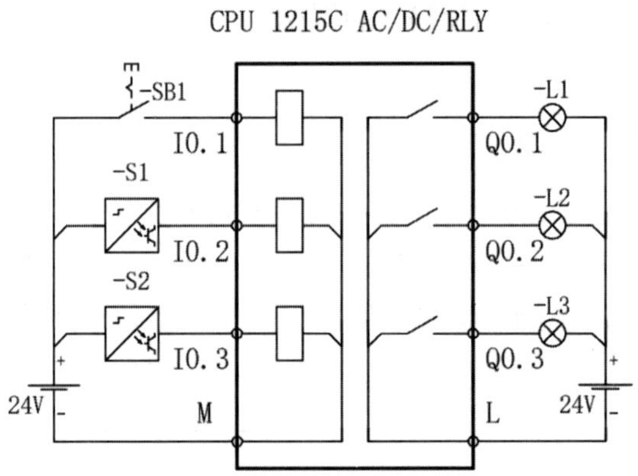

图 3-2-25　电气原理图

3.2.5.3　软件设计及调试

步骤 1:新建一个项目,命名为“车辆计数系统”。

步骤 2:完成 CPU 硬件组态。

步骤 3:编辑变量表,如图 3-2-26 所示。

PLC 变量

	名称	变量表	数据类型	地址	保持
1	SB1复位	默认变量表	Bool	%I0.1	
2	S1入口车辆检测	默认变量表	Bool	%I0.2	
3	S2出口车辆检测	默认变量表	Bool	%I0.3	
4	L1(绿色)	默认变量表	Bool	%Q0.1	
5	L2(黄色)	默认变量表	Bool	%Q0.2	
6	L3(红色)	默认变量表	Word	%Q0.3	

图 3-2-26　变量表

步骤 4:编写程序,如图 3-2-27 到图 3-2-29 所示。

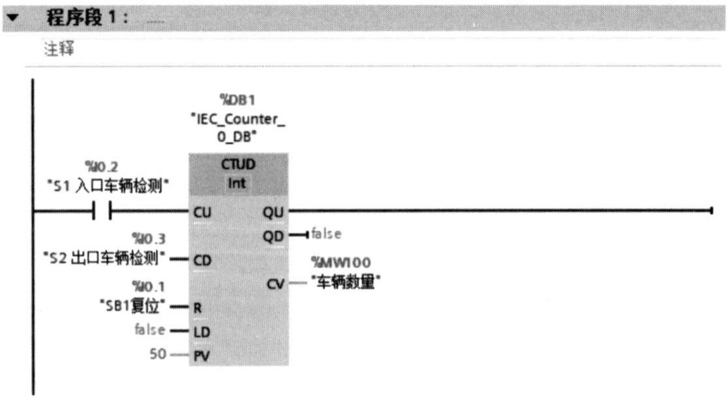

图 3-2-27　程序段 1

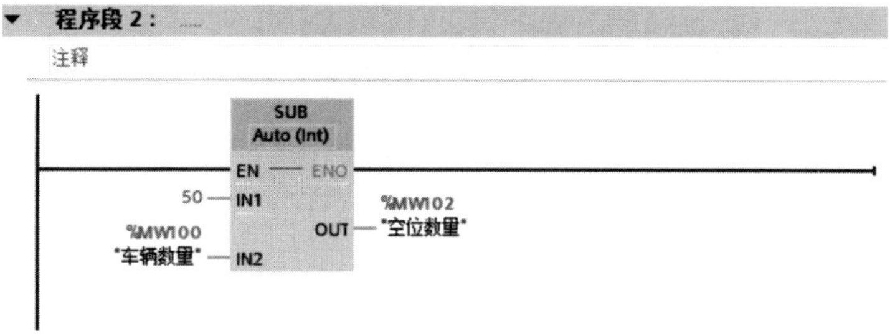

图 3-2-28　程序段 2

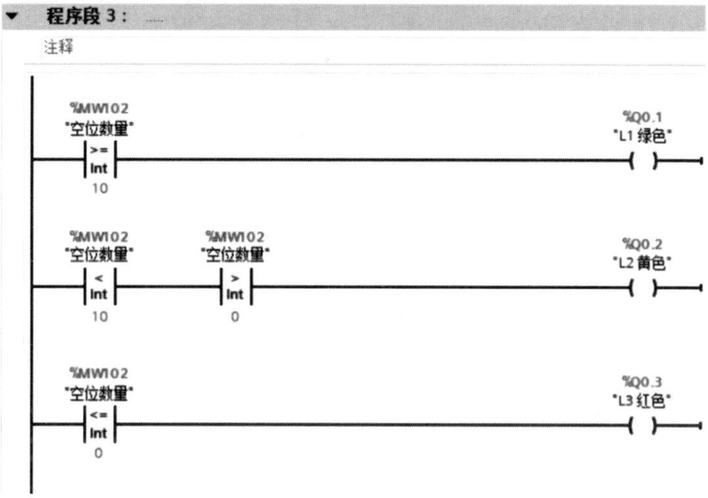

图 3-2-29　程序段 3

步骤 5：调试。开机后 MW100 为 0，MW102 为 50。传感器 S1 触发一次，MW100 加 1，传感器 S2 触发一次，MW100 减 1。MW102 大于或等于 10 时，绿灯亮；MW102 大于或等于 0 且小于 10 时，黄灯亮；MW102 小于或等于 0 时，红灯亮。

练习题

1. 判断题

（1）比较指令可以对整数、实数、时间等数据类型的值进行比较。（　）

（2）MOVE 指令用于将单个数据元素从参数 IN 指定的源地址复制到参数 OUT 指定的目标地址。（　）

（3）整数除法指令将得到的商截尾取整后，以整数格式输出到 OUT。（　）

2. 填空题

（1）16#789 A 右移 2 位后变为__________。

（2）循环移位指令包括____________和____________。

任务完成报告

<table>
<tr><td>姓名</td><td></td><td>学习日期</td><td></td></tr>
<tr><td>任务名称</td><td colspan="3">停车场控制系统的设计与调试</td></tr>
<tr><td rowspan="4">任务完成情况</td><td colspan="2">考核内容</td><td>完成情况</td></tr>
<tr><td colspan="2">(1)完成停车场控制系统的 I/O 地址分配</td><td>□好　□良好　□一般　□差</td></tr>
<tr><td colspan="2">(2)绘制停车场控制系统的原理图</td><td>□好　□良好　□一般　□差</td></tr>
<tr><td colspan="2">(3)编写停车场控制系统控制程序并调试</td><td>□好　□良好　□一般　□差</td></tr>
<tr><td>学习心得</td><td colspan="3"></td></tr>
</table>

项目 4

天塔之光控制系统的设计与调试

学习情境描述

天塔之光控制系统主要应用在闪光灯或花样灯饰中(图 4-1)。天塔之光的灯饰是利用 PLC 的输出信号来控制的,通过 PLC 编程,可以改变天塔之光的闪烁模式。

图 4-1　外滩夜景

项目目标

（1）熟悉 PLC 的三种编程方式；
（2）掌握函数、函数块的应用；
（3）掌握数据块的应用；
（4）掌握循环组织块的应用；
（5）掌握硬件中断组织块的应用；
（6）掌握时间中断组织块的应用。

项目描述

学生在本项目中主要学习组织块、函数、函数块等内容，并应用所学知识完成天塔之光控制系统的设计与调试工作。

任务分解

任务 4.1　天塔之光控制系统的设计与调试（两种模式）

学生在本任务中主要学习函数、函数块的使用方法，完成天塔之光控制系统的硬件设计，使用函数编写控制程序。

任务 4.2　天塔之光控制系统的设计与调试（三种模式）

学生在本任务中主要学习循环组织块、时间中断组织块的使用方法，完成天塔之光控制系统软件升级。

任务 4.1　天塔之光控制系统的设计与调试（两种模式）

任务要求

（1）完成天塔之光控制系统的 I/O 地址分配；
（2）绘制天塔之光控制系统的原理图；
（3）编写天塔之光控制程序并调试。

知识目标

（1）熟悉 PLC 的三种编程方式；
（2）掌握函数的编程方法；
（3）掌握函数块的编程方法。

能力目标

（1）能够应用函数实现模块化编程；
（2）能够完成天塔之光控制系统的设计与调试。

素养目标

（1）培养学生对问题的思考和分析能力；
（2）培养学生的沟通和协调能力。

4.1.1　函数的编程与应用

4.1.1.1　三种编程方式

在进行 PLC 编程的时候，常用的三种编程方式是线性化编程、模块化编程和结构化编程。

1. 线性化编程

线性化编程如图 4-1-1（a）所示，只使用一个主程序，所有的程序指令都在主程序中编写，适合小型自动化项目。该方式不使用函数（FC）和函数块（FB）。对于大型项目，该方式编写的程序存在可读性差、调试和查错困难、程序改造复杂、程序冗长等诸多缺点。

2. 模块化编程

模块化编程是将一个自动化项目分割成不同的功能模块，比如一个自动化项目可以分成手动、自动、报警等不同的功能，把这些不同的功能以函数或函数块的形式编写，在主程序中根据条件调用对应的函数或函数块完成项目整体功能。如图 4-1-1（b）所示，将 n 个电动机的控制程序封装在 n 个函数块中，主程序只需要调用 n 个函数块就可以实现对 n 个电动机的控制。

采用模块化编程时，程序被划分为若干块，很容易实现多个人同时对一个项目的编程，程序易于阅读和调试，又因为只在满足调用条件时才调用对应的函数块，所以提高了 CPU 的工作效率。

3. 结构化编程

结构化编程是一种更高效的编程方式，虽然与模块化编程一样都要用到函数块，但采用结构化编程时，将功能类似的程序段写成一个通用程序段，放在一个函数或函数块中，在调用时，只需赋予该函数或函数块不同的实参，就能用一个函数或函数块实现对功能相似的不同机构的控制。

结构化编程如图 4-1-1（c）所示，将 n 个电动机的启动程序放在一个函数块中。当需要控制电动机 1 时，调用该函数块，同时将电动机 1 的输入参数和输出参数赋予该函数块；当需要控制电动机 n 时，调用该函数块，同时将电动机 n 的输入参数和输出参数赋予该函数块。

结构化编程可简化设计过程，缩短程序代码长度，提高编程效率，阅读、调试和查错都比较方便，比较适合编写复杂的控制程序。

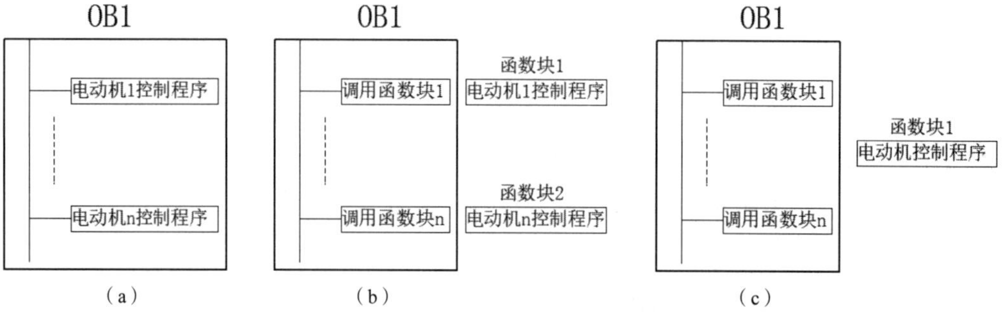

图 4-1-1　三种编程方式

(a)线性化编程　(b)模块化编程　(c)结构化编程

4.1.1.2　用户程序结构

在 STEP 7 中，具体的程序写在块中，各种块有机组合起来就构成了用户程序。块是一些独立的程序或者数据单元，STEP 7 中的块包括组织块(OB)、函数块(FB)、函数(FC)、背景数据块和全局数据块。各种块的简介如表 4-1-1 所示。

表 4-1-1　各种块的简介

块名称	简介
组织块(OB)	操作系统与用户程序的接口，决定用户程序的结构
函数块(FB)	用户编写的功能子程序，有专用的背景数据块
函数(FC)	用户编写的功能子程序，没有专用的背景数据块
背景数据块	用于保存 FB 的输入/输出参数和静态变量，其数据在编译时自动生成
全局数据块	存储用户数据的区域

用户程序块之间的调用关系如图 4-1-2 所示。组织块(OB)是程序的主体，它可以调用函数块(FB)，也可以调用函数(FC)，被调用的函数或函数块还可以调用其他的函数或函数块，这种被调用的函数或函数块调用其他的函数或函数块的方式称为嵌套调用，嵌套深度(允许调用的层数)可查 CPU 模块手册获得。

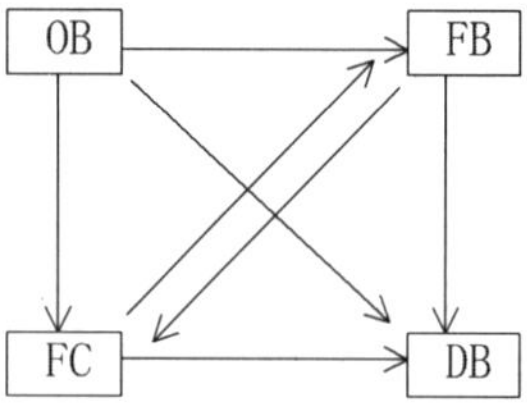

图 4-1-2　用户程序块之间的调用关系

4.1.1.3　认识函数

函数（FC）是不含存储区的代码块，常用于对一组输入值执行特定的逻辑运算或数学运算，同一个 FC 可以在程序中的不同位置多次调用，这样做的目的是简化重复任务的编程。例如：某设备有多条皮带，编程时需要将电动机转速换算为皮带速度，可新建一个 FC，在 FC 内编写转换程序，主程序中可以多次调用该 FC。

FC 没有相关的背景数据块，也没有可以存储块参数值的数据存储器，因此调用函数时，必须给所有形参分配实参。对用于 FC 的临时数据，FC 采用了局部数据堆栈；对于要永久性存储的数据，可通过全局变量或数据块存储，如 M 存储区或全局数据块。

4.1.1.4　函数的应用步骤

（1）打开博途软件项目视图中的项目树，双击“程序块”文件夹中的“添加新块”选项，打开“添加新块”对话框，如图 4-1-3 所示。

图 4-1-3　“添加新块”对话框

（2）单击选择“函数”，输入新块的名称与属性。

（3）单击“更多信息”，可编辑函数的标题、注释等内容。

（4）勾选“新增并打开”复选框。

（5）单击“确定”按钮后，在“Main[OB1]”下方会出现“块_1[FC1]”选项，如图 4-1-4 所示。

图 4-1-4　添加函数后的程序块

（6）双击打开“块_1[FC1]”选项，单击程序编辑区上方的展开函数的接口区，如图 4-1-5 所示。

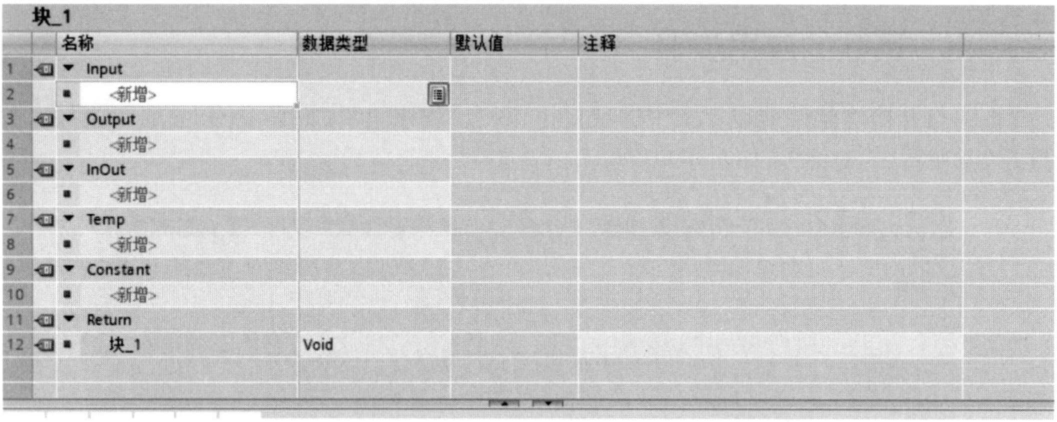

图 4-1-5　函数的接口区

（7）编辑接口变量。

接口变量说明如下。

Input（输入）：用于接收调用 FC 时主块提供的输入参数。

Output（输出）：用于将块的程序执行结果返回给主块的输出参数。

InOut（输入/输出）：初值由主块提供，块执行完后用同一个参数将它的值返回给主块。

Temp（临时）：用于存储中间结果的临时变量。临时变量只有在使用块时使用，执行完后不再保存临时变量的数值。

Constant（常量）：用于定义符号的常量。

Return（返回）：在 FC 结束调用时输出 Return 变量。

（8）编辑函数程序。

（9）主程序中调用函数，将函数从项目树中拖曳到对应的位置，编辑函数的实参。

[子任务 4-1-1] 不带参数的函数编程（一）

不带参数指函数编写时无须编写接口参数，在函数中直接使用绝对地址完成控制程序的编写。这种方式可将程序模块化，每个函数实现控制任务的一部分，不重复调用。

1. 任务描述

某设备上料部分由一台异步电动机驱动，按下 SB1，电动机运行 10 s 后停止，按下 SB2，电动机点动。

2. I/O 地址分配表

本任务中 PLC 需要连接 SB1、SB2 和 KM1，因此需要用到两个输入点和一个输出点，I/O 地址分配表如表 4-1-2 所示。

表 4-1-2　I/O 地址分配表

输入信号			输出信号		
名称	I/O 地址	功能	名称	I/O 地址	功能
SB1	I0.1	启动	KM1	Q0.1	控制电动机启停
SB2	I0.2	点动			

3. 电气原理图

本任务选择 CPU 1215C AC/DC/RLY，订货号为 6ES7 214-1AG40-0XB0，电气原理图如图 4-1-6 所示。

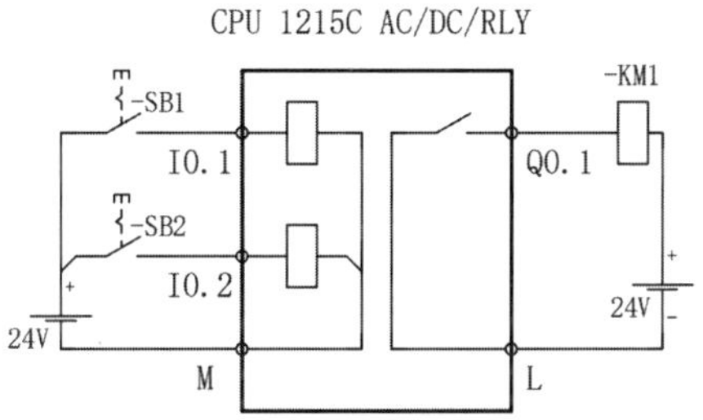

图 4-1-6　电气原理图

4. 硬件组态与编辑变量

步骤 1：新建一个项目，命名为“不带参数的函数编程(一)”。

步骤 2：根据所选硬件型号完成 CPU 组态。

步骤 3：编辑变量。按照表 4-1-2 将 I/O 点在变量表中进行定义，如图 4-1-7 所示。

PLC 变量

	名称	变量表	数据类型	地址	保持
1	SB1 启动	默认变量表	Bool	%I0.1	
2	SB2 点动	默认变量表	Bool	%I0.2	
3	KM1 上料电动机	默认变量表	Bool	%Q0.1	
4	电动机自锁	默认变量表	Bool	%M10.0	
5	停止	默认变量表	Bool	%M10.1	

图 4-1-7　变量表

5. 程序设计

步骤 1：在程序块中添加一个函数，命名为“上料电动机”。

步骤 2：在函数“上料电动机”中添加如图 4-1-8 和图 4-1-9 所示的程序。

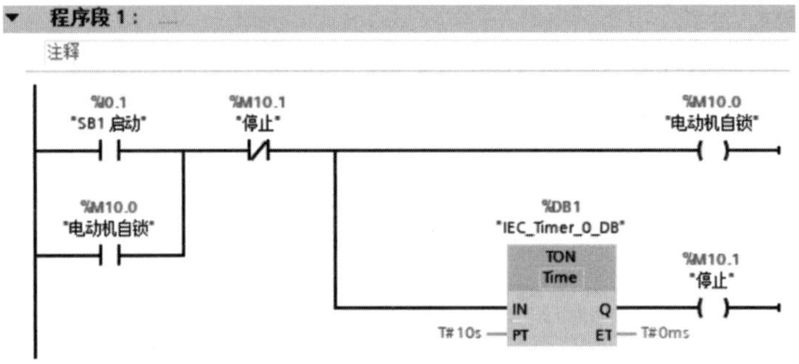

图 4-1-8　函数“上料电动机”程序段 1

图 4-1-9　函数“上料电动机”程序段 2

步骤 4：在“Main[OB1]”中添加如图 4-1-10 所示的程序。

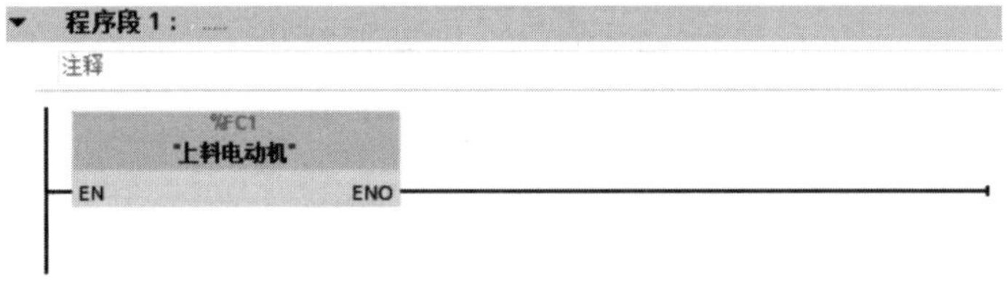

图 4-1-10　主程序

[子任务 4-1-2] 不带参数的函数编程（二）

1. 任务描述

某设备的主轴旋转由一台异步电动机驱动。手动模式（I0.0 断开）下，按下 SB1，电动机点动；松开 SB1，电动机停止。自动模式（I0.0 接通）下，按下 SB1，电动机运行并保持；按下 SB2，电动机停止。

2. I/O 地址分配表

本任务中 PLC 需要连接手自动开关、SB1、SB2 和 KM1，需要用到三个输入点和一个输出点，I/O 地址分配表如表 4-1-3 所示。

表 4-1-3　I/O 地址分配表

输入信号			输出信号		
名称	I/O 地址	功能	名称	I/O 地址	功能
S1	I0.0	开关在 ON 位置为自动，在 OFF 位置为手动	KM1	Q0.1	控制电动机启停
SB1	I0.1	启动			
SB2	I0.2	停止			

3. 电气原理图

本任务选择 CPU 1215C AC/DC/RLY，订货号为 6ES7 214-1AG40-0XB0，电气原理图如图 4-1-11 所示。

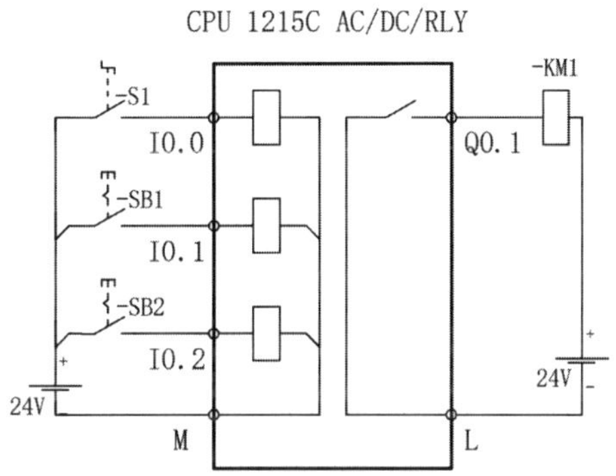

图 4-1-11　电气原理图

4. 硬件组态与编辑变量

步骤 1：新建一个项目，命名为“不带参数的函数编程（二）”。

步骤 2：根据所选硬件型号完成 CPU 组态。

步骤 3：编辑变量。按照表 4-1-3 将 I/O 点在变量表中进行定义，如图 4-1-12 所示。

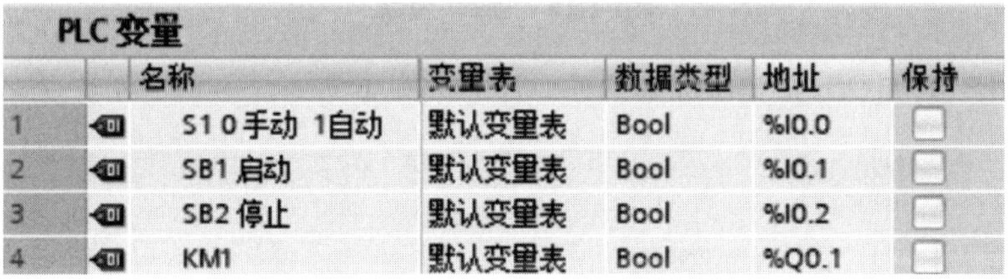

PLC 变量

		名称	变量表	数据类型	地址	保持
1		S1 0手动 1自动	默认变量表	Bool	%I0.0	
2		SB1 启动	默认变量表	Bool	%I0.1	
3		SB2 停止	默认变量表	Bool	%I0.2	
4		KM1	默认变量表	Bool	%Q0.1	

图 4-1-12　变量表

5. 程序结构

程序结构如图 4-1-13 所示，自动控制程序和手动控制程序分别在函数“自动”和“手动”中编辑。主程序运行时调用函数“自动”和“手动”即可满足控制要求。

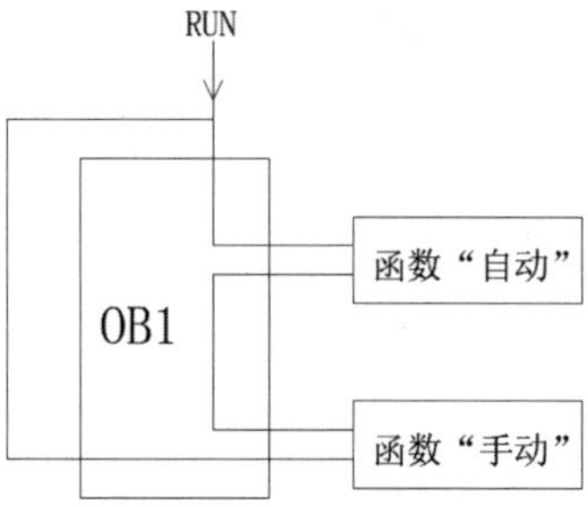

图 4-1-13　程序结构

6. 程序设计

步骤 1:在程序块中添加两个函数,分别命名为“手动”和“自动”。

步骤 2:在函数“手动”中添加如图 4-1-14 所示的程序。

图 4-1-14　函数“手动”

步骤 3:在函数“自动”中添加如图 4-1-15 所示的程序。

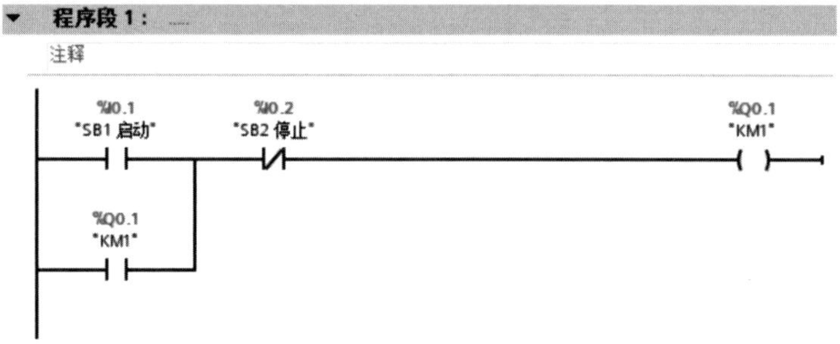

图 4-1-15　函数“自动”

步骤 4:在“Main[OB1]”中添加如图 4-1-16 所示的程序。

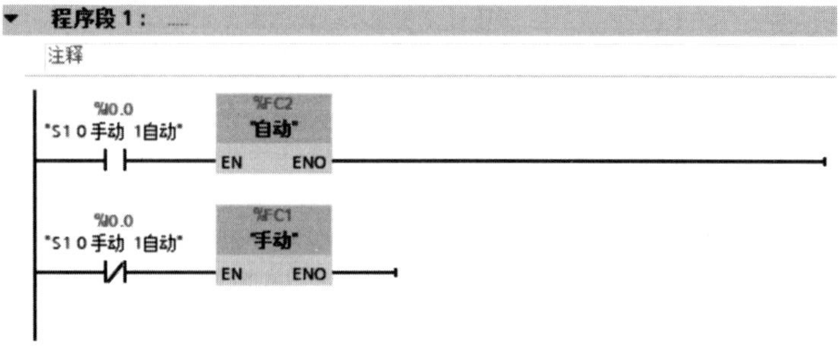

图 4-1-16　主程序

[子任务 4-1-3] 带参数的函数编程（一）

带参数指在接口参数中定义了 Input、Output 等接口参数，在函数中使用接口参数完成程序的编写，调用函数时自动把实参的值赋给对应的形参（实参和形参数据类型必须相同）。这种方式编程具有以下优点：

（1）程序只需生成一次，显著缩短了编程时间；

（2）同一个函数可以被多次调用，减少了程序的总量，降低了存储器的用量。

1. 任务描述

某设备包含两台异步电动机，按下 SB1，电动机 1 自锁运行；按下 SB2，电动机 1 停止；按下 SB3，电动机 2 自锁运行；按下 SB4，电动机 2 停止。

2. I/O 地址分配表

本任务中 PLC 需要连接 SB1~SB4、KM1 和 KM2，需要用到四个输入点和两个输出点，I/O 地址分配表如表 4-1-4 所示。

表 4-1-4　I/O 地址分配表

输入信号			输出信号		
名称	I/O 地址	功能	名称	I/O 地址	功能
SB1	I0.1	电动机 1 启动	KM1	Q0.1	控制电动机 1 启停
SB2	I0.2	电动机 1 停止	KM2	Q0.2	控制电动机 2 启停
SB3	I0.3	电动机 2 启动			
SB4	I0.4	电动机 2 停止			

3. 电气原理图

本任务选择 CPU 1215C AC/DC/RLY，订货号为 6ES7 214-1AG40-0XB0，电气原理图如图 4-1-17 所示。

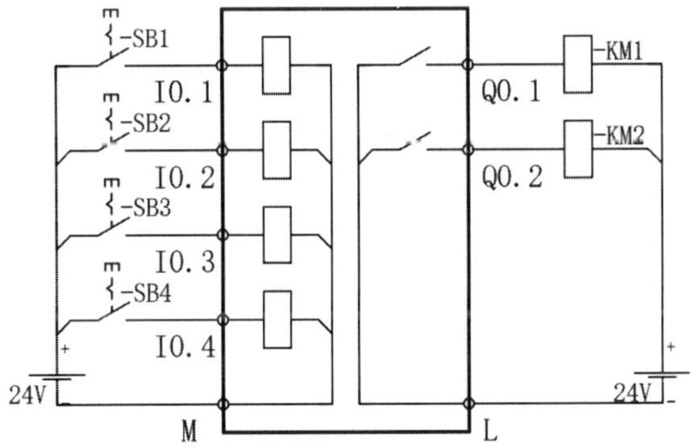

图 4-1-17　电气原理图

4. 硬件组态与编辑变量

步骤 1：新建一个项目，命名为“带参数的函数编程(一)”。

步骤 2：根据所选硬件型号完成 CPU 组态。

步骤 3：编辑变量，如图 4-1-18 所示。

PLC 变量

		名称	变量表	数据类型	地址	保持
1		电动机1启动	默认变量表	Bool	%I0.1	
2		电动机1停止	默认变量表	Bool	%I0.2	
3		电动机2启动	默认变量表	Bool	%I0.3	
4		电动机2停止	默认变量表	Bool	%I0.4	
5		KM1 电动机1启停	默认变量表	Bool	%Q0.1	
6		KM2 电动机2启停	默认变量表	Bool	%Q0.2	

图 4-1-18　变量表

5. 程序设计

步骤 1：在程序块中添加函数，命名为“自锁”。

步骤 2：双击打开函数“自锁”，编辑接口参数，如图 4-1-19 所示。变量“线圈 KM”必须为 InOut 变量，因为在程序中既有其触点，也有其线圈。

自锁

		名称	数据类型	默认值
1		▼ Input		
2		■ 启动	Bool	
3		■ 停止	Bool	
4		▶ Output		
5		▼ InOut		
6		■ 线圈KM	Bool	
7		▶ Temp		
8		▶ Constant		
9		▼ Return		
10		■ 自锁	Void	

图 4-1-19　函数“自锁”接口参数

步骤 3：在函数“自锁”中编写程序，如图 4-1-20 所示。

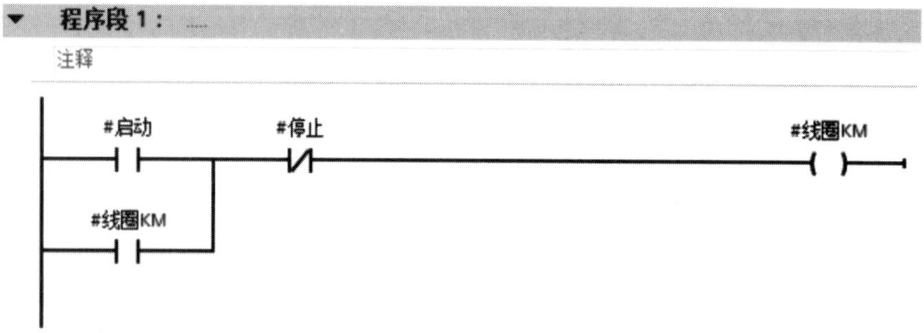

图 4-1-20　函数“自锁”程序

步骤 4：在“Main[OB1]”中添加如图 4-1-21 和图 4-1-22 所示的程序。

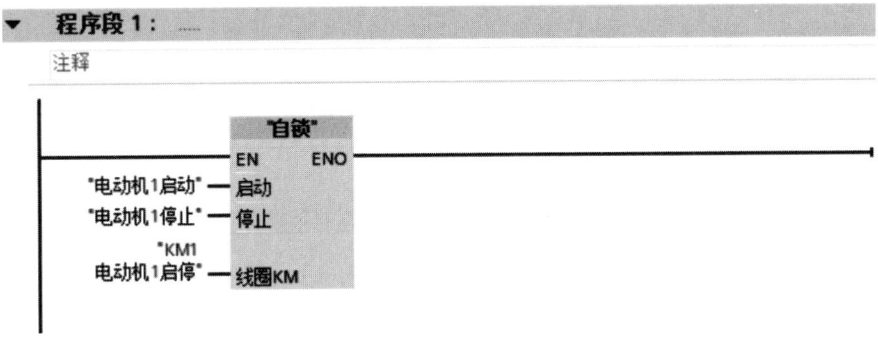

图 4-1-21　主程序程序段 1

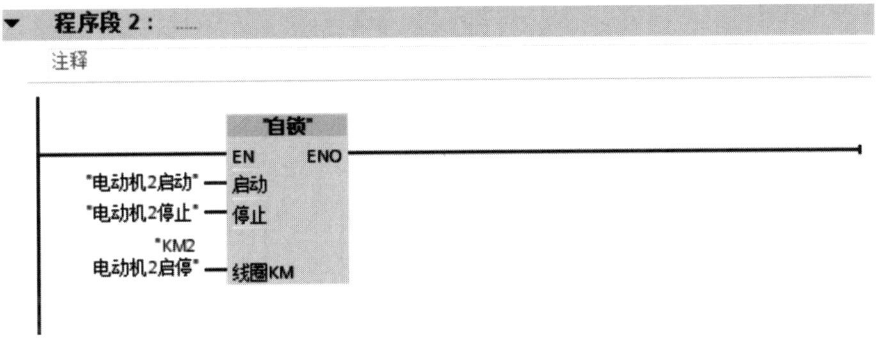

图 4-1-22　主程序程序段 2

[子任务 4-1-4] 带参数的函数编程（二）

1. 任务描述

某传输皮带由一台异步电动机驱动，按下 SB1，皮带启动并自锁；当物料传输到尾部时工人会取走物料。皮带尾部安装有挡板和光电开关，如图 4-1-23 所示，如果光电开关触发 10 s，皮带自动停止，指示灯 L1 以 1 Hz 的频率闪烁，提示工人取走货物。任何时候按下 SB2，皮带都会停止。

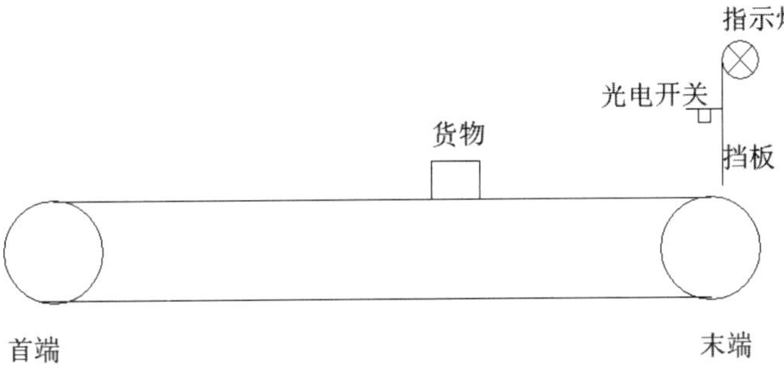

图 4-1-23　皮带示意图

2. I/O 地址分配表

本任务中 PLC 需要连接 SB1、SB2、S1、KM1 和 L1，需要用到三个输入点和两个输出点，I/O 地址分配表如表 4-1-5 所示。

表 4-1-5　I/O 地址分配表

输入信号			输出信号		
名称	I/O 地址	功能	名称	I/O 地址	功能
SB1	I0.1	皮带启动	KM1	Q0.1	控制电动机 1 启停
SB2	I0.2	皮带停止	L1	Q0.2	指示灯
S1	I0.3	光电开关			

3. 电气原理图

本任务选择 CPU 1215C AC/DC/RLY，订货号为 6ES7 214-1AG40-0XB0，电气原理图如图 4-1-24 所示。

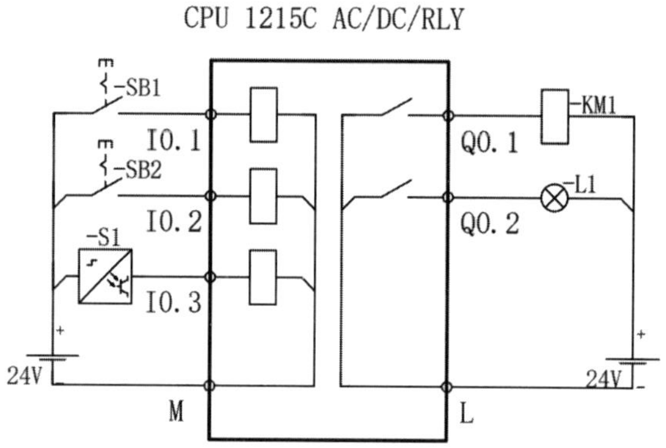

图 4-1-24　电气原理图

4. 硬件组态与编辑变量

步骤 1：新建一个项目，命名为“带参数的函数编程（二）”。

步骤 2：根据所选硬件型号完成 CPU 组态。

步骤 3：编辑变量，如图 4-1-25 所示。

PLC 变量

	名称	变量表	数据类型	地址	保持
1	SB1 启动	默认变量表	Bool	%I0.1	
2	SB2 停止	默认变量表	Bool	%I0.2	
3	S1 货物检测 1=有货物	默认变量表	Bool	%I0.3	
4	KM1 皮带运行	默认变量表	Bool	%Q0.1	
5	L1 指示灯	默认变量表	Bool	%Q0.2	

图 4-1-25　变量表

5. 程序设计

步骤 1:启用时钟存储器,打开设备组态窗口,选中 CPU,在巡视窗口打开“属性”→“常规”选项卡,找到系统和时钟存储器,勾选“启用时钟存储器字节”复选框。

步骤 2:在程序块中添加函数,命名为“皮带运行”。

步骤 3:双击打开函数“皮带运行”,编辑接口参数,如图 4-1-26 所示。

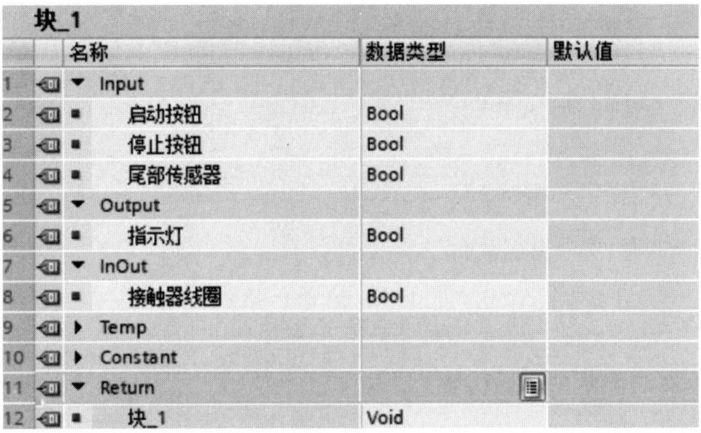

块_1

	名称	数据类型	默认值
1	Input		
2	启动按钮	Bool	
3	停止按钮	Bool	
4	尾部传感器	Bool	
5	Output		
6	指示灯	Bool	
7	InOut		
8	接触器线圈	Bool	
9	Temp		
10	Constant		
11	Return		
12	块_1	Void	

图 4-1-26　函数“皮带运行”接口参数

步骤 3:在函数“皮带运行”中编写程序,如图 4-1-27 和图 4-1-28 所示。

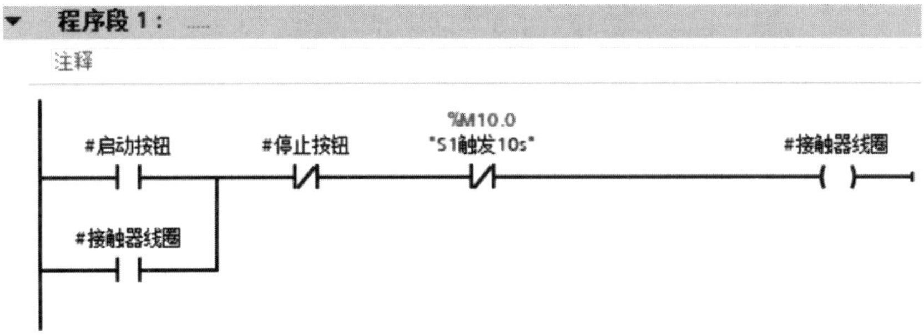

图 4-1-27　函数“皮带运行”程序段 1

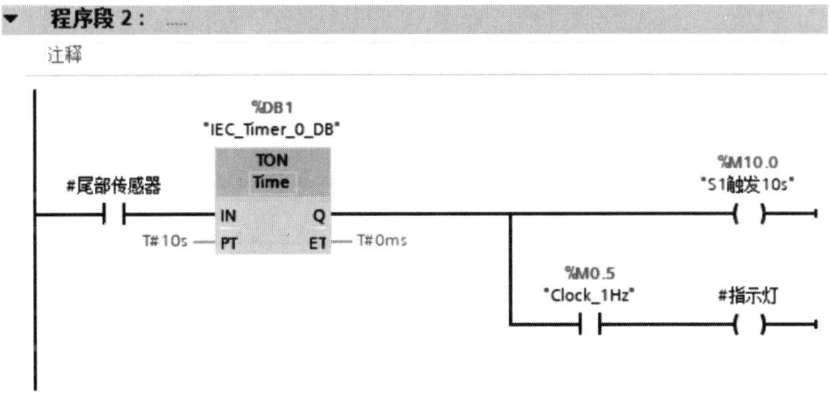

图 4-1-28　函数“皮带运行”程序段 2

步骤 4：在“Main[OB1]”中添加如图 4-1-29 所示的程序。

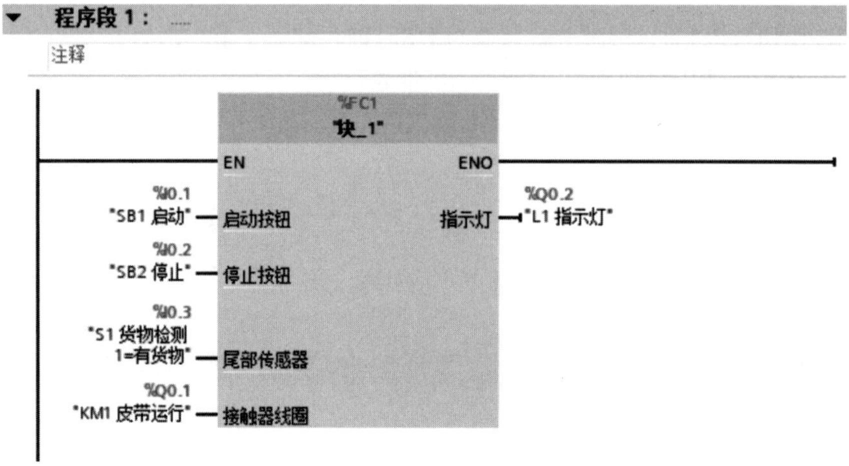

图 4-1-29　主程序

[子任务 4-1-5] 带参数的函数编程（三）

1. 任务描述

有两台电动机的正反转需要用 PLC 控制，SB1、SB2、SB3 依次为电动机 1 的正转启动按钮、反转启动按钮和停止按钮，SB4、SB5、SB6 依次为电动机 2 的正转启动按钮、反转启动按钮和停止按钮。KM1、KM2 依次为电动机 1 的正转接触器和反转接触器，KM3、KM4 依次为电动机 2 的正转接触器和反转接触器。

2. I/O 地址分配表

本任务中 PLC 需要连接 SB1~SB6 和 KM1~KM4，需要用到六个输入点和四个输出点，I/O 地址分配表如表 4-1-6 所示。

表 4-1-6　I/O 地址分配表

输入信号			输出信号		
名称	I/O 地址	功能	名称	I/O 地址	功能
SB1	I0.1	电动机 1 正转	KM1	Q0.1	电动机 1 正转接触器
SB2	I0.2	电动机 1 反转	KM2	Q0.2	电动机 1 反转接触器
SB3	I0.3	电动机 1 停止	KM3	Q0.3	电动机 2 正转接触器
SB4	I0.4	电动机 2 正转	KM4	Q0.4	电动机 2 反转接触器
SB5	I0.5	电动机 2 反转			
SB6	I0.6	电动机 2 停止			

3. 电气原理图

本任务选择 CPU 1215C AC/DC/RLY，订货号为 6ES7 214-1AG40-0XB0，电气原理图如图 4-1-30 所示。

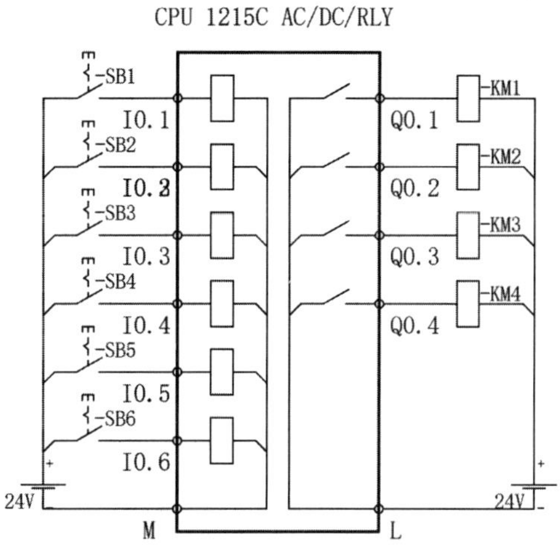

图 4-1-30　电气原理图

4. 硬件组态与编辑变量

步骤 1:新建一个项目,命名为“带参数的函数编程(三)”。

步骤 2:根据所选硬件型号完成 CPU 组态。

步骤 3:编辑变量,如图 4-1-31 所示。

PLC 变量

	名称	变量表	数据类型	地址	保持
1	SB1 电动机1正转	默认变量表	Bool	%I0.1	☐
2	SB2 电动机1反转	默认变量表	Bool	%I0.2	☐
3	SB3 电动机1停止	默认变量表	Bool	%I0.3	☐
4	SB4电动机2正转	默认变量表	Bool	%I0.4	☐
5	SB5 电动机2反转	默认变量表	Bool	%I0.5	☐
6	SB6 电动机2停止	默认变量表	Bool	%I0.6	☐
7	KM1 电动机1正转	默认变量表	Bool	%Q0.1	☐
8	KM2 电动机1反转	默认变量表	Bool	%Q0.2	☐
9	KM3 电动机2正转	默认变量表	Bool	%Q0.3	☐
10	KM4 电动机2反转	默认变量表	Bool	%Q0.4	☐

图 4-1-31　变量表

5. 程序设计

步骤 1:在程序块中添加函数,命名为“正反转”。

步骤 2:双击打开函数“正反转”,编辑接口参数,如图 4-1-32 所示。

步骤 3:在函数“正反转”中编写程序,如图 4-1-33 和图 4-1-34 所示。

步骤 4:在“Main[OB1]”中添加如图 4-1-35 和图 4-1-36 所示的程序。

正反转				
	名称		数据类型	默认值
1	▼ Input			
2		正转按钮	Bool	
3		反转按钮	Bool	
4		停止按钮	Bool	
5	▶ Output			
6	▼ InOut			
7		正转接触器	Bool	
8		反转接触器	Bool	
9	▶ Temp			
10	▶ Constant			
11	▼ Return			
12		正反转	Void	

图 4-1-32　函数“正反转”接口参数

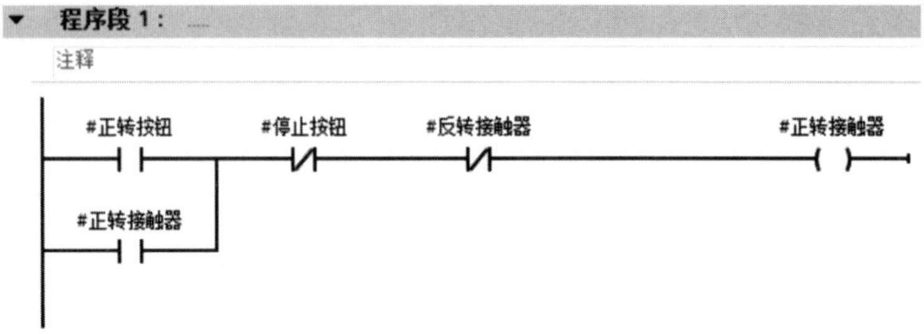

图 4-1-33　函数“正反转”程序段 1

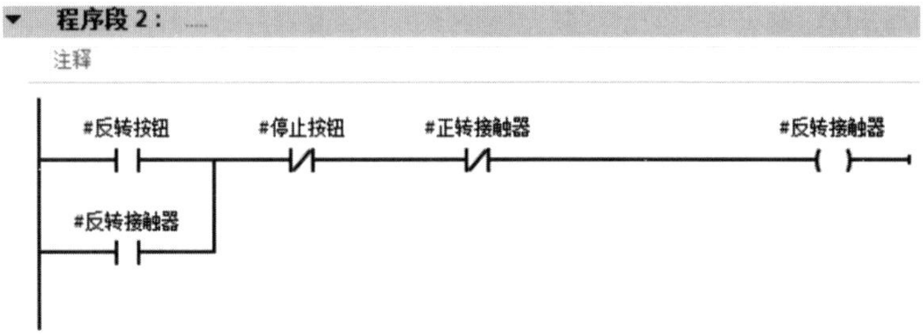

图 4-1-34　函数“正反转”程序段 2

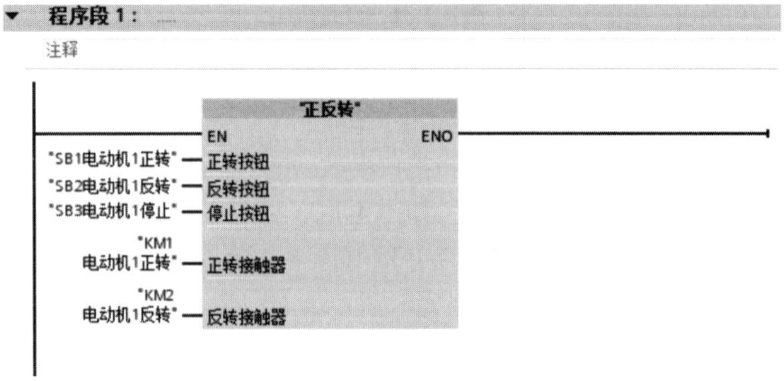

图 4-1-35　主程序程序段 1

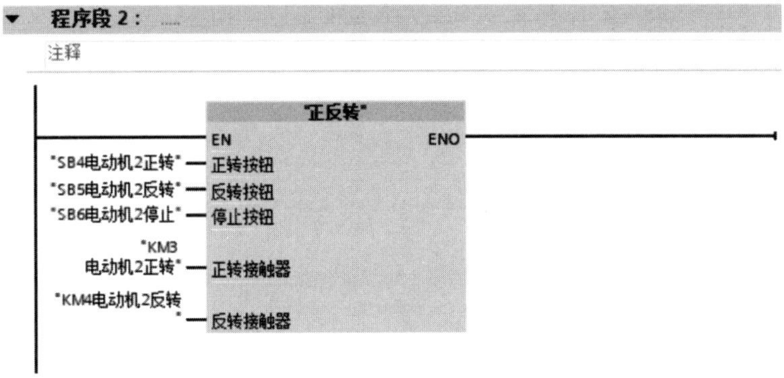

图 4-1-36　主程序程序段 2

[子任务 4-1-6] 带参数的函数编程(四)

1. 任务描述

某大型程序中需要多次计算三角形的面积。M10.0 为 ON 时,需要计算三角形 A 的面积,三角形 A 底长存储于 MW100 中,高度存储于 MW102 中,计算出的面积结果存放于 MW104 中。M10.1 为 ON 时,需要计算三角形 B 的面积,三角形 B 底长存储于 MW110 中,高度存储于 MW112 中,计算出的面积结果存放于 MW114 中。(以上字存储器数据类型全部为 UInt)

2. 硬件组态与编辑变量

步骤 1:新建一个项目,命名为"带参数的函数编程(四)"。

步骤 2:根据所选硬件型号完成 CPU 组态。

步骤 3:编辑变量,如图 4-1-37 所示。

PLC 变量

		名称	变量表	数据类型	地址	保持
1		三角形A底	默认变量表	UInt	%MW100	
2		三角形A高	默认变量表	UInt	%MW102	
3		三角形A面积	默认变量表	UInt	%MW104	
4		三角形B底	默认变量表	UInt	%MW110	
5		三角形B高	默认变量表	UInt	%MW112	
6		三角形B面积	默认变量表	UInt	%MW114	
7		三角形A面积计算	默认变量表	Bool	%M10.0	
8		三角形B面积计算	默认变量表	Bool	%M10.1	

图 4-1-37　变量表

3. 程序设计

步骤 1:在程序块中添加函数,命名为"三角形面积计算"。

步骤 2:双击打开函数"三角形面积计算",编辑接口参数,如图 4-1-38 所示。

步骤 3:在函数"三角形面积计算"中编写程序,如图 4-1-39 所示。

步骤 4:在"Main[OB1]"中添加如图 4-1-40 和图 4-1-41 所示的程序。

三角形面积计算

	名称	数据类型	默认值
1	▼ Input		
2	底	UInt	
3	高	UInt	
4	<新增>		
5	▼ Output		
6	面积	UInt	
7	<新增>		
8	▼ InOut		
9	<新增>		
10	▼ Temp		
11	底X高	UInt	
12	<新增>		
13	▼ Constant		
14	<新增>		
15	▼ Return		
16	三角形面积计算	Void	

图 4-1-38　函数“三角形面积计算”接口参数

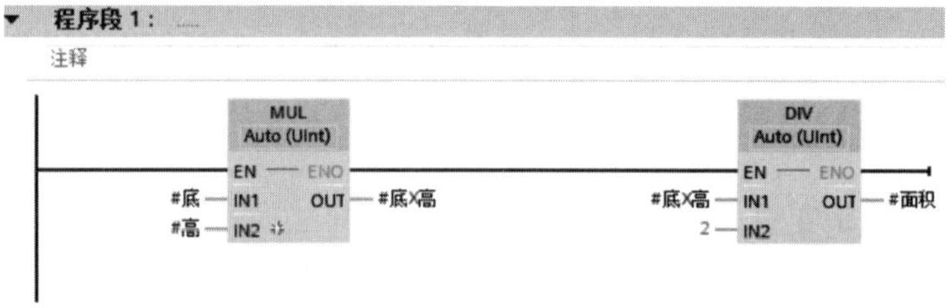

图 4-1-39　函数“三角形面积计算”程序

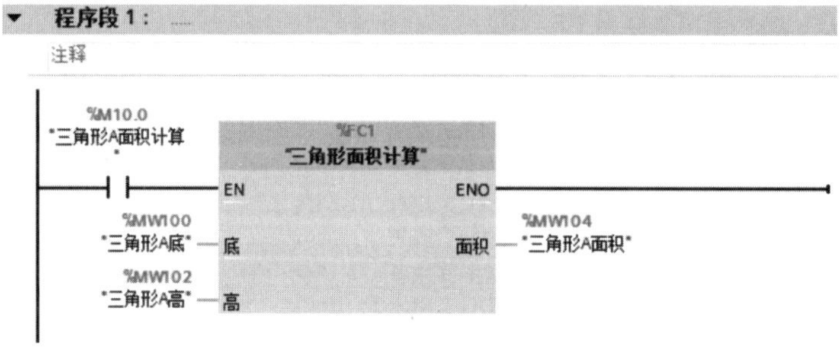

图 4-1-40　主程序程序段 1

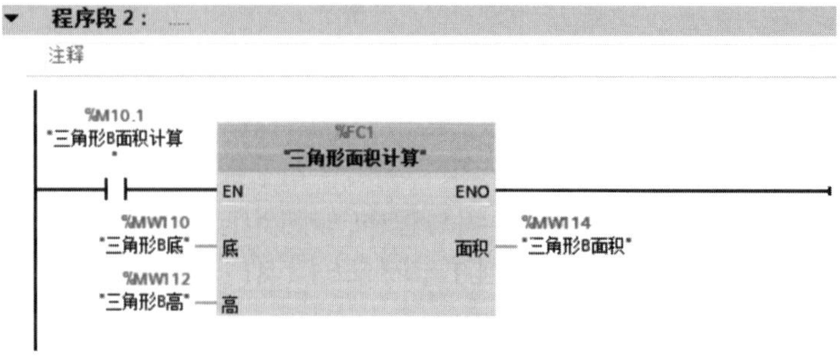

图 4-1-41　主程序程序段 2

4.1.2 数据块与函数块

4.1.2.1 数据块

1. 数据块简介

数据块(DB)用于存储用户数据及程序中间变量。数据块占用 CPU 的装载存储区和工作存储区，与 M 存储区的功能类似，都是全局变量，不同的是，M 存储区的大小在 CPU 技术规范中已经被定义，且不可扩展，而数据块存储区由用户定义，最大不能超过工作存储区或装载存储区。

2. 数据块的数据类型

1)基本数据类型

根据 IEC 1131-3，长度不超过 32 位的数据，可利用 STEP 7 基本指令处理，能完全装入 S7-1200 处理器的累加器中。基本数据类型见表 3-1-2。

2)复杂数据类型

复杂数据类型只能结合全局数据块的变量声明使用。复杂数据类型可大于 32 位，用装入指令不能把复杂数据类型完全装入累加器中，一般利用库中的标准块处理复杂数据类型。复杂数据类型包括时间(Date and Time)、数组(Array)、结构(Struct)、字符串(String)和指针(Pointer、Any 和 Variant)。

3)用户定义数据类型

STEP 7 允许利用数据块编辑器，将基本数据类型和复杂数据类型组合成长度大于 32 位的用户定义数据类型。用户定义数据类型不能存储在 PLC 中，只能存放在计算机硬盘的 UDT 块中。可以用用户定义数据类型作为“模板”建立数据块，以节省录入时间，用于建立结构化数据块、建立包含几个相同单元的矩阵、在带有给定结构的 FC 和 FB 中建立局部变量。

3. 数据块的使用方法

1)新建数据块

在项目树中，双击“程序块”文件夹中的“添加新块”选项，在弹出的“添加新块”对话框中选择“数据块”，单击“确定”按钮，在“程序块”文件夹下方出现一个数据块。

2)修改数据块属性

选中数据块，单击鼠标右键，在弹出的快捷菜单中选择“属性”命令，弹出数据块属性设置对话框，如图 4-1-42 所示，在该对话框中可修改数据块的属性。一般情况下只修改“优化的块访问”复选框的勾选状态。

说明：S7-1200 PLC 的优化数据块的存储空间要比非优化数据块的空间大得多，但具体的存储空间的大小与 CPU 的类型有关。有的程序(如通信程序)中，只能使用非优化数据块，多数的情形可以使用优化和非优化数据块，但应优先使用优化数据块。

3)编辑数据块的变量

打开数据块，如图 4-1-43 所示，根据需要编辑用户程序需要的变量。勾选“保持”列复选框的变量在 PLC 断电后不会清零。“从 HMI/OPC UA/Web API 可访问”“从 HMI/OPC UA/Web API 可写入”“在 HMI 工程组态中可见”列根据通信需求设置，一般情况下默认全部勾选。

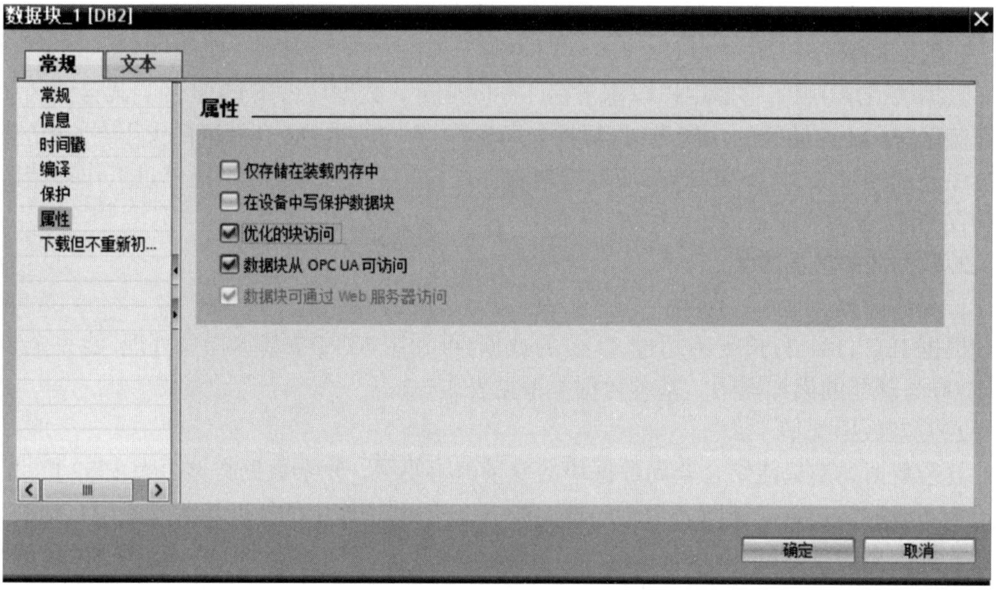

图 4-1-42　数据块属性设置对话框

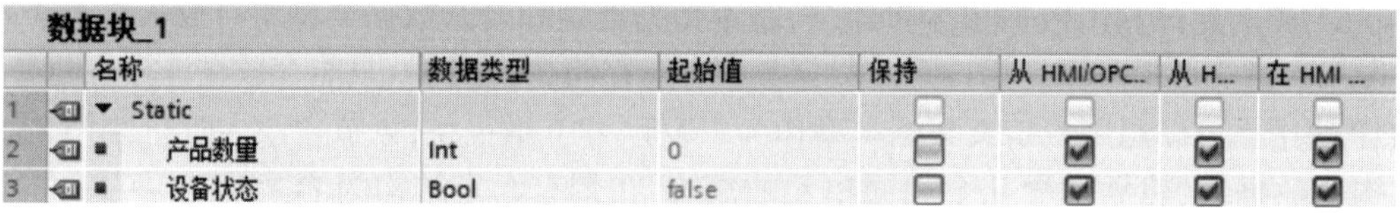

图 4-1-43　编辑数据块的变量

4)在程序中使用数据块

步骤 1:在变量选择下拉列表中找到数据块并单击，如图 4-1-44(a)所示。

步骤 2:下拉列表中出现数据块中的变量(只显示数据类型匹配的变量)，根据需要选择变量，如图 4-1-44(b)所示。变量编辑完成后如图 4-1-44(c)所示。

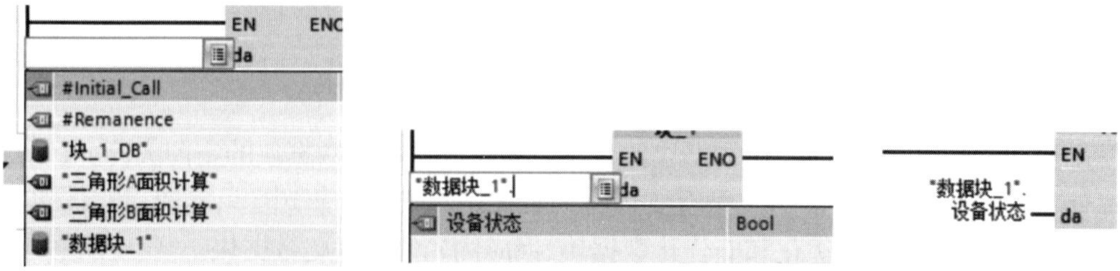

(a)　　(b)　　(c)

图 4-1-44　程序中使用数据块的变量

(a)选择数据块　(b)选择变量　(c)变量编辑完成

[子任务 4-1-7] 数据块的应用

1. 任务描述

新建数据块，数据块中新建三个 Int 变量，分别命名为“每小时产量”“生产时间(小时)”和“总产量”。编写控制程序，当 M10.0 为 ON 时，将“每小时产量”×“生产时间(小时)”的积赋值给“总产量”。

2. 硬件组态与编辑变量

步骤 1：新建一个项目，命名为“数据块的应用”。

步骤 2：根据所选硬件型号完成 CPU 组态。

步骤 3：新建数据块，在数据块中添加三个变量，分别为“每小时产量”“生产时间(小时)”和“总产量”，数据类型全部选择 Int，如图 4-1-45 所示。

数据块_1

	名称	数据类型	起始值	保持
1	▼ Static			
2	■ 每小时产量	Int	0	
3	■ 生产时间（小时）	Int	0	
4	■ 总产量	Int	0	

图 4-1-45　在数据块中添加变量

3. 程序设计

在“Main[OB1]”中编写如图 4-1-46 所示的程序。

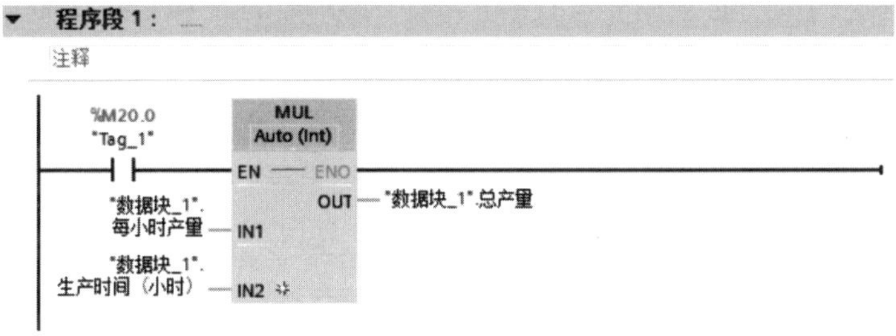

图 4-1-46　PLC 程序

4.1.2.2　函数块

函数块(FB)是用户编写的有固定存储区的块。FB 为带“记忆”的逻辑块，它有一个数据结构与函数块参数表完全相同的数据块，通常称该数据块为背景数据块。当函数块被执行时，数据块被调用；函数块执行结束，调用随之结束。存放在背景数据块中的数据在函数块执行结束以后，仍能继续保持，具有“记忆”功能。一个函数块可以有多个背景数据块，背景数据块的数量等于函数块在程序中被调用的次数。

函数块的所有形参和静态数据都存储在一个单独的、被指定给该函数块的数据块中，用来存储接口数据(Temp 类型除外)和运算的中间数据。当调用 FB 时，该背景数据块会自动打开，实参值被存储在背景数据块中；当调用结束后，背景数据块中的数据仍然保持。

FB 的接口区比 FC 多了一个静态存储区，用来存储中间变量。程序调用 FB 时形参不像 FC 那样必须赋值,可以通过背景数据块直接赋值。

FB 和 FC 都是用户自己编写的程序块,块插入方式也相同。FB 也是由变量声明表和程序指令组成的,FB 的变量声明表如图 4-1-47 所示。

图 4-1-47　FB 的变量声明表

FB 和 FC 相同的变量有 Input、Output、InOut、Temp 及 Constant。FB 没有 Return 变量,而有静态(Static)变量,静态变量存储在 FB 的背景数据块中,当 FB 被调用完以后,静态变量的数据仍然有效,其内容被保留,在 PLC 运行期间,能读出或修改它的值。可以在 FB 的变量声明表中给形参赋初值,它们被自动写入相应的背景数据块中。

FC 没有背景数据块,不能给变量分配初值,所以必须给 FC 分配实参。STEP 7 为 FC 提供了一个特殊的输出参数返回值(RET_VAL),调用 FC 时,可以指定一个地址作为实参来存储返回值。

函数和函数块的调用必须用实参代替形参,因为形参是在函数或函数块的变量声明表中定义的。为保证函数或函数块对同一类设备的通用性,在编程中不能使用具体地址或变量,而要使用抽象参数,就是形参。而块在被调用时,必须将实参的值赋给形参,从而可以通过函数或函数块实现对具体设备的控制。这里必须注意:实参的数据类型必须与形参一致。

[子任务 4-1-8] 函数块的应用(一)

1. 任务描述

按住 SB1 5 s,指示灯 L1 点亮;按下 SB2,指示灯 L1 熄灭;按住 SB3 5 s,指示灯 L2 点亮;按下 SB4,指示灯 L2 熄灭。

2. I/O 地址分配表

本任务中 PLC 需要连接四个按钮和两个指示灯,需要用到四个输入点和两个输出点,I/O 地址分配表如表 4-1-7 所示。

表 4-1-7　I/O 地址分配表

输入信号			输出信号		
名称	I/O 地址	功能	名称	I/O 地址	功能
SB1	I0.1	门 1 开锁按钮	L1	Q0.1	指示灯
SB2	I0.2	门 1 关锁按钮	L2	Q0.2	指示灯
SB3	I0.3	门 2 开锁按钮			
SB4	I0.4	门 2 关锁按钮			

3. 电气原理图

本任务选择 CPU 1215C AC/DC/RLY，订货号为 6ES7 214-1AG40-0XB0，电气原理图如图 4-1-48 所示。

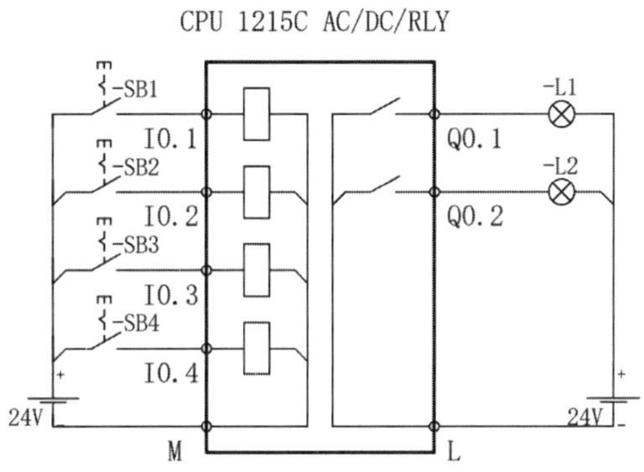

图 4-1-48　电气原理图

4. 硬件组态与编辑变量

步骤 1：新建一个项目，命名为“函数块的应用（一）”。

步骤 2：根据所选硬件型号完成 CPU 组态。

步骤 3：编辑变量。按照表 4-1-7 将 I/O 点在变量表中进行定义，如图 4-1-49 所示。

PLC 变量

		名称	变量表	数据类型	地址	保持
1		SB1 L1启动	默认变量表	Bool	%I0.1	☐
2		SB2 L1停止	默认变量表	Bool	%I0.2	☐
3		SB3 L2启动	默认变量表	Bool	%I0.3	☐
4		SB4 L2停止	默认变量表	Bool	%I0.4	☐
5		L1	默认变量表	Bool	%Q0.1	☐
6		L2	默认变量表	Bool	%Q0.2	☐

图 4-1-49　变量表

5. 新建数据块并添加变量

新建数据块，添加两个变量“SB1 延时”和“SB3 延时”，如图 4-1-50 所示。

数据块_1

		名称	数据类型	起始值	保持
1		▼ Static			☐
2		■ ▶ SB1延时	IEC_TIMER		☐
3		■ ▶ SB3延时	IEC_TIMER		☐

图 4-1-50　“函数块的应用（一）”项目的数据块

6. 程序设计

步骤 1：添加函数块，命名为“指示灯延时启动”，编辑接口参数，如图 4-1-51 所示。

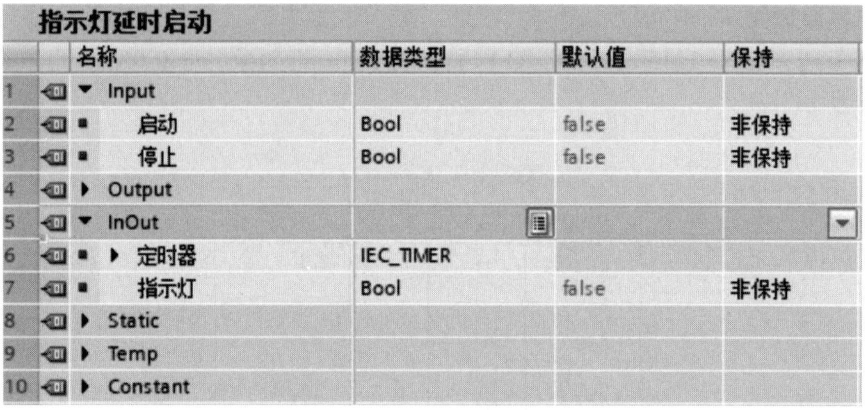

指示灯延时启动

	名称	数据类型	默认值	保持
1	▼ Input			
2	启动	Bool	false	非保持
3	停止	Bool	false	非保持
4	▶ Output			
5	▼ InOut			
6	▶ 定时器	IEC_TIMER		
7	指示灯	Bool	false	非保持
8	▶ Static			
9	▶ Temp			
10	▶ Constant			

图 4-1-51　“函数块的应用(一)”项目的函数块接口参数

步骤 2:在函数块中编写如图 4-1-52 所示的程序。

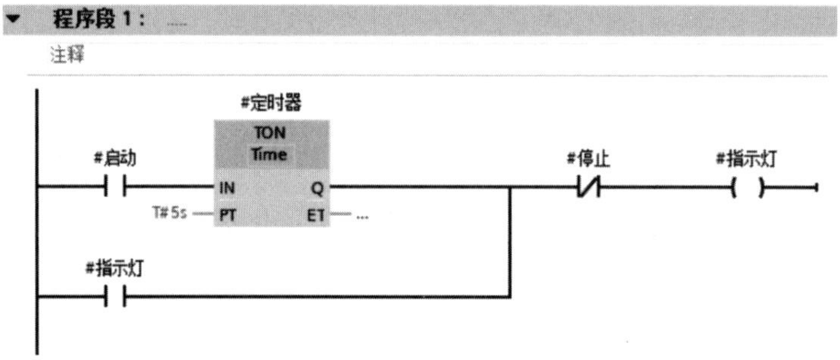

图 4-1-52　“函数块的应用(一)”项目的函数块程序

步骤 3:在“Main[OB1]”中编写如图 4-1-53 和图 4-1-54 所示的程序。

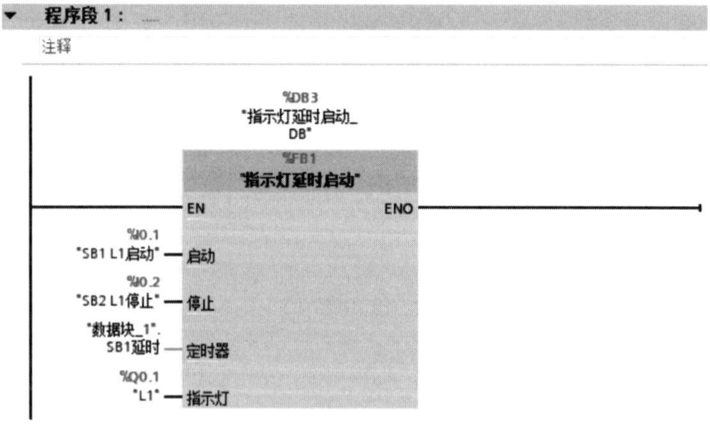

图 4-1-53　PLC 程序 1

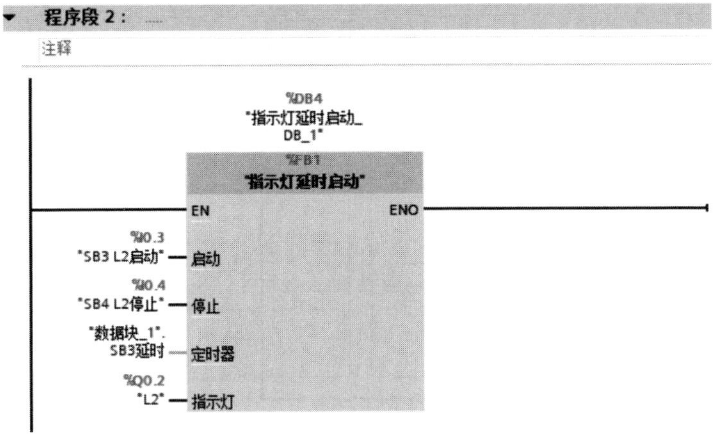

图 4-1-54　PLC 程序 2

[子任务 4-1-9] 函数块的应用(二)

1. 任务描述

某设备有四条输送皮带,每条皮带由一台异步电动机驱动。按下 SB1,皮带 A 启动, 3 s 后皮带 B 启动;按下 SB2,皮带 A、B 同时停止;按下 SB3,皮带 C 启动, 5 s 后皮带 D 启动;按下 SB4,皮带 C、D 同时停止。

2. I/O 地址分配表

本任务中 PLC 需要连接 SB1~SB4 和四个接触器线圈(控制四条皮带的启停),需要用到四个输入点和四个输出点,I/O 地址分配表如表 4-1-8 所示。

表 4-1-8　I/O 地址分配表

输入信号			输出信号		
名称	I/O 地址	功能	名称	I/O 地址	功能
SB1	I0.1	启动	KM1	Q0.1	控制皮带 A 启停
SB2	I0.2	停止	KM2	Q0.2	控制皮带 B 启停
SB3	I0.3	启动	KM3	Q0.3	控制皮带 C 启停
SB4	I0.4	停止	KM4	Q0.4	控制皮带 D 启停

3. 电气原理图

本任务选择 CPU 1215C AC/DC/RLY,订货号为 6ES7 214-1AG40-0XB0,电气原理图如图 4-1-55 所示。

4. 硬件组态与编辑变量

步骤 1:新建一个项目,命名为"函数块的应用(二)"。

步骤 2:根据所选硬件型号完成 CPU 组态。

步骤 3:编辑变量。按照表 4-1-8 将 I/O 点在变量表中进行定义,如图 4-1-56 所示。

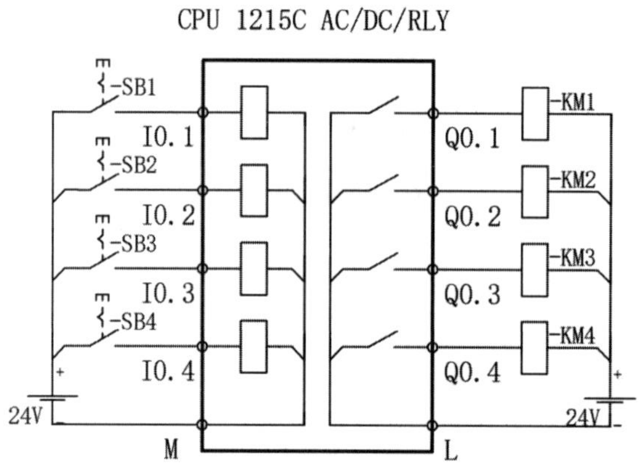

图 4-1-55　电气原理图

PLC 变量

		名称	变量表	数据类型	地址 ▲	保持
1		SB1 皮带AB启动	默认变量表	Bool	%I0.1	
2		SB2 皮带AB停止	默认变量表	Bool	%I0.2	
3		SB3 皮带CD启动	默认变量表	Bool	%I0.3	
4		SB3 皮带CD停止	默认变量表	Bool	%I0.4	
5		KM1 皮带A	默认变量表	Bool	%Q0.1	
6		KM2 皮带B	默认变量表	Bool	%Q0.2	
7		KM3 皮带C	默认变量表	Bool	%Q0.3	
8		KM4 皮带D	默认变量表	Bool	%Q0.4	

图 4-1-56　变量表

5. 新建数据块并添加变量

新建数据块,添加两个变量“皮带 AB 定时器”和“皮带 CD 定时器”,如图 4-1-57 所示。

数据块_1

		名称	数据类型	起始值	保持
1		▼ Static			
2		■ ▶ 皮带AB定时器	IEC_TIMER		
3		■ ▶ 皮带CD定时器	IEC_TIMER		

图 4-1-57　“函数块的应用(二)”项目的数据块

6. 程序设计

步骤 1:添加函数块,编辑接口参数,如图 4-1-58 所示。

块_1

	名称	数据类型	默认值	保持
1	▼ Input			
2	启动	Bool	false	非保持
3	停止	Bool	false	非保持
4	延迟时间	Time	T#0ms	非保持
5	<新增>			
6	▼ Output			
7	皮带1	Bool	false	非保持
8	皮带2	Bool	false	非保持
9	<新增>			
10	▼ InOut			
11	▶ 定时器	IEC_TIMER		
12	<新增>			

图 4-1-58　“函数块的应用(二)”项目的函数块接口参数

步骤 2:在函数块中编写如图 4-1-59 所示的程序。

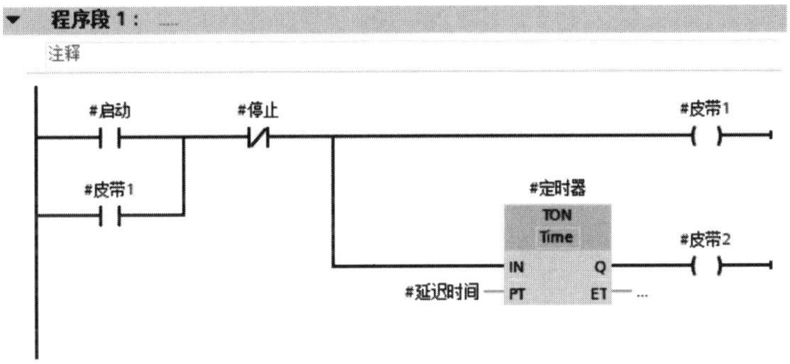

图 4-1-59　“函数块的应用(二)”项目的函数块程序

步骤 3:在“Main[OB1]”中编写如图 4-1-60 所示的程序。

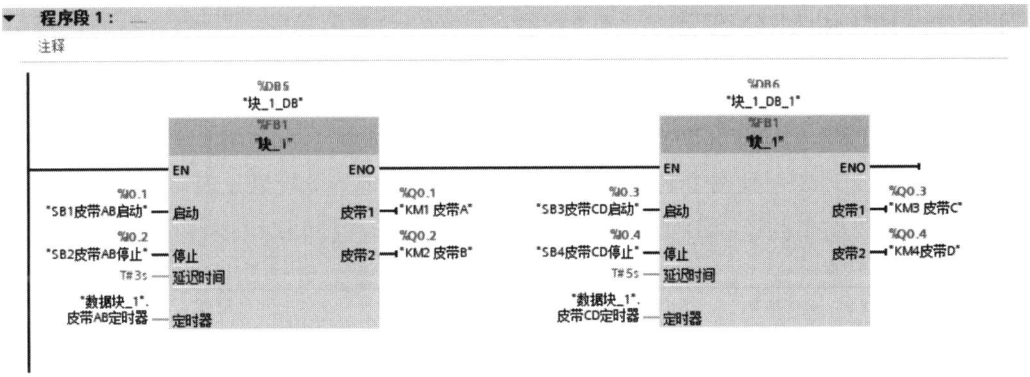

图 4-1-60　PLC 程序

4.1.3 天塔之光控制系统的设计与调试（两种模式）

4.1.3.1 控制要求

天塔之光面板图如图 4-1-61 所示，按下 SB1，天塔之光开始运行；按下 SB2，天塔之光停止运行（所有灯熄灭）。

天塔之光有两种运行模式：模式一（M10.0=0），L1~L8 全部以 1 Hz 的频率闪烁；模式二（M10.0=1），L1 亮 1 s，L2~L4 亮 1 s，L5~L8 亮 1 s，周而复始地循环。

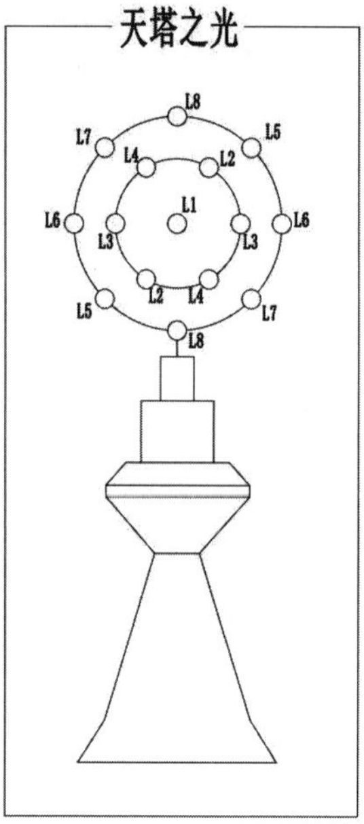

图 4-1-61 天塔之光面板图

4.1.3.2 I/O 地址分配表

虽然天塔之光控制系统包含八个 LED 灯，但由于 L2~L4、L5~L8 任何时刻的运行状态都相同，所以可以将 L2~L4 并联后与 PLC 的一个输出点相连，L5~L8 并联后与 PLC 的一个输出点相连，因此需要用到两个输入点和三个输出点，I/O 地址分配表见表 4-1-9。

表 4-1-9 I/O 地址分配表

输入信号			输出信号		
名称	I/O 地址	功能	名称	I/O 地址	功能
SB1	I0.1	启动	L1	Q0.1	控制内圈 LED 灯
SB2	I0.2	停止	L2~L4	Q0.2	控制中间一圈 LED 灯
			L5~L8	Q0.3	控制外圈 LED 灯

4.1.3.3　电气原理图

本任务选择 CPU 1215C AC/DC/RLY,电气原理图如图 4-1-62 所示。

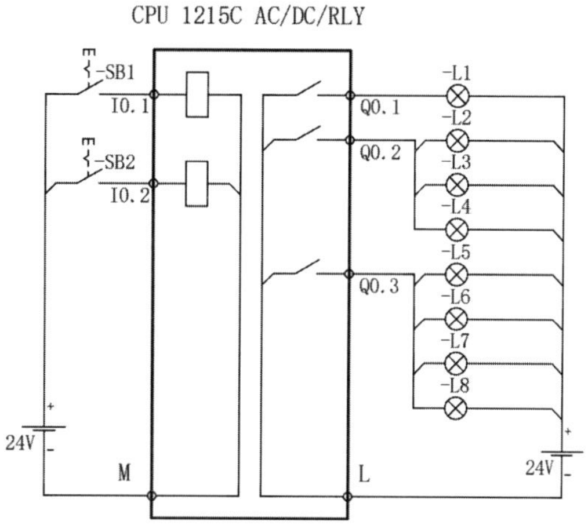

图 4-1-62　天塔之光控制系统电气原理图

4.1.3.4　软件设计及调试

步骤 1:新建一个项目,命名为“天塔之光两种模式”。

步骤 2:完成 CPU 硬件组态,启用时钟存储器。

步骤 3:编辑变量表,如图 4-1-63 所示。

PLC 变量

		名称	变量表	数据类型	地址	保持
1		SB1 启动	默认变量表	Bool	%I0.1	
2		SB2 停止	默认变量表	Bool	%I0.2	
3		L1	默认变量表	Bool	%Q0.1	
4		L2-L4	默认变量表	Bool	%Q0.2	
5		L5-L8	默认变量表	Bool	%Q0.3	

图 4-1-63　变量表

步骤 4:添加两个函数,分别命名为“模式一”和“模式二”。

步骤 5:编辑函数“模式一”接口参数,如图 4-1-64 所示。

模式一

	名称	数据类型	默认值
1	▸ Input		
2	▾ Output		
3	内圈LED灯	Bool	
4	中间一圈LED灯	Bool	
5	外圈LED灯	Bool	
6	▸ InOut		
7	▸ Temp		
8	▸ Constant		
9	▾ Return		
10	模式一	Void	

图 4-1-64　函数“模式一”接口参数

步骤 6:在函数“模式一”中编写如图 4-1-65 所示的程序。

步骤 7:编辑函数“模式二”接口参数,与函数“模式一”相同。

步骤 8:在函数“模式二”中编写如图 4-1-66 和图 4-1-67 所示的程序。

步骤 9:在“Main[OB1]”中编写如图 4-1-68 到图 4-1-70 所示的程序。

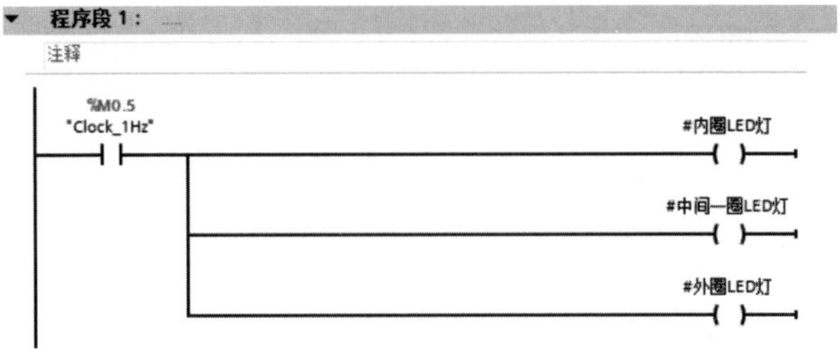

图 4-1-65　函数“模式一”程序

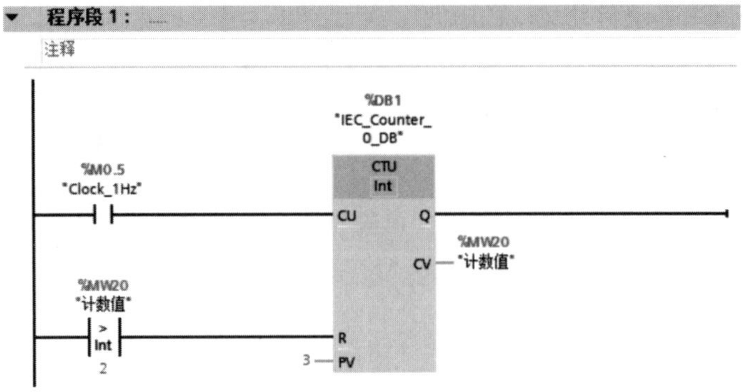

图 4-1-66　函数“模式二”程序段 1

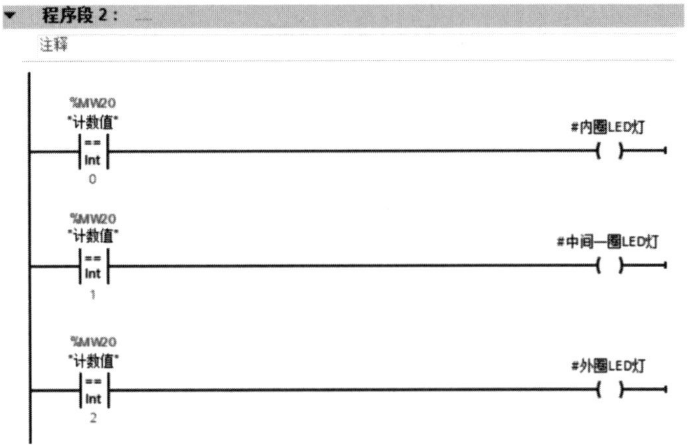

图 4-1-67　函数“模式二”程序段 2

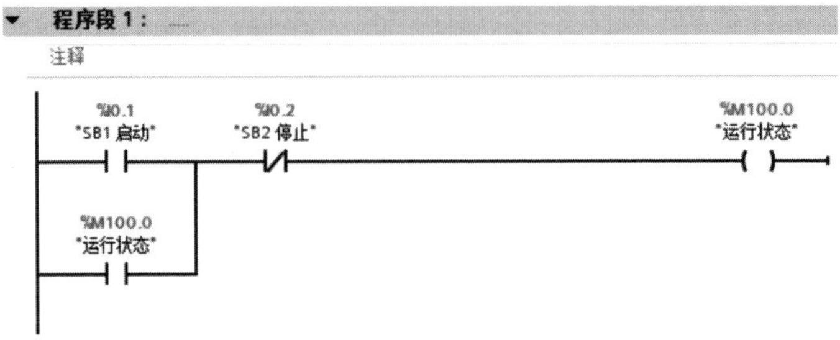

图 4-1-68　主程序程序段 1

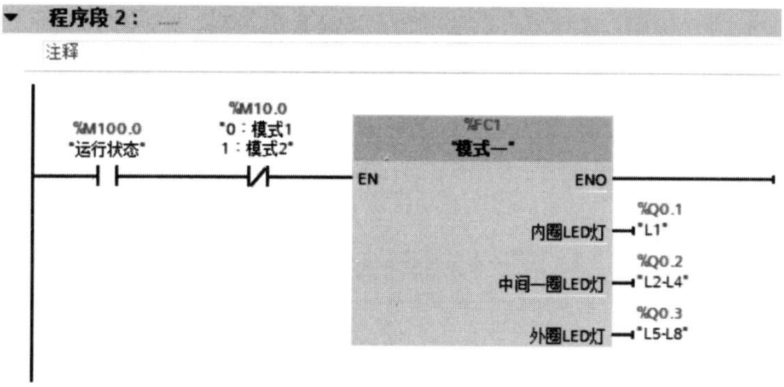

图 **4-1-69**　主程序程序段 **2**

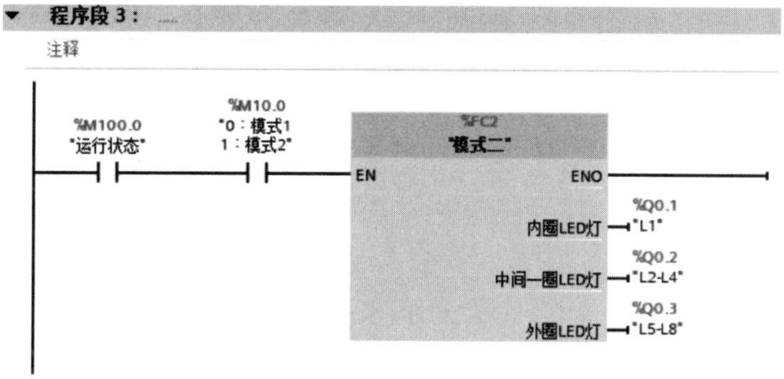

图 **4-1-70**　主程序程序段 **3**

步骤 10：调试，按下 SB1，修改 M10.0 为“0”， L1~L8 以 1 Hz 的频率闪烁；修改 M10.0 为“1”，L1 亮 1 s，L2~L4 亮 1 s，L5~L8 亮 1 s，周而复始地循环；按下 SB2，L1~L8 全部熄灭。

练习题

1. 判断题

（1）OB 可以调用 FB，FB 也可以调用 OB。　（　）

（2）FC 可以调用 FB，FB 也可以调用 FC。　（　）

（3）数据块的变量是全局变量。　（　）

2. 填空题

（1）函数（FC）是不含存储区的______，常用于对一组输入值执行特定的逻辑运算或数学运算，同一个 FC 可以在程序中的不同位置______调用，这样做的目的是简化重复任务的编程。

（2）函数块（FB）是用户所编写的有__________的块。

（3）FB 的接口区比 FC 多了一个__________，用来存储中间变量。

任务完成报告

<table>
<tr><td>姓名</td><td></td><td>学习日期</td><td></td></tr>
<tr><td>任务名称</td><td colspan="3">天塔之光控制系统的设计与调试（两种模式）</td></tr>
<tr><td rowspan="4">任务完成情况</td><td colspan="2">考核内容</td><td>完成情况</td></tr>
<tr><td colspan="2">（1）完成天塔之光控制系统的 I/O 地址分配</td><td>□好 □良好 □一般 □差</td></tr>
<tr><td colspan="2">（2）绘制天塔之光控制系统的原理图</td><td>□好 □良好 □一般 □差</td></tr>
<tr><td colspan="2">（3）编写天塔之光控制程序并调试</td><td>□好 □良好 □一般 □差</td></tr>
<tr><td>学习心得</td><td colspan="3"></td></tr>
</table>

任务 4.2　天塔之光控制系统的设计与调试（三种模式）

任务要求

完成天塔之光控制系统的设计与调试（三种模式）。

知识目标

（1）掌握变量表、监控表、强制表的使用方法；
（2）掌握计数器指令和移动指令的应用。

能力目标

（1）能够应用监控表和强制表调试程序；
（2）能够应用计数器指令和移动指令编程。

素养目标

（1）培养学生的实际动手操作能力；
（2）培养学生的团队合作精神。

4.2.1　组织块

组织块（OB）是操作系统和用户程序的接口，用于控制循环扫描、中断程序的执行、热启动 PLC 和处理错误等。

STEP 7 提供了大量的组织块用于执行用户程序。组织块嵌套在用户程序中，根据某个事件的发生，执行相应的中断，并自动调用相应的组织块，如循环中断组织块 OB10、硬件错误中断组织块 OB40、机架故障组织块 OB86 等。因此，用户的主程序必须写在 OB1 组织块中，用户的中断程序必须写在相应的中断组织块中。

S7-1200 PLC 可用的组织块有 17 种，如图 4-2-1 所示，添加组织块时语言一般选择 LAD（梯形图），编号一般选择“自动”，下面的“描述”是对当前选中的组织块的说明。

图 4-2-1　添加组织块

4.2.1.1　组织块事件属性

当 PLC 处于“RUN”状态时，循环处理的主程序 OB1 在每个扫描周期都要执行一次，当 OB1 正在执行而需要调用其他组织块时，OB1 的执行被中断。由于 OB1 的优先级最低，因此任何其他的 OB 都可以中断主程序并执行自己的程序，执行完毕后，再从断点处开始恢复执行 OB1。当有比当前执行的程序优先级更高的 OB 被调用时，CPU 将中止当前正在执行的 OB，转而调用更高优先级的 OB，这种处理方式称为中断程序的嵌套调用。表 4-2-1 列出了常用组织块的事件属性，优先级数字越大，优先级越高，程序循环优先级最低，时间错误优先级最高。

表 4-2-1　常用组织块的事件属性

事件类型	OB 编号	OB 个数	简介	优先级
程序循环（Program cycle）	1 或≥123	≥1	主程序块且会循环执行	1
启动块（Startup）	100 或≥123	≥0	在 PLC 的工作模式从“STOP”切换为“RUN”时执行一次	1
时间中断（Time of day）	≥10	≤2	在指定时间启动一次或定期启动	2

续表

事件类型	OB 编号	OB 个数	简介	优先级
延时中断(Time delay interrupt)	≥20	≤4	指定的延时时间到达后,执行延时中断	3
循环中断(Cyclic interrupt)	≥30	≤4	按照设定的扫描周期扫描程序	8
硬件中断(Hardware interrupt)	40~47 或≥123	≤50	中断循环程序的执行来响应硬件事件信号	18
时间错误(Time error interrupt)	80	0 或 1	超出最大循环时间后,启动中断程序。最大循环时间在 PLC 的属性中被定义	22

4.2.1.2　程序循环组织块

主程序 OB1 属于程序循环组织块，CPU 在“RUN”模式时循环执行 OB1,可以在 OB1 中调用 FC 和 FB。在大型项目中为了优化程序结构,可以添加多个程序循环组织块。比如将报警程序、上料程序、工艺程序、卸料程序分别写成单独的程序循环组织块。当程序中存在多个程序循环组织块时,每个扫描周期都会按照 OB 编号顺序扫描执行。下面通过具体的子任务了解程序循环组织块的应用。

[子任务 4-2-1] 程序循环组织块的应用

1. 任务描述

某设备的两台异步电动机由 PLC 控制,电动机 1 为点动控制,电动机 2 为自锁控制,要求将电动机 1 的控制程序写到 OB1,电动机 2 的控制程序写到 OB123。

2. I/O 地址分配表

电动机 1 点动需要用一个输入点和一个输出点,电动机 2 自锁需要用到两个输入点和一个输出点,I/O 地址分配表如表 4-2-2 所示。

表 4-2-2　I/O 地址分配表

输入信号			输出信号		
名称	I/O 地址	功能	名称	I/O 地址	功能
SB1	I0.1	电动机 1 点动	KM1	Q0.1	控制电动机 1 启停
SB2	I0.2	电动机 2 启动	KM2	Q0.2	控制电动机 2 启停
SB3	I0.3	电动机 2 停止			

3. 电气原理图

本任务选择 CPU 1215C AC/DC/RLY,订货号为 6ES7 214-1AG40-0XB0,电气原理图如图 4-2-2 所示。

4. 硬件组态与编辑变量

步骤 1:新建一个项目,命名为“程序循环组织块的应用”。

步骤 2:根据所选硬件型号完成 CPU 组态。

步骤 3:编辑变量。按照表 4-2-2 将 I/O 点在变量表中进行定义,如图 4-2-3 所示。

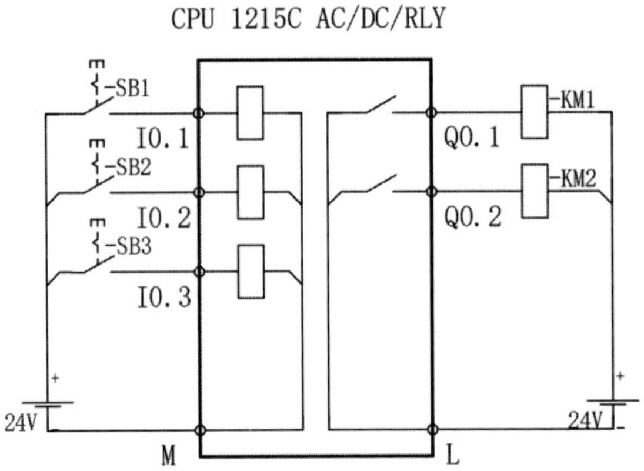

图 4-2-2　电气原理图

PLC 变量

		名称	变量表	数据类型	地址	保持
1		SB1 M1点动	默认变量表	Bool	%I0.1	
2		SB2 M2启动	默认变量表	Bool	%I0.2	
3		SB3 M2停止	默认变量表	Bool	%I0.3	
4		KM1	默认变量表	Bool	%Q0.1	
5		KM2	默认变量表	Bool	%Q0.2	

图 4-2-3　变量表

5. 程序设计

步骤 1:添加程序循环组织块 OB123,在 OB123 中编写如图 4-2-4 所示的程序。

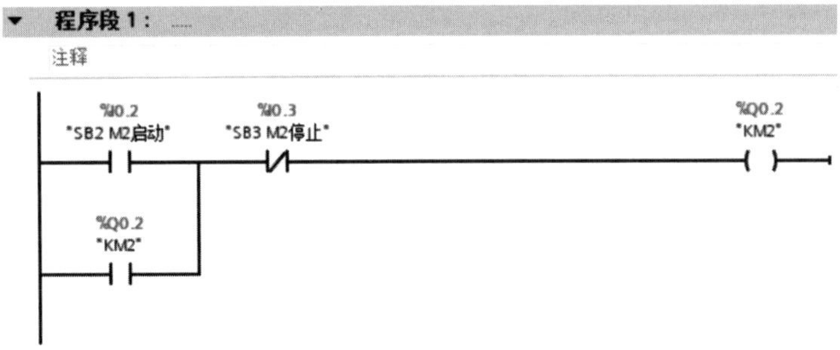

图 4-2-4　OB123 的程序

步骤 2:在“Main[OB1]”中编写如图 4-2-5 所示的程序。

图 4-2-5　PLC 程序

4.2.1.3　启动组织块和循环中断组织块

启动组织块用于系统初始化。当 CPU 从“STOP”模式切换到“RUN”模式时，执行一次启动组织块，执行完后，开始循环扫描执行程序循环组织块。CPU 允许生成多个启动组织块，默认的是 OB100，其他启动组织块的编号应大于或等于 123。一般只需要一个启动组织块。注意西门子的 CPU 有三种启动方式（暖启动、热启动和冷启动），可以在 STEP 7 中设置 CPU 的属性时选择其一，但 S7-1200 只有暖启动。采用暖启动时，过程映像数据及非保持的存储器、定时器和计数器复位，具有保持功能的存储器、定时器、计数器和数据块将保留原数值。启动组织块主要用于初始化项目数据，比如伺服电机软限位值、油泵最大工作时间等。

循环中断组织块用于按精确的时间间隔循环执行中断程序，如周期性地执行闭环控制系统的 PID 控制程序，间隔时间从“STOP”模式切换到“RUN”模式时开始计算。循环中断组织块以设定的循环时间（1~60 000 ms）周期性地执行，而与程序循环组织块的执行无关。循环中断和延时中断组织块的个数之和最大允许为 4，循环中断组织块的编号应为 30~38，或大于或等于 123。

[子任务 4-2-2] 启动组织块和循环中断组织块的应用

1. 任务描述

PLC 开机后将 MW20 初始化为 10，指示灯 L1 以 1 Hz 的频率闪烁，L1 闪烁 10 次后熄灭，L2 点亮并保持，按下 SB1，再次执行以上流程。

2. I/O 地址分配表

本任务中 PLC 连接一个按钮和两个指示灯，需要一个输入点和两个输出点，I/O 地址分配表如表 4-2-3 所示。

表 4-2-3　I/O 地址分配表

输入信号			输出信号		
名称	I/O 地址	功能	名称	I/O 地址	功能
SB1	I0.1	停止	L1	Q0.1	指示灯 1
			L2	Q0.2	指示灯 2

3. 电气原理图

本任务选择 CPU 1215C AC/DC/RLY，订货号为 6ES7 214-1AG40-0XB0，电气原理图如图 4-2-6 所示。

4. 硬件组态与编辑变量

步骤 1：新建一个项目，命名为“启动组织块和循环中断组织块的应用”。

步骤 2：根据所选硬件型号完成 CPU 组态。

步骤 3：编辑变量。按照表 4-2-3 将 I/O 点在变量表中进行定义，如图 4-2-7 所示。

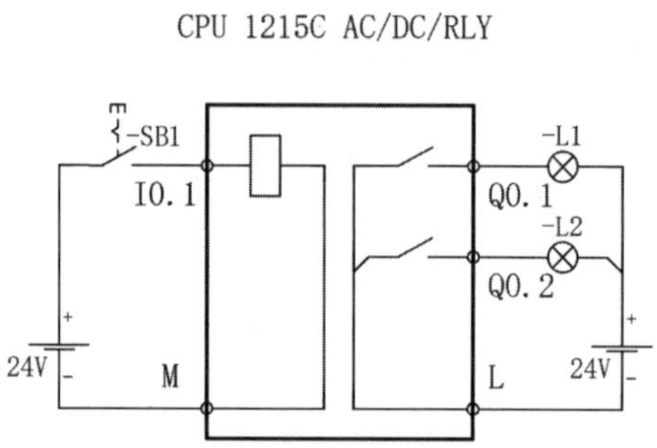

图 4-2-6　电气原理图

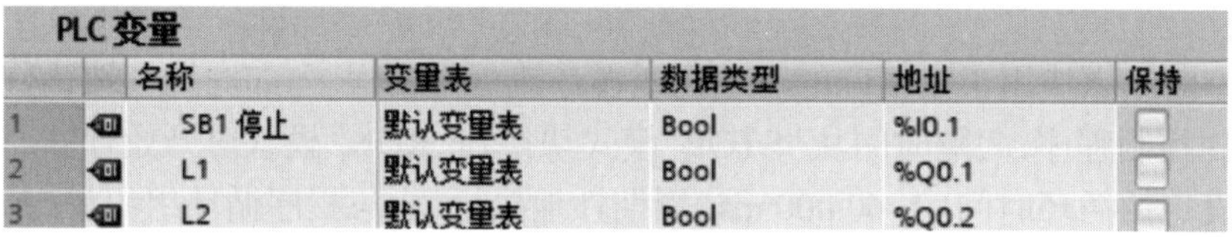

PLC 变量

		名称	变量表	数据类型	地址	保持
1		SB1 停止	默认变量表	Bool	%I0.1	
2		L1	默认变量表	Bool	%Q0.1	
3		L2	默认变量表	Bool	%Q0.2	

图 4-2-7　变量表

5. 程序设计

步骤 1:添加启动组织块 OB100,如图 4-2-8 所示。

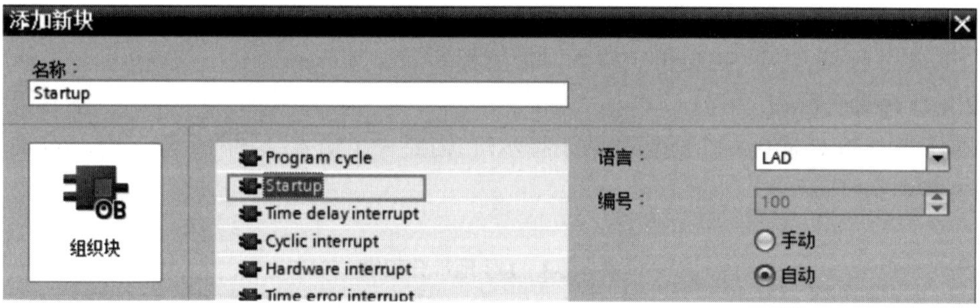

图 4-2-8　添加启动组织块

步骤 2:在 OB100 中编写如图 4-2-9 所示的程序。

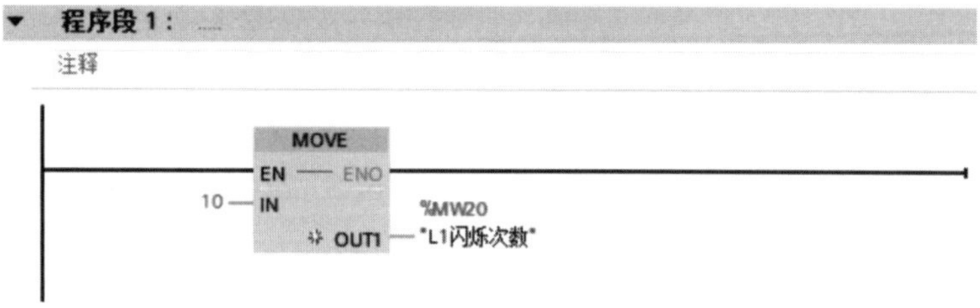

图 4-2-9　OB100 的程序

步骤 3:添加循环中断组织块 OB30,设置循环时间为 1 000 ms,如图 4-2-10 所示。

步骤 4:在 OB30 中编写如图 4-2-11 所示的程序。

步骤 5:在“Main[OB1]”中编写如图 4-2-12 和图 4-2-13 所示的程序。

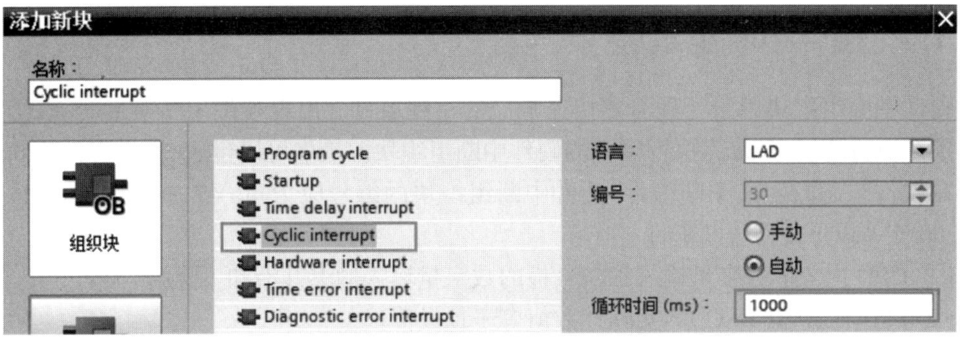

图 4-2-10　添加循环中断组织块

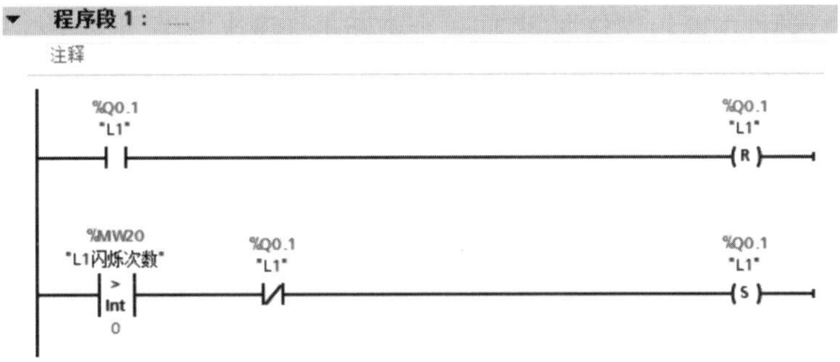

图 4-2-11　OB30 的程序

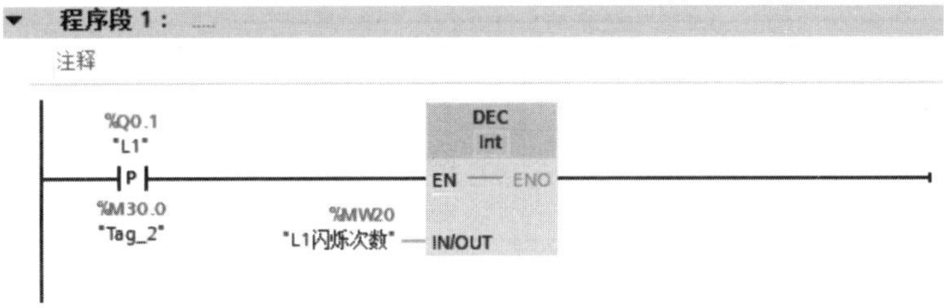

图 4-2-12　PLC 程序 1

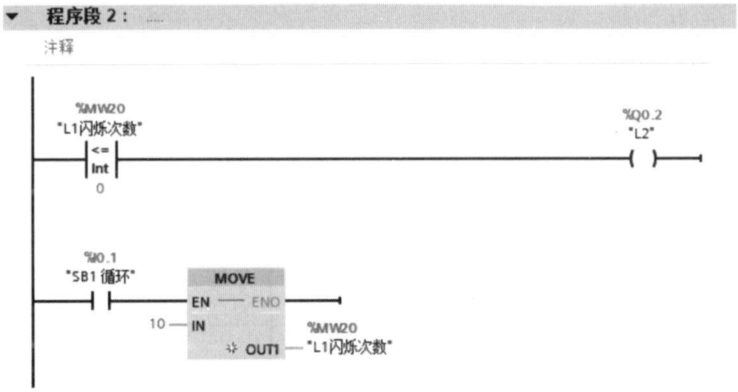

图 4-2-13　PLC 程序 2

4.2.1.4 硬件中断组织块

硬件中断组织块用于处理需要快速响应的过程事件。出现硬件中断事件时，立即中止当前正在执行的程序，改为执行对应的硬件中断组织块。最多可以生成 50 个硬件中断组织块。在硬件组态时定义中断事件，硬件中断组织块的编号应为 40~47，或大于或等于 123。S7-1200 支持以下硬件中断事件。

（1）CPU 内置的数字量输入和信号板的数字量输入的上升沿和下降沿。

（2）高速计数器（HSC）的实际计数值等于预设值。

（3）HSC 的方向改变，即计数值由增大变为减小，或由减小变为增大。

（4）HSC 的数字量外部复位输入的上升沿。

如果在执行硬件中断组织块期间，同一个中断事件再次发生，则新发生的中断事件丢失。比如正在执行 OB40，OB40 的中断事件再次发生，则 CPU 忽略新发生的中断事件。

[子任务 4-2-3] 硬件中断组织块的应用

1. 任务描述

某设备急停按钮的常开点与 PLC 的 I0.0 连接，按下急停按钮，需要马上切断动力电源，动力电源由接触器 KM1 和 KM2 控制。

2. I/O 地址分配表

I/O 地址分配表如表 4-2-4 所示。

表 4-2-4 I/O 地址分配表

输入信号			输出信号		
名称	I/O 地址	功能	名称	I/O 地址	功能
EMO	I0.0	停止	KM1	Q0.1	动力电源控制
			KM2	Q0.2	动力电源控制

3. 电气原理图

本任务选择 CPU 1215C AC/DC/RLY，订货号为 6ES7 214-1AG40-0XB0，电气原理图如图 4-2-14 所示。

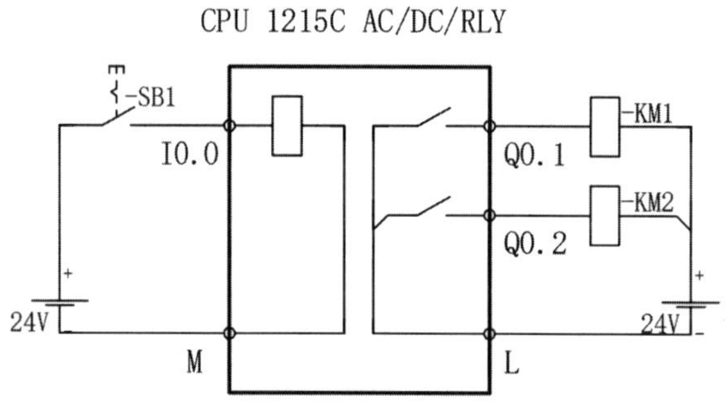

图 4-2-14 电气原理图

4. 硬件组态与编辑变量

步骤 1：新建一个项目，命名为“硬件中断组织块的应用”。

步骤 2：根据所选硬件型号完成 CPU 组态。

步骤 3：编辑变量。按照表 4-2-4 将 I/O 点在变量表中进行定义，如图 4-2-15 所示。

PLC 变量

	名称	变量表	数据类型	地址	保持
1	EMO	默认变量表	Bool	%I0.0	
2	KM1	默认变量表	Bool	%Q0.1	
3	KM2	默认变量表	Bool	%Q0.2	

图 4-2-15　变量表

5. 程序设计

步骤 1：添加硬件中断组织块 OB40。

步骤 2：组态硬件中断事件，如图 4-2-16 所示，双击项目树中的文件夹“PLC 1”→“设备组态”选项，打开设备视图，选中 CPU，打开巡视窗口的“属性”→“常规”选项卡，选择“DI 14/DQ 10”→“数字量输入”→“通道 0”，勾选“启用上升沿检测”复选框。硬件中断选择“Hardware interrupt [OB40]”，出现该中断事件时将调用 OB40。

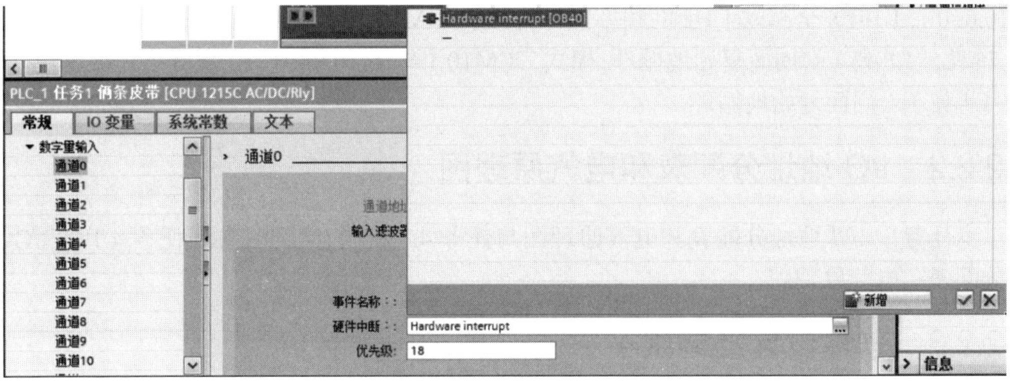

图 4-2-16　硬件中断组态

步骤 3：启用系统存储器字节，打开设备视图，选中 CPU，打开巡视窗口的“属性”→“常规”选项卡，找到“系统和时钟存储器”，勾选“启用系统存储器字节”复选框，如图 4-2-17 所示。

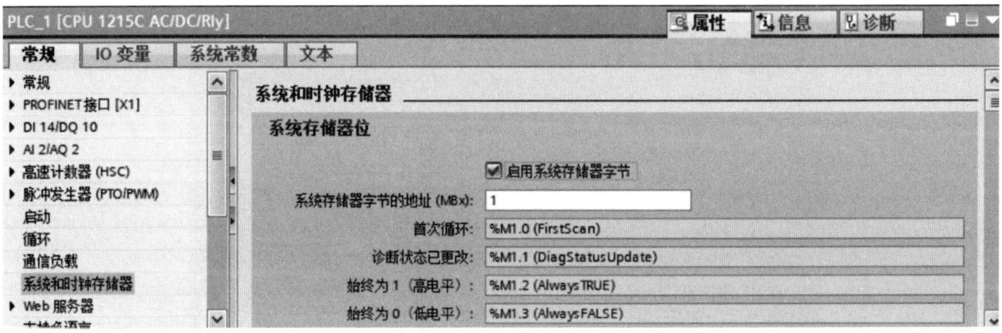

图 4-2-17　启用系统存储器字节

步骤 4：在 OB40 中编写如图 4-2-18 所示的程序。M1.2 已被设置为系统存储器，为常 ON 状态。

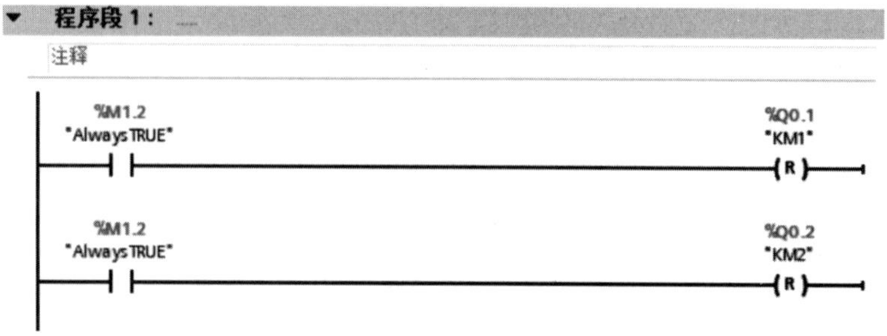

图 4-2-18　OB100 的程序

4.2.2　天塔之光控制系统的设计与调试（三种模式）

4.2.2.1　控制要求

在任务 4.1 的基础上，修改程序，使得天塔之光有三种运行模式：模式一（M10.1=0，M10.0=0），L1~L8 全部以 1 Hz 的频率闪烁；模式二（M10.1=0，M10.0=1），L1 亮 1 s，L2~L4 亮 1 s，L5~L8 亮 1 s，周而复始地循环；模式三（M10.1=1，M10.0=0），L1 亮 1 s，L5~L8 亮 1 s，L2~L4 亮 1 s，周而复始地循环。

4.2.2.2　I/O 地址分配表和电气原理图

本任务中 I/O 地址分配表和电气原理图与任务 4.1 相同，编程时参照任务 4.1 的 I/O 地址分配表和电气原理图。

4.2.2.3　软件设计及调试

步骤 1：打开项目“天塔之光两种模式”，将该项目另存为“天塔之光三种模式”。

步骤 2：添加函数 FC，命名为“模式三”。

步骤 3：编辑函数“模式三”的接口参数，如图 4-2-19 所示。

模式三

	名称	数据类型	默认值
1	▶ Input		
2	▼ Output		
3	■ 内圈LED灯	Bool	
4	■ 中间一圈LED灯	Bool	
5	■ 外圈LED灯	Bool	
6	▶ InOut		
7	▶ Temp		
8	▶ Constant		
9	▼ Return		
10	■ 模式三	Void	

图 4-2-19　函数“模式三”接口参数

步骤 4：在函数“模式三”中编写如图 4-2-20 和图 4-2-21 所示的程序。

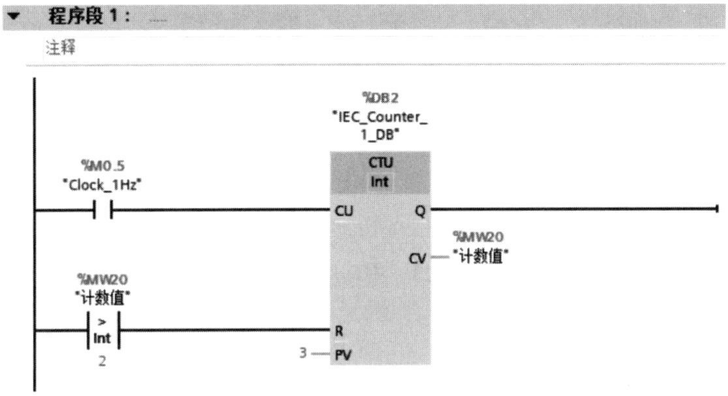

图 4-2-20　函数“模式三”程序段 1

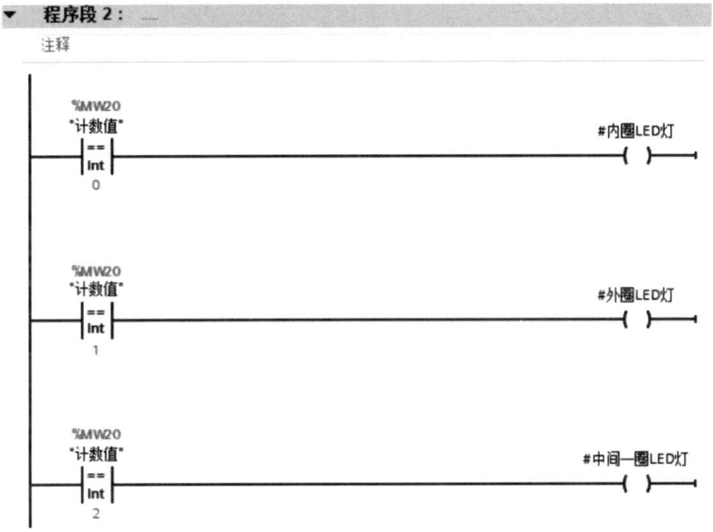

图 4-2-21　函数“模式三”程序段 2

步骤 5：修改主程序“Main[OB1]”的程序段 2 和 3，如图 4-2-22 到图 4-2-23 所示。在主程序“Main[OB1]”中添加程序段 4，如图 4-2-24 所示。

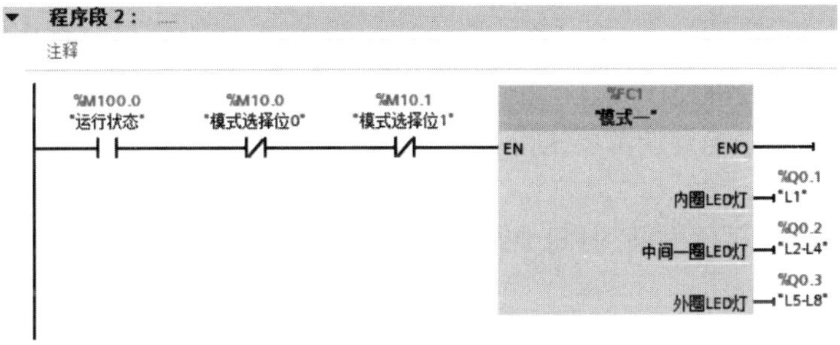

图 4-2-22　主程序程序段 2

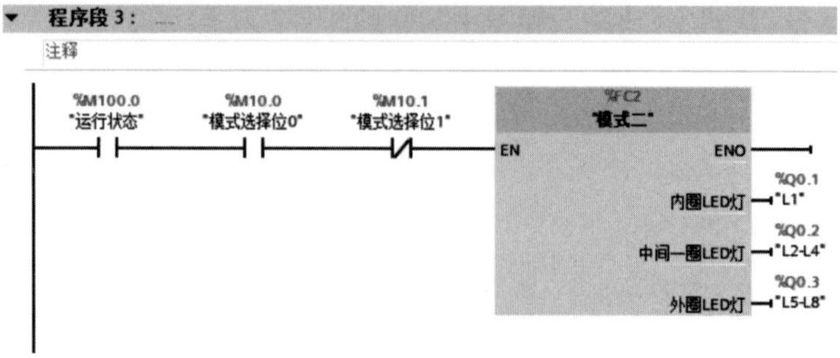

图 4-2-23　主程序程序段 3

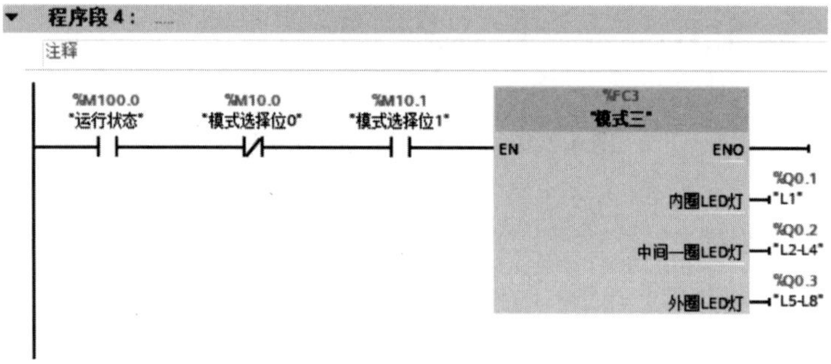

图 4-2-24　主程序程序段 4

步骤 6：调试。按下 SB1，修改 M10.0 为“0”、M10.1 为“0”，L1~L8 以 1 Hz 的频率闪烁；修改 M10.0 为“1”、M10.1 为“0”，L1 亮 1 s，L2~L4 亮 1 s，L5~L8 亮 1 s，周而复始地循环；修改 M10.0 为“0”、M10.1 为“1”，L1 亮 1 s，L5~L8 亮 1 s，L2~L4 亮 1 s，周而复始地循环；按下 SB2，L1~L8 全部熄灭。

练习题

1. 判断题

（1）当有比当前执行的程序优先级更高的 OB 被调用时，CPU 将中止当前正在执行的 OB，转而调用更高优先级的 OB，这种处理方式称为中断程序的嵌套调用。　（　）

（2）组织块的优先级数字越大，优先级越高。　（　）

（3）硬件中断组织块用于处理需要快速响应的过程事件。　（　）

2. 填空题

（1）组织块（OB）是__________和__________的接口，用于控制循环扫描、中断程序的执行、热启动 PLC 和处理错误等。

（2）OB1 在每个扫描周期都要执行______次。

3. 简答题

（1）将程序循环、硬件中断、时间中断组织块按执行优先级进行排序。

（2）请列出七种组织块事件类型。

任务完成报告

<table>
<tr><td>姓名</td><td></td><td>学习日期</td><td></td></tr>
<tr><td>任务名称</td><td colspan="3">天塔之光控制系统的设计与调试（三种模式）</td></tr>
<tr><td rowspan="2">任务完成情况</td><td colspan="2">考核内容</td><td>完成情况</td></tr>
<tr><td colspan="2">完成天塔之光控制系统的设计与调试（三种模式）</td><td>□好　□良好　□一般　□差</td></tr>
<tr><td>学习心得</td><td colspan="3"></td></tr>
</table>

项目 5

电梯控制系统的设计与调试

学习情境描述

电梯属于建筑物衍生需求中的特种设备,是动力驱动沿刚性导轨运行的箱体或者沿固定线路运行的梯级,进行升降或者平行运送人、货物的机电设备(图 2-1-1)。自 1852 年美国人奥的斯发明了第一台具有安全保护装置的升降梯以来,电梯在高层建筑的人、货物运输上得到广泛应用。如今,随着人们对工作与生活环境便捷性要求的提高以及电梯行业的不断成熟与发展,电梯产品已成为高层建筑和公共基础设施必不可少的配套设备,并在景区、矿山等特殊领域得到广泛应用。本项目我们将以楼宇内的垂直电梯为例讲述电梯的工作原理。

项目目标

(1)熟悉变频器的组成和工作原理;

(2)掌握 G120 变频器的接线方法;

(3)掌握 G120 变频器恢复出厂设置的方法;

(4)掌握 G120 变频器修改参数的方法。

项目描述

学生在本项目中主要学习 G120 变频器的参数设置、面板控制和多段速控制,并应用所学知识完成电梯控制系统的设计与调试工作。

任务分解

任务 5.1　变频器面板控制

本任务要求学生通过面板控制变频器启停及调速，任务内容包括变频器电源及电机的接线、参数设置、调试等。

任务 5.2　电梯控制系统的设计与调试

学生在本任务中学习变频器的多段速控制方法，应用变频器的多段速功能实现电梯控制系统的设计与调试。任务内容包括 I/O 地址分配、电气原理图绘制、PLC 编程和调试等。

任务 5.1　变频器面板控制

任务要求

（1）完成变频器电源的接线；

（2）设置变频器参数；

（3）通过面板控制变频器实现正反转及调速功能。

知识目标

（1）理解变频器的工作原理；

（2）掌握 G120 变频器的接线及参数设置方法；

（3）掌握 G120 变频器的面板调试方法。

能力目标

（1）能够通过面板控制 G120 变频器启停和调速；

（2）能够完成 G120 变频器的接线及参数设置。

素养目标

（1）培养学生的实际动手操作能力；

（2）培养学生良好的工作习惯。

5.1.1 变频器概述

5.1.1.1 变频器的定义及组成

变频器（Variable-frequency Drive，VFD）是应用变频技术与微电子技术，通过改变电动机工作电源频率的方式来控制交流电动机速度的电力控制设备。

变频器主要由整流（交流变直流）、滤波、逆变（直流变交流）、制动、驱动、检测等单元组成。变频器靠内部绝缘栅双极型晶体管（IGBT）的开断来调整输出电源的电压和频率，根据电动机的实际需要来提供其所需要的电源电压和频率，进而达到节能、调速的目的。另外，变频器还有很多保护功能，如过流、过压、过载保护等等。随着工业自动化程度不断提高，变频器得到了非常广泛的应用。

5.1.1.2 变频器的工作原理

如图 5-1-1 所示，整流桥将输入的交流电转换为直流电；滤波电路把整流后的脉动的直流通过储能元件变为较为平滑的直流；逆变电路把直流电逆转换为交流电；控制板为主电路提供各种控制信号、电压和频率的运算、电压和电流的检测及各种保护功能；驱动板驱动逆变单元的 IGBT。

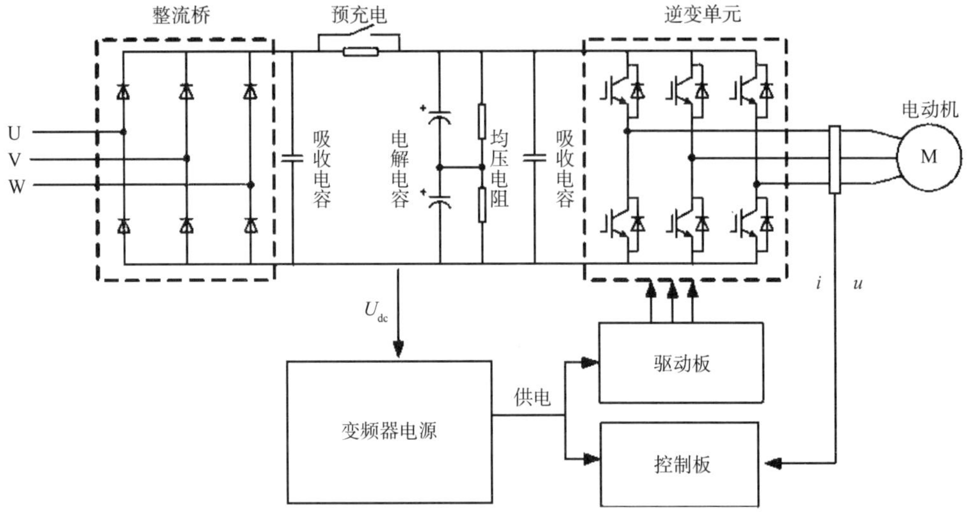

图 5-1-1 变频器内部电路

5.1.2 G120 变频器的接线

G120 变频器的接线端子较多，本节只介绍电源接线和输入端子的接线，其他端子接线请参考 G120 变频器使用手册。

变频器电源和电动机接线图如图 5-1-2 所示，变频器电源端子 L1、L2、L3 与 AC 380 V 电源相连，中间可以接入电源滤波器以提高输入电源的品质。变频器输出端子 U1、U2、U3 与电动机相连，中间可以接入正弦滤波器或输出电抗器以提高输出电源的品质。

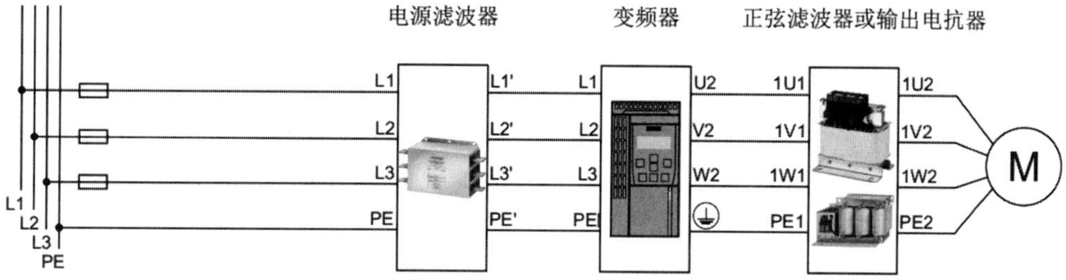

图 5-1-2　G120 变频器电源和电动机接线图

G120 变频器 X133 输入端子接线图如图 5-1-3 所示，DI0、DI2、DI4、DI6 的公共端为 DI-COM1，DI1+和 DI1-、DI3+和 DI3-、DI5+和 DI5-为三组独立输入。

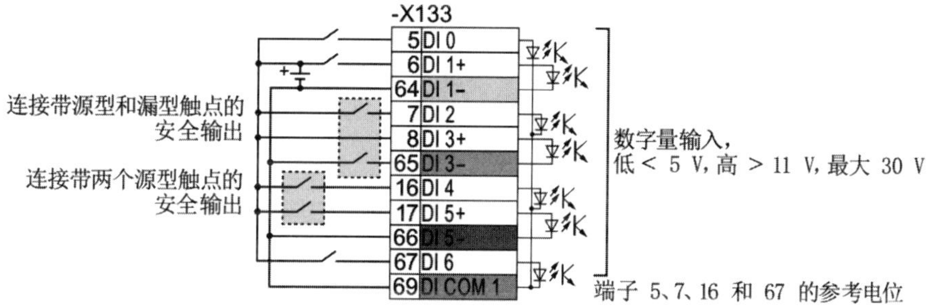

图 5-1-3　G120 变频器 X133 输入端子接线图

5.1.3　智能操作面板（BOP-2）

智能操作面板（BOP-2）如图 5-1-4 所示，主要用于操作和监测变频器。

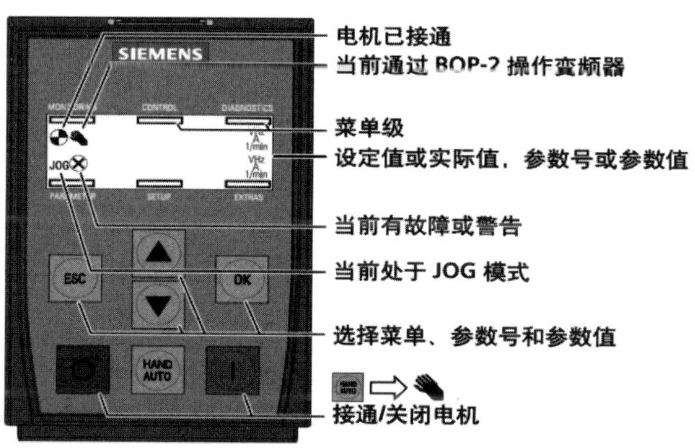

图 5-1-4　智能操作面板（BOP-2）

5.1.3.1 智能操作面板(BOP-2)按键功能说明

智能操作面板(BOP-2)按键功能说明如表 5-1-1 所示。

表 5-1-1 智能操作面板(BOP-2)按键功能说明

按键	功能描述
	选择菜单时,确认所选的菜单项。 选择参数时,确认所选的参数和其值的设置,并返回上一级画面。 在故障诊断画面,清除故障信息
	选择菜单时,选择上一个菜单项。 修改参数时,修改参数号或参数值。 在"HAND"模式下,改变运行速度
	选择菜单时,选择下一个菜单项。 修改参数时,修改参数号或参数值。 在"HAND"模式下,改变运行速度
	若按该按钮 2 s 以下,表示返回上一级菜单,或表示不保存所修改的参数值。 若按该按钮 3 s 以上,将返回监控画面。 注意:在"参数修改"模式下,此按钮表示不保存所修改的参数值,除非之前已经按"OK"键
	在"AUTO"模式下,该按钮不起作用。 在"HAND"模式下,表示启动/点动命令
	在"AUTO"模式下,该按钮不起作用。 在"HAND"模式下,若连续按两次,将以"OFF2"方式自由停车。 在"HAND"模式下,若按一次,将以"OFF1"方式停车,即按 P1121 设置的下降时间停车
	BOP(HAND)与总线或端子(AUTO)的切换按钮。 在"HAND"模式下,按下该键,切换到"AUTO"模式。 在"AUTO"模式下,按下该键,切换到"HAND"模式

5.1.3.2 恢复出厂设置

初次使用 G120 变频器或在调试过程中出现异常以及已经使用过需要重新调试,这些情况下都需要将变频器恢复到出厂设置。通过 BOP-2 恢复出厂设置可以采用两种方式,一种是通过"EXTRAS"菜单的"DRVRESET"子菜单实现,另一种是通过快速调速"SETUP"菜单中集成的"RESET"实现。通过"EXTRAS"菜单的"DRVRESET"子菜单恢复出厂设置的方法如下。

步骤 1:通过上下键找到"EXTRAS"菜单,如图 5-1-5 所示。

步骤 2:按"OK"键进入"EXTRAS"菜单,通过上下键找到"DRVRESET"子菜单,如图 5-1-6 所示。

步骤 3:按"OK"键进入"DRVRESET"子菜单,如图 5-1-7 所示。

步骤 4:按"OK"键开始恢复出厂设置,如图 5-1-8 所示。

说明:按"ESC"键可取消恢复出厂设置。

步骤 5:等待数秒后,BOP 显示"DONE",说明出厂设置恢复完成,如图 5-1-9 所示。

图 5-1-5　恢复出厂设置 1

图 5-1-6　恢复出厂设置 2

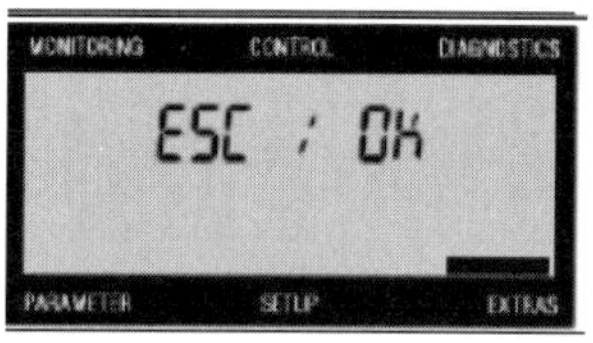

图 5-1-7　恢复出厂设置 3

图 5-1-8　恢复出厂设置 4

图 5-1-9　恢复出厂设置 5

5.1.3.3　BOP-2 参数修改

借助 BOP-2 可以选择所需参数号、修改参数并调整变频器的设置。参数值的修改是在菜单“PARAMS”和“SETUP”中进行的。“SETUP”用于快速设置，“PARAMS”用于修改任意参数。下面以修改 P327 的值为例介绍参数修改的具体步骤。

步骤 1：使用上下键找到“PARAMS”菜单，如图 5-1-10 所示。

步骤 2：按“OK”键进入“PARAMS”菜单，通过上下键找到“EXPERT FILTER”子菜单，如图 5-1-11 所示。

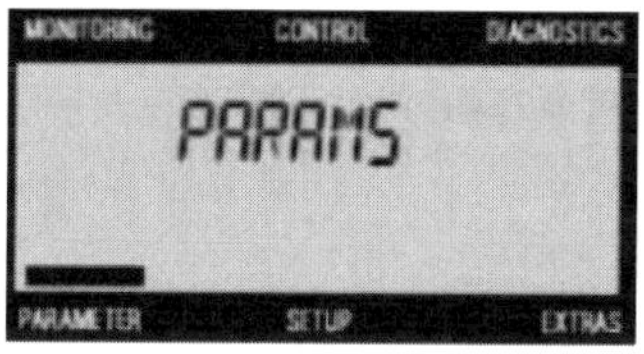

图 5-1-10　修改参数 1

图 5-1-11　修改参数 2

说明：“STANDARD”为标准访问模式（可访问参数被过滤），“EXPERT FILTER”为扩展访问模式（可访问全部参数）。

步骤 3：按“OK”键进入参数设置页面，通过上下键可找到“P327”，如图 5-1-12 所示。

步骤 4：按“OK”键选择参数“P327”，此时参数值开始闪烁，通过上下键修改参数值为“65.1”，如图 5-1-13 所示。

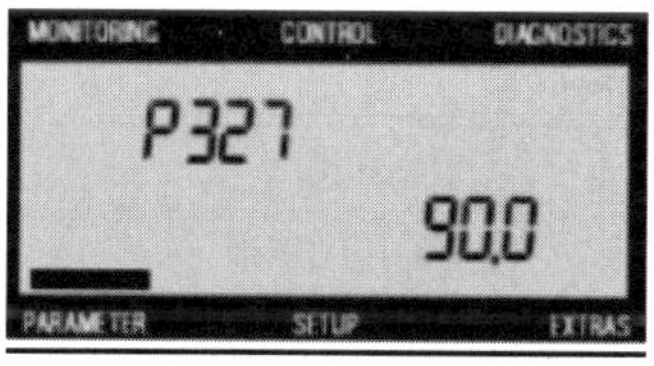

图 5-1-12　修改参数 3

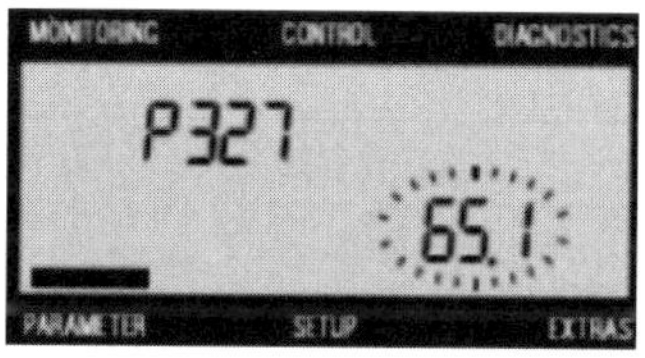

图 5-1-13　修改参数 4

步骤 5:按"OK"键确认修改,并将参数保存在 ROM 中。若按"ESC"键,则返回上一级菜单,且不保存所修改的值。

说明:按"ESC"键,返回上一级菜单;长按"ESC"键,返回"MONITOR"菜单。

5.1.4 变频器面板控制

5.1.4.1 控制要求

通过 BOP 操作面板控制变频器启动、停止、加速、减速。

5.1.4.2 变频器面板控制电气原理图

变频器面板控制电气原理图如图 5-1-14 所示。

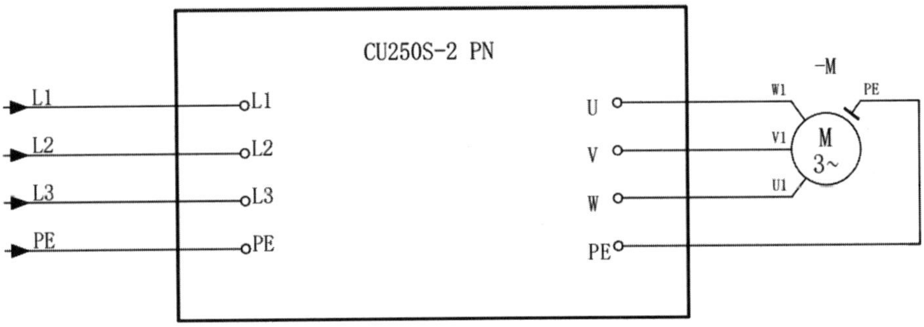

图 5-1-14 变频器面板控制电气原理图

5.1.4.3 变频器参数设置

步骤 1:恢复出厂设置,按▲和▼键找到"EXTRAS"菜单,按"OK"键进入"EXTRAS"菜单,按▲和▼键找到"DRVRESET"子菜单,按"OK"键开始恢复出厂设置, BOP-2 显示"BUSY",恢复完成后 BOP-2 显示"DONE"。

步骤 2:参照表 5-1-2 设置变频器参数。

说明:电动机参数以电动机铭牌上的参数为准,表格仅供参考,电动机铭牌如图 5-1-15 所示。

表 5-1-2 变频器启停控制参数设置

序号	变频器参数	设定值	功能说明
1	P096	1	应用级:标准驱动
2	P0100	0	IEC 电动机 50 Hz
3	P0210	380	变频器输入电压(380 V)

续表

序号	变频器参数	设定值	功能说明
4	P0300	1	电动机类型为异步电动机
5	P0304	380	电动机额定电压(380 V)
6	P0305	0.3	电动机额定电流(0.35 A)
7	P0307	0.04	电动机额定功率(0.06 kW)
8	P0310	50	电动机额定频率(50 Hz)
9	P0311	1 430	电动机额定转速(1 430 r/min)
10	P1080	0	电动机的最小转速(0)
11	P1082	1 500	电动机的最大转速(0)
12	P1120	10	电动机的加速时间(10 s)
13	P1121	10	电动机的减速时间(10 s)
14	P1900	2	电动机数据检测和电动机转速检测

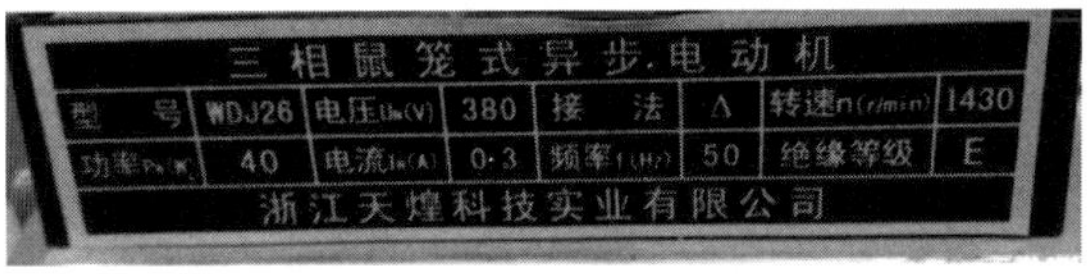

图 5-1-15　电动机铭牌

步骤 3:静态优化(有 A7991 报错的情况下做这一步)。设置以上参数后 BOP-2 可能会显示“A7991”报错,提示要静态优化,按下“HAND AUTO”按钮切换到手动状态,按下 BOP-2 的按钮,此时变频器启动有“嗡嗡”声但电动机不动, BOP-2 屏幕显示“MOT ID”说明正在进行优化,静态优化完成后 BOP-2 显示的报错“A7991”消失,变频器停止工作。

步骤 4:保存参数。选择“PARAMS”菜单的“EXPERT FILTER”子菜单,单击“OK”键,设置参数 P0971=1。

5.1.4.4　通过面板控制变频器启停

变频器参数设置完成后,可以通过面板的、、、和键控制变频器启动,控制变频器停止,改变电动机速度,改变电动机旋转方向。具体操作步骤如下。

步骤 1:按键进入手动模式,手动模式下的面板显示如图 5-1-16 所示。

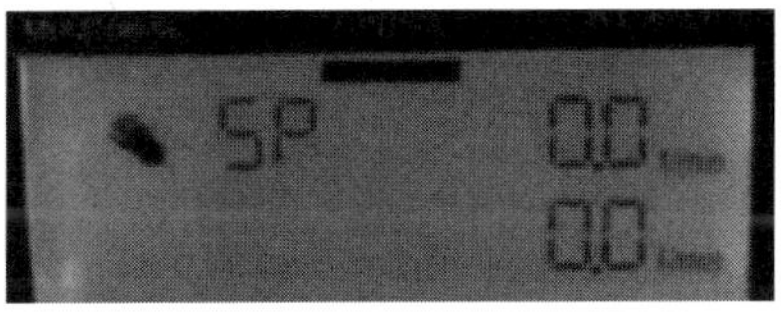

图 5-1-16　手动模式

步骤 2:通过和键修改电动机转速(变频器输出频率)为 300 r/min。

步骤 3:按下键,电动机启动并加速,最后速度稳定在 300 r/min。

步骤 4:按和键修改电动机速度为 100 r/min 和 500 r/min,分别观察电动机的实际转速。

步骤 5:同时按下▲和▼键 3 s 以上,电动机旋转方向发生改变。

步骤 6:按下O键,电动机停止运行。

练习题

1. 判断题

(1)G120 变频器参数设置之前必须恢复出厂设置。 ( )

(2)通过 BOP-2 恢复出厂设置可以采用两种方式:一种是通过“EXTRAS”菜单的“DRVRESET”子菜单实现,另一种是通过快速调速“SETUP”菜单中集成的“RESET”实现。 ( )

(3)电动机更换为其他型号,变频器必须重新设定电动机参数。 ( )

2. 填空题

(1)变频器(Variable-frequency Drive, VFD)是应用____________与____________,通过改变电动机工作电源________的方式来控制交流电动机速度的电力控制设备。

(2)变频器主要由________(交流变直流)、________、________(直流变交流)、________、________、________等单元组成。

3. 简答题

(1)变频器中整流桥、滤波电路和逆变电路的作用分别是什么?

(2)面板控制变频器需要设置哪些参数?每个参数的含义是什么?

任务完成报告

<table>
<tr><td>姓名</td><td></td><td>学习日期</td><td></td></tr>
<tr><td>任务名称</td><td colspan="3">变频器启停控制</td></tr>
<tr><td rowspan="4">任务完成情况</td><td colspan="2">考核内容</td><td>完成情况</td></tr>
<tr><td colspan="2">(1)完成变频器电源的接线</td><td>□好　□良好　□一般　□差</td></tr>
<tr><td colspan="2">(2)设置变频器参数</td><td>□好　□良好　□一般　□差</td></tr>
<tr><td colspan="2">(3)通过面板控制变频器实现正反转及调速功能</td><td>□好　□良好　□一般　□差</td></tr>
<tr><td>学习心得</td><td colspan="3"></td></tr>
</table>

任务 5.2 电梯控制系统的设计与调试

任务要求

(1)完成电梯控制系统的 I/O 地址分配;
(2)绘制电梯控制系统的电气原理图;
(3)编写控制程序并调试。

知识目标

(1)掌握多段速控制的参数设置;
(2)掌握电梯控制程序的编程方法。

能力目标

(1)能够应用变频器的多段速功能实现电动机的不同速度切换;
(2)能够完成电梯控制程序的编写。

素养目标

(1)培养学生的实际动手操作能力;
(2)培养学生的团队合作精神。

5.2.1 变频器多段速控制

变频器的多段速是指电动机在工作中需要按不同速度段运行,通过改变变频器的输出频率可实现电动机转速的改变。在变频器内部可以设定多种速度,通过改变控制速度端子的输入状态可以改变其输出频率,从而改变电动机的转速。下面通过具体的子任务介绍变频器多段速控制。

[子任务 5-2-1] G120 变频器多段速控制

1. 任务描述

按下 SB1 电动机转动,松开 SB1 电动机停止转动。电动机转动的速度由开关 S1 和 S2 的状态决定,如表 5-2-1 所示。

2. 电气原理图

本任务中按钮、开关直接与变频器的输入端子连接,无须使用 PLC,电气原理图如图 5-2-1 所示。

表 5-2-1　转速控制表

S1	S2	电动机转速/(r/min)
ON	OFF	300
OFF	ON	200
ON	ON	500

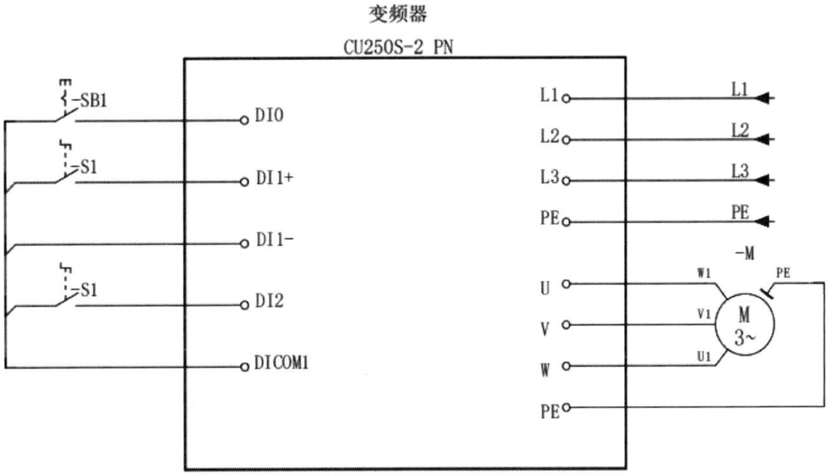

图 5-2-1　电气原理图

3. G120 变频器参数设置

步骤 1:设置电动机参数,设置方法与任务 5.1 相同。

步骤 2:按照表 5-2-2 设置多段速控制参数。

表 5-2-2　变频器多段速参数设置

序号	变频器参数	设定值	功能说明
1	P0010	1	进行快速调试
2	P096	1	应用级:标准驱动
3	P1900	2	电动机数据检测和转速检测
4	P1000	3	转速为多段速控制
5	P840[0]	r722.0	数字量输入 DI0 设置为启动命令
6	P1020[0]	r722.1	数字量输入 DI1 设置为固定转速 1 选择
7	P1021[0]	r722.2	数字量输入 DI2 设置为固定转速 2 选择
8	P1070[0]	r1024	转速固定设定值作为主设定值
9	P1016	1	设置选择转速固定设定值的模式:直接
10	P1001	300	固定转速 1(r/min)
11	P1002	200	固定转速 2(r/min)
12	P0010	0	结束快速调试

参数说明：多段速控制有“直接”和“二进制”两种编码模式，假设 DI1~DI4 依次设置为多段速的固定转速 1~4 选择（P1020=r722.1，P1021=r722.2，P1022=r722.3，P1023=r722.4），使用“直接”模式时，DI1~DI4 的状态与转速的关系如表 5-2-3 所示；使用“二进制”模式时，DI1~DI4 的状态与转速的关系如表 5-2-4 所示。

表 5-2-3 “直接”模式速度对应表

固定转速 1 DI1	固定转速 2 DI2	固定转速 3 DI3	固定转速 4 DI4	输出速度
ON	OFF	OFF	OFF	固定转速 1
OFF	ON	OFF	OFF	固定转速 2
OFF	OFF	ON	OFF	固定转速 3
OFF	OFF	OFF	ON	固定转速 4
ON	ON	OFF	OFF	固定转速 1、2 之和
ON	OFF	ON	OFF	固定转速 1、3 之和
ON	ON	ON	ON	固定转速 1~4 之和

表 5-2-4 “二进制”模式速度对应表

固定转速 4 DI4	固定转速 3 DI3	固定转速 2 DI2	固定转速 1 DI1	输出速度
OFF	OFF	OFF	ON	固定转速 1
OFF	OFF	ON	OFF	固定转速 2
OFF	OFF	ON	ON	固定转速 3
OFF	ON	OFF	OFF	固定转速 4
OFF	ON	OFF	ON	固定转速 5
OFF	ON	ON	OFF	固定转速 6
OFF	ON	ON	ON	固定转速 7
ON	OFF	OFF	OFF	固定转速 8
ON	OFF	OFF	ON	固定转速 9
ON	OFF	ON	OFF	固定转速 10
ON	OFF	ON	ON	固定转速 11
ON	ON	OFF	OFF	固定转速 12
ON	ON	OFF	ON	固定转速 13
ON	ON	ON	OFF	固定转速 14
ON	ON	ON	ON	固定转速 15

4. 变频器多段速运行调试

完成变频器参数设置和接线后，通过改变 S1 和 S2 的状态实现对变频器的多段速测试。

步骤 1：S1=ON，S2=OFF，按下 SB1，变频器启动并加速，最后速度稳定在 300 r/min。

步骤 2：S1=OFF，S2=ON，按下 SB1，变频器启动并加速，最后速度稳定在 200 r/min。

步骤 3：S1=ON，S2=ON，按下 SB1，变频器启动并加速，最后速度稳定在 500 r/min。

5.2.2　电梯控制系统的设计与调试

1. 控制要求

电梯示意图如图 5-2-2 所示，楼层数为 3，每层一个按钮（呼叫电梯）和一个限位开关（检测电梯到位）。

（1）开机后电梯位于 1 层（SQ1=1，SQ2=0，SQ3=0），按下 2 层的按钮，电梯以速度 1（200 r/min）上升（正转），SQ1 置为 OFF，电梯上升到位后 SQ2 置为 ON，电梯停止。

（2）按下 3 层的按钮，电梯以速度 2（300 r/min）上升（正转），SQ2 置为 OFF，电梯上升到位后 SQ3 置为 ON，电梯停止。

（3）按下 1 层的按钮，电梯以速度 3（400 r/min）下降（反转），SQ3 置为 OFF，电梯下降到位后 SQ1 置为 ON，电梯停止。

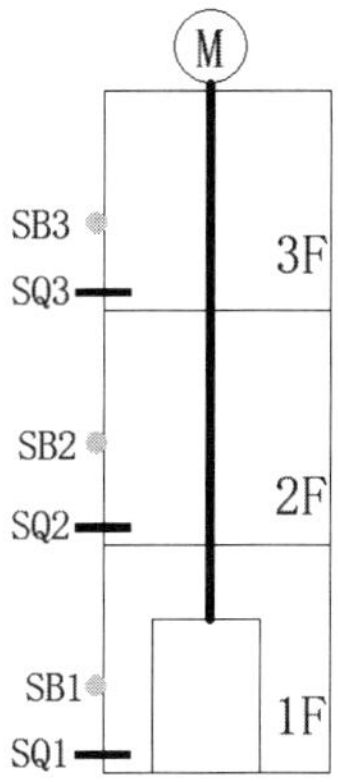

图 5-2-2　电梯示意图

2. I/O 地址分配表

根据任务要求，本任务需要用到三个行程开关（SQ1、SQ2 和 SQ3）和三个按钮（SB1、SB2 和 SB3），因此 PLC 需要用到六个输入点。变频器的四个 DI 点需要与 PLC 的输出相连接，因此 PLC 需要用到四个输出点。I/O 地址分配表如表 5-2-5 所示。

表 5-2-5　I/O 地址分配表

输入信号			输出信号		
名称	I/O 地址	功能	名称	I/O 地址	功能
SB1	I0.0	一层呼叫	DI0	Q0.0	变频器运行
SB2	I0.1	二层呼叫	DI1	Q0.1	变频器速度 1
SB3	I0.2	三层呼叫	DI2	Q0.2	变频器速度 2
SQ1	I0.3	一层检测	DI3	Q0.3	变频器速度 3
SQ2	I0.4	二层检测			
SQ3	I0.5	三层检测			

3. 电气原理图

电梯控制系统电气原理图如图 5-2-3 所示，按照电气原理图完成实训台电路连接。变频器电源和电动机的连接参照任务 5.1 的电气原理图。

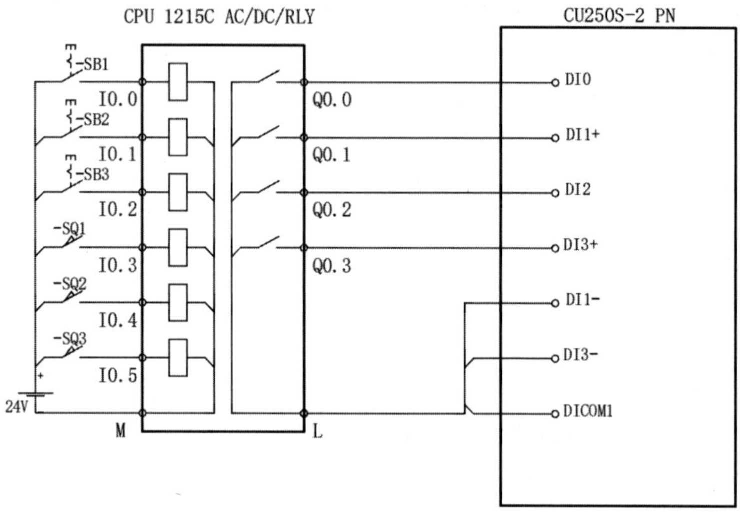

图 5-2-3　电气原理图

4. 变频器参数设置

步骤 1:设置电机参数,设置方法与任务 5.1 相同。

步骤 2:按照表 5-2-1 设置多段速控制参数,如表 5-2-6 所示。

表 5-2-6　变频器多段速参数设置

序号	变频器参数	设定值	功能说明
1	P0010	1	进行快速调试
2	P096	1	应用级:标准驱动
3	P1900	2	电动机数据检测和转速检测
4	P1000	3	转速为多段速控制
5	P840[0]	r722.0	数字量输入 DI0 设置为启动命令
6	P1020[0]	r722.1	数字量输入 DI1 设置为固定转速 1 选择
7	P1021[0]	r722.2	数字量输入 DI2 设置为固定转速 2 选择
8	P1022[0]	r722.3	数字量输入 DI3 设置为固定转速 3 选择
9	P1070[0]	r1024	转速固定设定值作为主设定值
10	P1016	1	设置选择转速固定设定值的模式:直接
11	P1001	200	固定转速 1(r/min)
12	P1002	300	固定转速 2(r/min)
13	P1003	-400	固定转速 3(r/min)
14	P0010	0	结束快速调试

5. 软件设计及调试

步骤 1:新建一个项目,命名为“电梯控制系统的设计与调试”。

步骤 2:完成 CPU 硬件组态。

步骤 3:编辑变量表,如图 5-2-4 所示。

PLC 变量

	名称	变量表	数据类型	地址	保持
1	一层按钮SB1	默认变量表	Bool	%I0.0	☐
2	二层按钮SB2	默认变量表	Bool	%I0.1	☐
3	三层按钮SB3	默认变量表	Bool	%I0.2	☐
4	一层限位开关SQ1	默认变量表	Bool	%I0.3	☐
5	二层限位开关SQ2	默认变量表	Bool	%I0.4	☐
6	三层限位开关SQ3	默认变量表	Bool	%I0.5	☐
7	变频器DI0运行	默认变量表	Bool	%Q0.0	☐
8	变频器DI1速度1	默认变量表	Bool	%Q0.1	☐
9	变频器DI2速度2	默认变量表	Bool	%Q0.2	☐
10	变频器DI3速度3	默认变量表	Bool	%Q0.3	☐

图 5-2-4　变量表

步骤 4:编写控制程序,如图 5-2-5 到图 5-2-8 所示。程序段 1 为电梯从 1 层到 2 层对应的控制程序,程序段 2 为电梯从 2 层到 3 层对应的控制程序,程序段 3 为电梯从 3 层到 1 层对应的控制程序,程序段 4 为变频器运行 DI0 端子的控制程序。

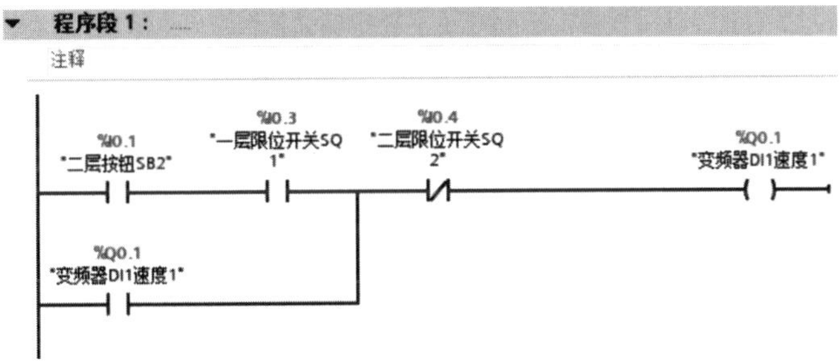

图 5-2-5　程序段 1

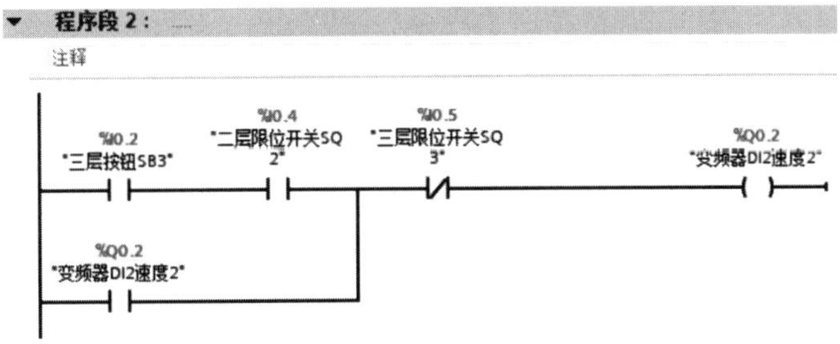

图 5-2-6　程序段 2

6. 调试

步骤 1:将 SQ1 置为 ON,将 SQ2 和 SQ3 置为 OFF,模拟电梯处于 1 层。

步骤 2:下载程序。

步骤 3:按下 2 层按钮 SB2,变频器以 200 r/min 速度正转,将 SQ1 置为 OFF、SQ2 置为 ON,电动机减速并停止转动。

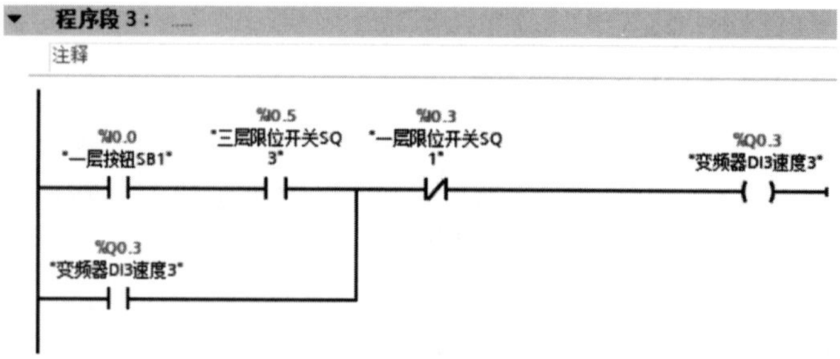

图 5-2-7　程序段 3

图 5-2-8　程序段 4

步骤 4：按下 3 层按钮 SB3，变频器以 300 r/min 速度正转，将 SQ2 置为 OFF、SQ3 置为 ON，电动机减速并停止转动。

步骤 5：按下 1 层按钮 SB1，变频器以 400 r/min 速度反转，将 SQ3 置为 OFF、SQ1 置为 ON，电动机减速并停止转动。

练习题

1. 判断题

（1）多段速控制可以实现无级调速。（　　）

（2）变频器的 DI0 可以同时作为启动命令和固定转速 1 选择。（　　）

2. 简答题

（1）变频器多段速控制需要设置哪些参数？各参数的含义是什么？

（2）列出三个变频器多段速工业应用场景。

任务完成报告

姓名		学习日期	
任务名称	电梯控制系统的设计与调试		
任务完成情况	考核内容	完成情况	
	(1)完成电梯控制系统的 I/O 地址分配	□好　□良好　□一般　□差	
	(2)绘制电梯控制系统的电气原理图	□好　□良好　□一般　□差	
	(3)编写控制程序及调试	□好　□良好　□一般　□差	
学习心得			

项目6

机械手控制系统的设计与调试

学习情境描述

随着科技日益进步，以往依赖人工加工制造的行业开始向自动化方向转变。作为高科技自动化生产设备，工业机器人（含机械手（图6-1））在现代制造业中扮演着极其重要的角色，比如用于货物的搬运、电器的装配、船舶的焊接等。

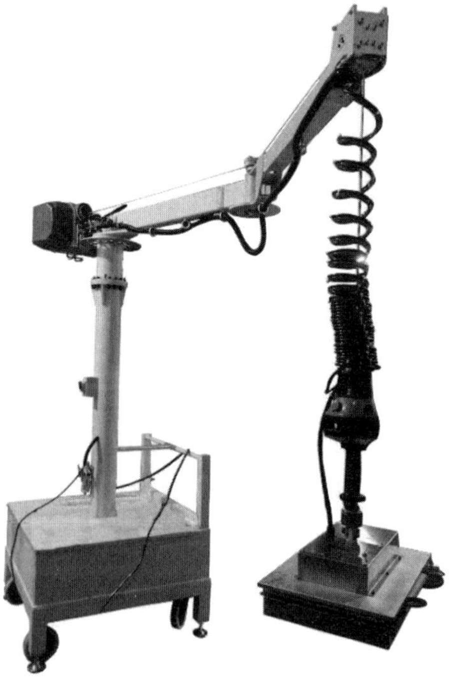

图6-1　机械手搬运货物

项目目标

（1）完成机械手控制系统的硬件设计；
（2）完成机械手控制系统的编程与调试；
（3）完成机械手控制系统触摸屏画面的制作、下载及调试。

项目描述

本项目要求完成机械手控制系统的 I/O 地址分配，根据 I/O 地址分配绘制电气原理图，完成 PLC 与机械手模块的电气连接，编写控制程序及触摸屏画面实现如下功能并调试。

控制要求：机械初始状态下 SQ4=SQ2=1，SQ3=SQ1=0，原位指示灯 HL 点亮。初始状态下按一次 SB1，PLC 控制机械手将工件从 *A* 处抓取并放到 *B* 处，并回到初始状态。

搬运工件并回到初始位置的过程如下：下降（YV1）→夹紧（YV2）→上升（YV3）→右移（YV4）→松开（YV2 OFF）→左移（YV5）回到原点（图 6-2）。

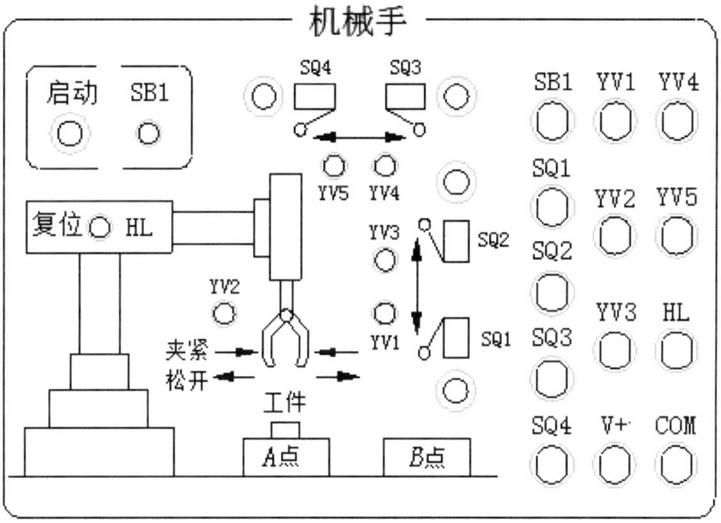

图 6-2　机械手模块

任务分解

任务 6.1　顺序控制程序的学习

学生在本任务中通过三个子任务学习顺序控制的三种编程方法：单序列、选择序列和并行序列。

任务 6.2　机械手控制系统 PLC 程序的设计与调试

本任务要求学生应用顺序控制编程方法实现机械手控制系统的设计与调试，任务内容包括 I/O 地址分配、电气原理图绘制、PLC 编程和调试等。

任务 6.1 顺序控制程序的学习

任务要求

(1)完成 PLC 控制小车移动的程序设计;
(2)完成皮带传输系统的编程;
(3)完成 PLC 控制电动机运行的程序设计。

知识目标

(1)掌握顺序功能图的绘制方法;
(2)掌握顺序控制程序的设计方法。

能力目标

(1)能够绘制顺序功能图;
(2)能够编写顺序控制程序。

素养目标

(1)提高学生对知识的总结和运用能力;
(2)培养学生良好的工作习惯。

6.1.1 顺序控制程序介绍

在工业领域中,许多控制对象或过程都属于顺序控制,其特点是整个控制过程可划分为几个工步,每个工步按顺序轮流工作,而且任何时候都只有一个工步在工作。根据这种控制特点,开发了专门供编制顺序控制程序用的功能图,这种先进的设计方法已成为 PLC 程序设计的最主要方法。

所谓顺序控制,就是按照生产工艺预先规定的顺序,在各个输入信号的作用下,根据内部状态和时间的顺序,在生产过程中各个执行机构自动而有序地进行工作。顺序控制分为单序列顺序控制、选择序列顺序控制和并行序列顺序控制。如果一个控制系统可以分解成几个独立的控制动作,且这些动作必须严格按照一定的先后次序执行才能保证生产过程的正常运行,这种系统叫作顺序控制系统,也称为步进控制系统。顺序控制设计法是一种专门针对顺序控制系统的设计方法,它根据顺序功能图,以步为核心,从起始步开始一步一步地完成程序设计。这种设计方法很容易被初学者接受,对于有经验的工程师,有助于提高他们的设计效率,程序的调试、修改和阅读也很方便。

顺序控制设计法分为四个步骤：步的划分、转换条件的确定、顺序功能图的绘制、梯形图的编制。

6.1.2　单序列顺序控制方式编程

单序列顺序功能图如图 6-1-1 所示。单序列顺序功能图的每个步后面只有一个转换，每个转换后面只有一个步。转换后的控制程序如图 6-1-2 和图 6-1-3 所示。

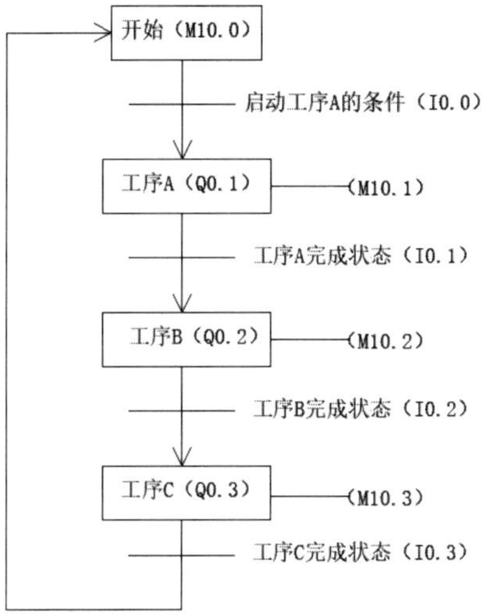

图 6-1-1　单序列顺序功能图

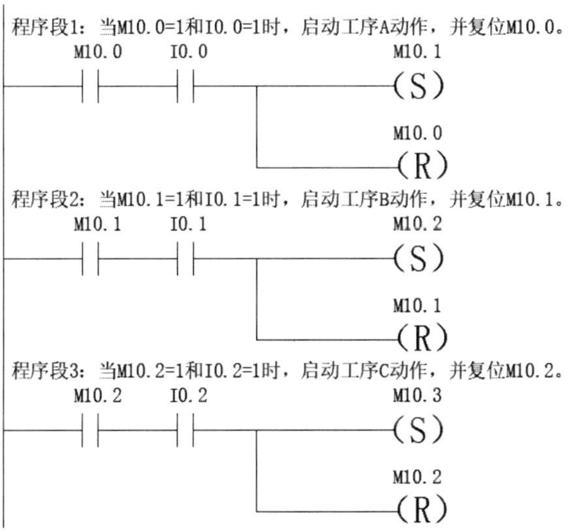

图 6-1-2　单序列顺序控制程序 1

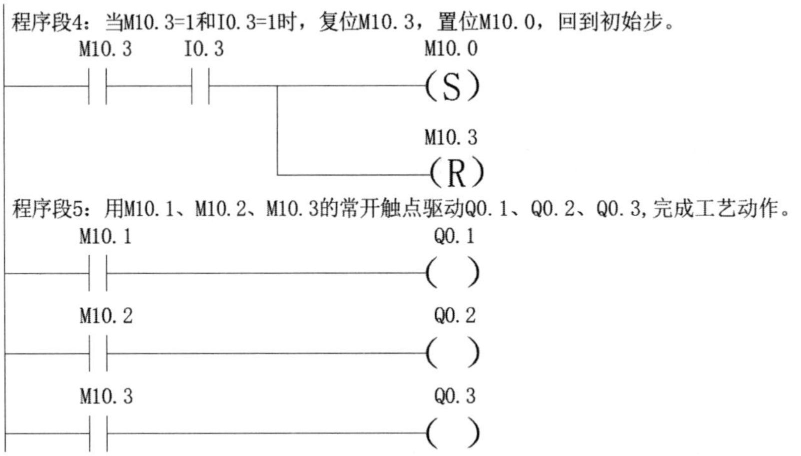

图 6-1-3　单序列顺序控制程序 2

[子任务 6-1-1] PLC 控制小车移动

1. 任务描述

如图 6-1-4 所示，PLC 控制小车移动,初始状态下小车处于最左边,按下 SB1,小车低速移动到 SQ1,中速移动到 SQ2,高速移动到 SQ3,最后反向高速移动到起点 SQ4。SQ1~SQ4 为位置检测开关。

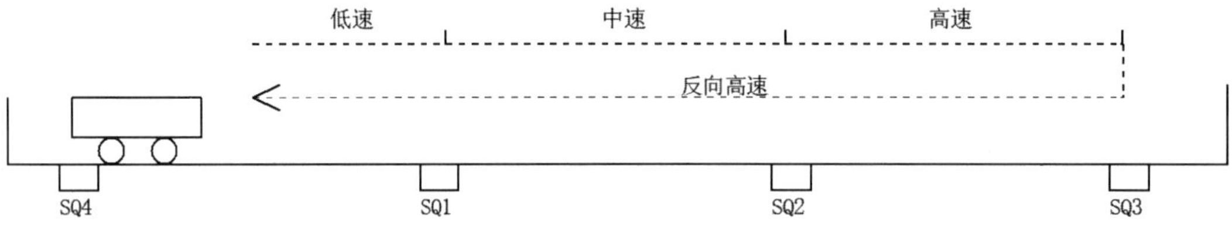

图 6-1-4　PLC 控制小车移动动作示意图

2. I/O 地址分配表

本任务中 PLC 需要连接 SB1、SQ1~SQ4 和小车速度控制继电器 KA1~KA4,需要用到五个输入点和四个输出点,I/O 地址分配表如表 6-1-1 所示。

表 6-1-1　I/O 地址分配表

输入信号			输出信号		
名称	I/O 地址	功能	名称	I/O 地址	功能
SB1	I0.0	启动	KA1	Q0.1	控制小车低速
SQ1	I0.1	位置检测	KA2	Q0.2	控制小车中速
SQ2	I0.2	位置检测	KA3	Q0.3	控制小车高速
SQ3	I0.3	位置检测	KA4	Q0.4	控制小车反向高速
SQ4	I0.4	位置检测			

3. 电气原理图

本任务选择 CPU 1215C AC/DC/RLY，订货号为 6ES7 214-1AG40-0XB0，电气原理图如图 6-1-5 所示。

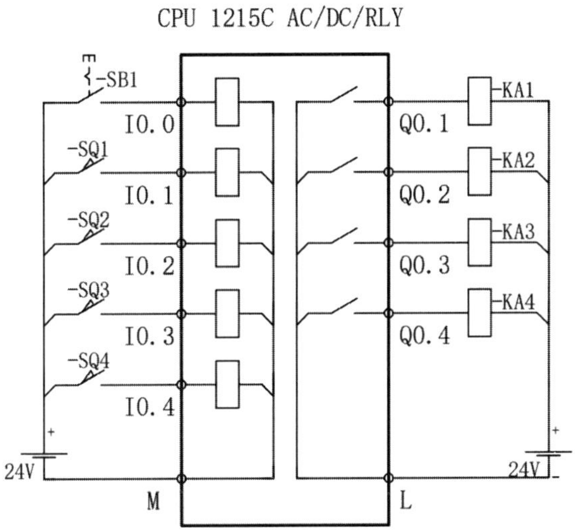

图 6-1-5　电气原理图

4. 硬件组态与编辑变量

步骤 1：新建一个项目，命名为“PLC 控制小车移动”。

步骤 2：根据所选硬件型号完成 CPU 组态。

步骤 3：编辑变量。按照表 6-1-1 将 I/O 点在变量表中进行定义，如图 6-1-6 所示。

PLC 变量

	名称	变量表	数据类型	地址	保持
1	SB1 启动	默认变量表	Bool	%I0.0	
2	SQ1	默认变量表	Bool	%I0.1	
3	SQ2	默认变量表	Bool	%I0.2	
4	SQ3	默认变量表	Bool	%I0.3	
5	SQ4	默认变量表	Bool	%I0.4	
6	KA1 低速	默认变量表	Bool	%Q0.1	
7	KA2 中速	默认变量表	Bool	%Q0.2	
8	KA3 高速	默认变量表	Bool	%Q0.3	
9	KA4 反向高速	默认变量表	Bool	%Q0.4	

图 6-1-6　变量表

5. 顺序功能图

PLC 控制小车移动的顺序功能图如图 6-1-7 所示。

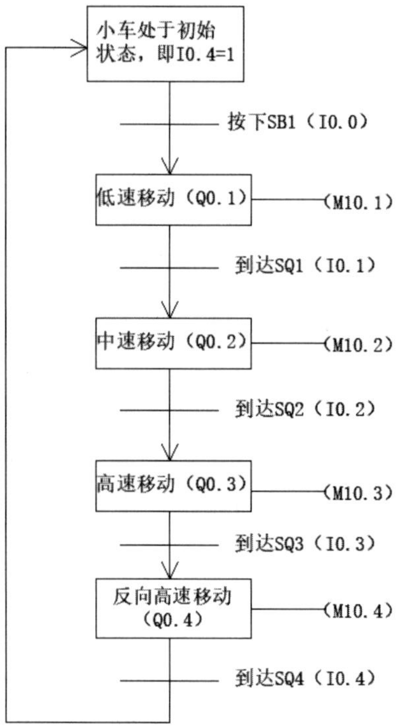

图 6-1-7　PLC 控制小车移动的顺序功能图

6. 程序设计

在“Main[OB1]”中编写如图 6-1-8 到图 6-1-10 所示的程序。

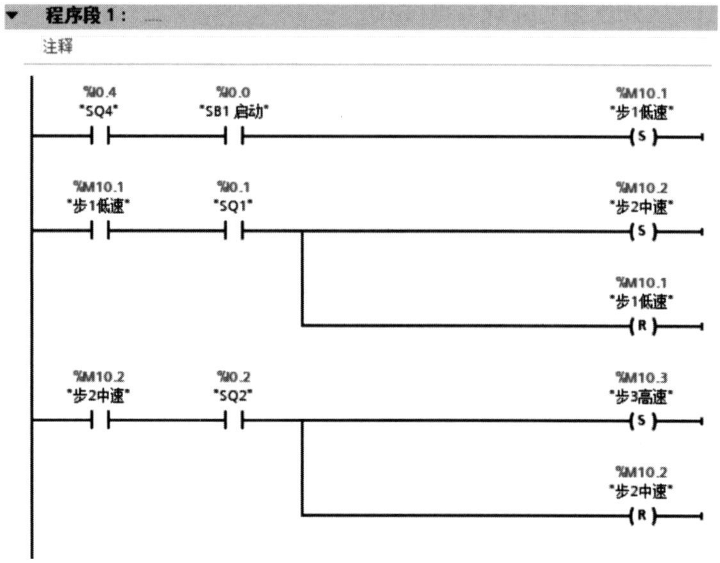

图 6-1-8　PLC 程序 1

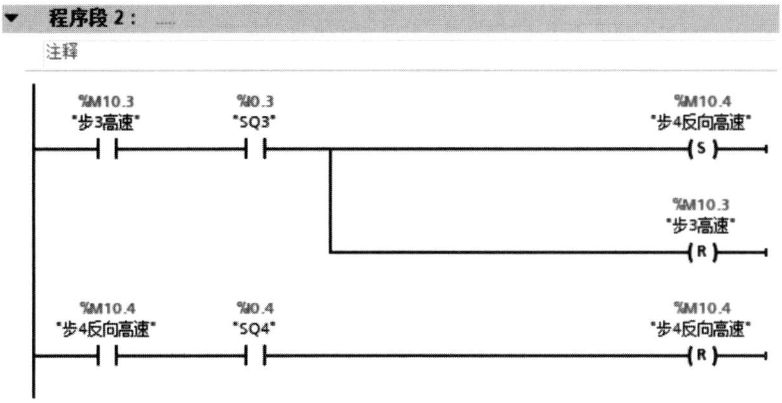

图 6-1-9　PLC 程序 2

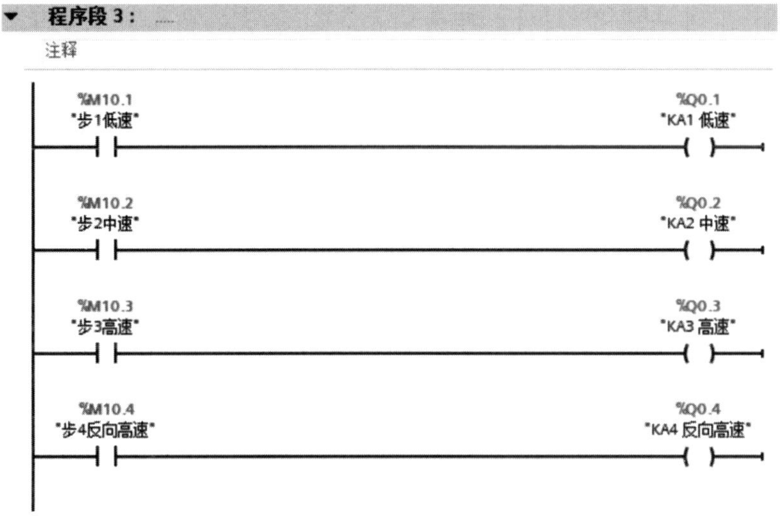

图 6-1-10　PLC 程序 3

6.1.3　选择序列顺序控制方式编程

选择序列顺序功能图如图 6-1-11 所示。选择序列顺序功能图在某一步工序后会出现分支,且分支不能同时执行,哪个分支条件先成立,执行哪个分支。转换后的控制程序如图 6-1-11 到图 6-1-14 所示。

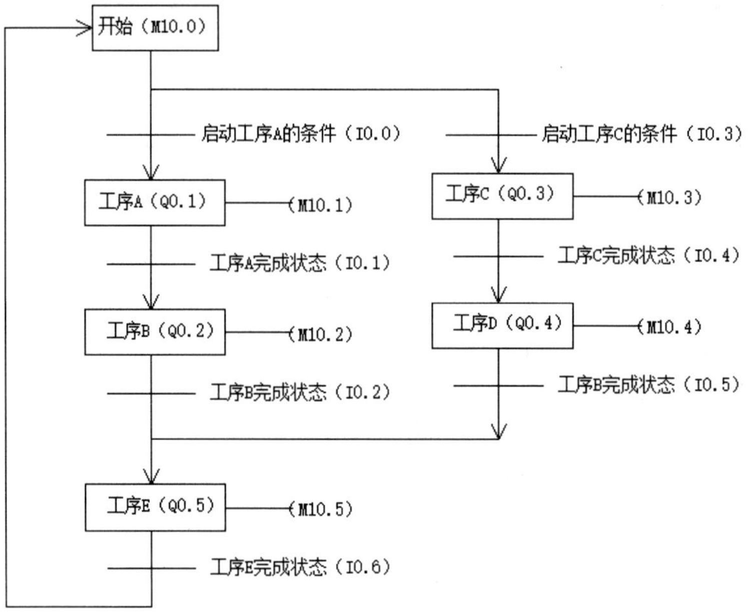

图 6-1-11　选择序列顺序功能图

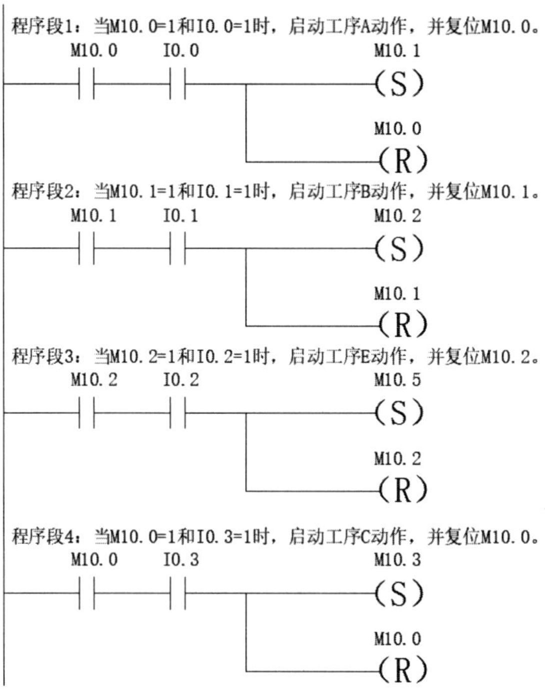

图 6-1-12　选择序列顺序控制程序 1

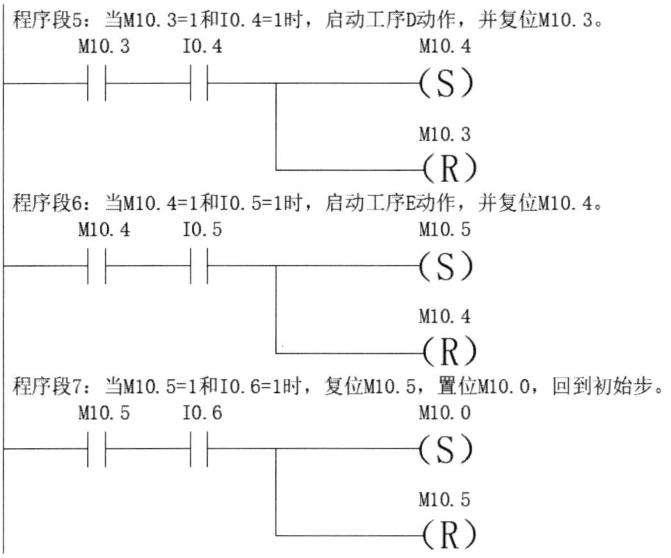

图 6-1-13　选择序列顺序控制程序 2

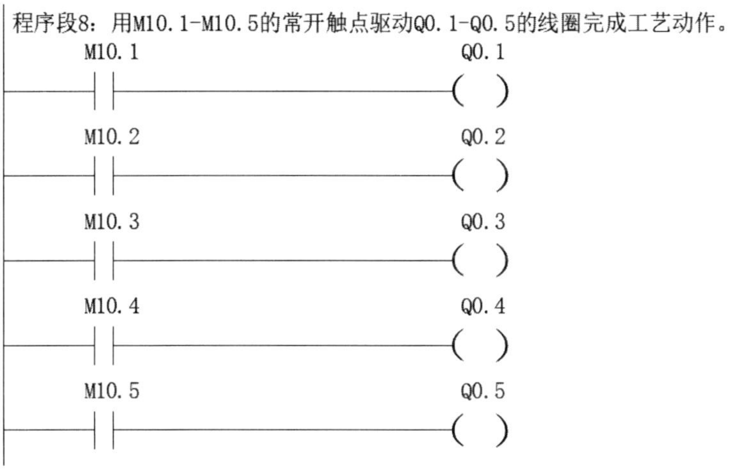

图 6-1-14　选择序列顺序控制程序 3

[子任务 6-1-2] 皮带传输系统编程

1. 任务描述

某皮带输送系统示意图如图 6-1-15 所示，按下 SB1，皮带 M1 转动。M1 尾部的传感器 S1 和 S5 用于检测物料种类。物料到达皮带 M1 尾部时，如果 S1 变为 ON，M1 停止，M2 转动，S2 变为 ON 后 M2 停止；如果 S5 变为 ON，M1 停止，M3 转动，S3 变为 ON 后 M3 停止，M4 转动，S4 变为 ON 后 M4 停止。

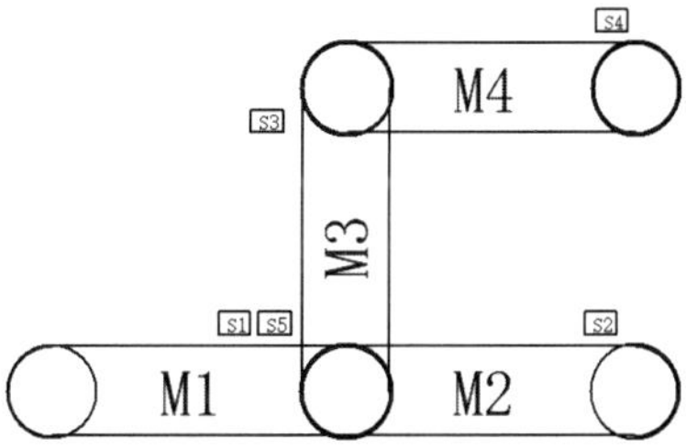

图 6-1-15　某皮带输送系统示意图

2. I/O 地址分配表

本任务中 PLC 需要连接 SB1、S1~S5 和 KM1~KM4,需要用到六个输入点和四个输出点,I/O 地址分配表如表 6-1-2 所示。

表 6-1-2　I/O 地址分配表

输入信号			输出信号		
名称	I/O 地址	功能	名称	I/O 地址	功能
SB1	I0.0	启动	KM1	Q0.1	控制皮带 M1 运行
S1	I0.1	M1 末端检测	KM2	Q0.2	控制皮带 M2 运行
S2	I0.2	M2 末端检测	KM3	Q0.3	控制皮带 M3 运行
S3	I0.3	M3 末端检测	KM4	Q0.4	控制皮带 M4 运行
S4	I0.4	M4 末端检测			
S5	I0.5	M1 末端检测			

3. 电气原理图

本任务选择 CPU 1215C AC/DC/RLY,订货号为 6ES7 214-1AG40-0XB0,电气原理图如图 6-1-16 所示。

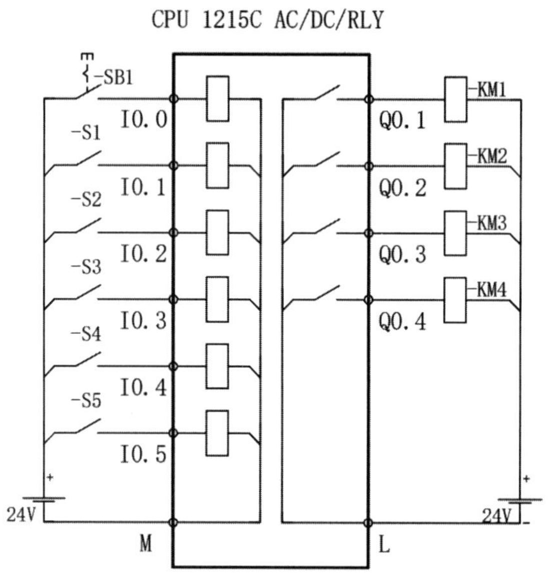

图 6-1-16　电气原理图

4. 硬件组态与编辑变量

步骤 1:新建一个项目,命名为“皮带传输系统编程”。

步骤 2:根据所选硬件型号完成 CPU 组态。

步骤 3:编辑变量。按照表 6-1-2 将 I/O 点在变量表中进行定义,如图 6-1-17 所示。

PLC 变量

		名称	变量表	数据类型	地址	保持
1		M1运行	默认变量表	Bool	%Q0.1	
2		M2运行	默认变量表	Bool	%Q0.2	
3		M3运行	默认变量表	Bool	%Q0.3	
4		M4运行	默认变量表	Bool	%Q0.4	
5		SB1启动	默认变量表	Bool	%I0.0	
6		S1 M1末端检测1	默认变量表	Bool	%I0.1	
7		S2 M2末端检测	默认变量表	Bool	%I0.2	
8		S3 M3末端检测	默认变量表	Bool	%I0.3	
9		S4 M4末端检测	默认变量表	Bool	%I0.4	
10		S5 M1末端检测2	默认变量表	Bool	%I0.5	

图 6-1-17　变量表

5. 顺序功能图

皮带传输系统的顺序功能图如图 6-1-18 所示。

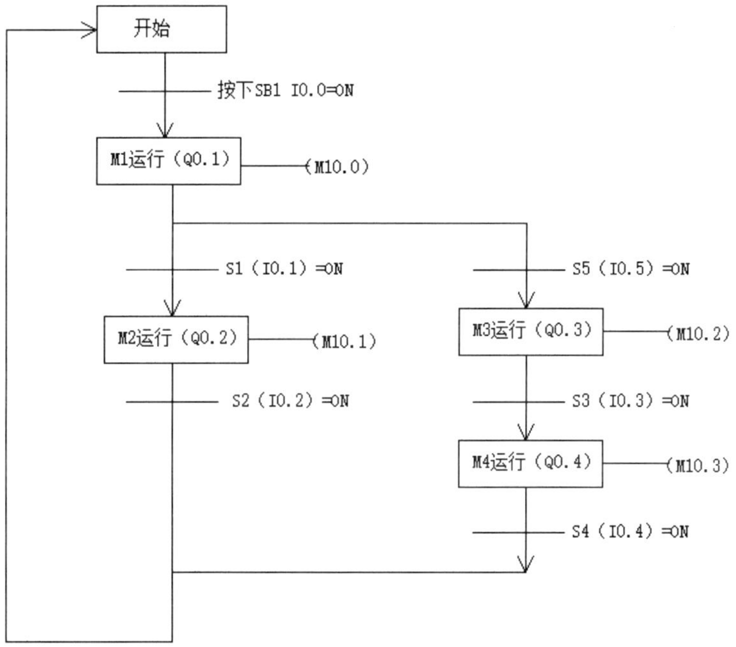

图 6-1-18　皮带传输系统的顺序功能图

6. 程序设计

在“Main[OB1]”中编写如图 6-1-19 到图 6-1-22 所示的程序。

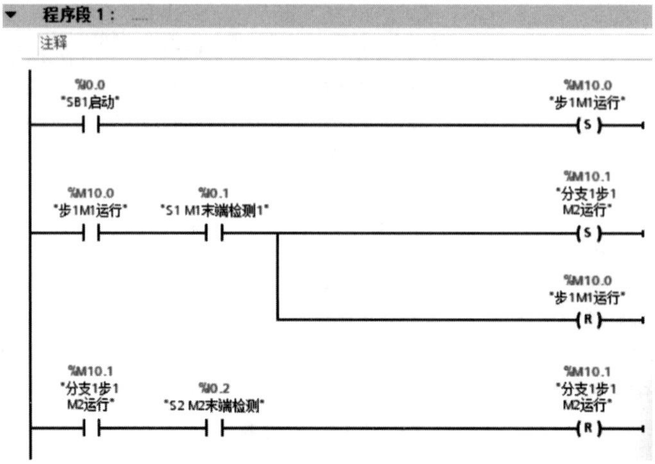

图 6-1-19　PLC 程序 1

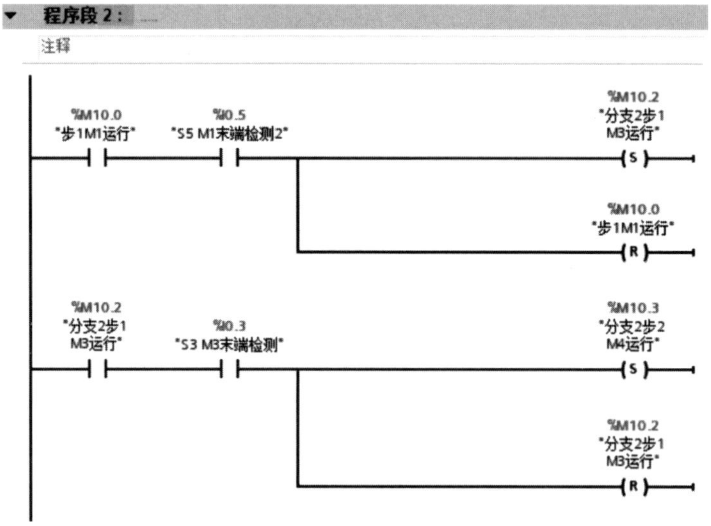

图 6-1-20　PLC 程序 2

图 6-1-21　PLC 程序 3

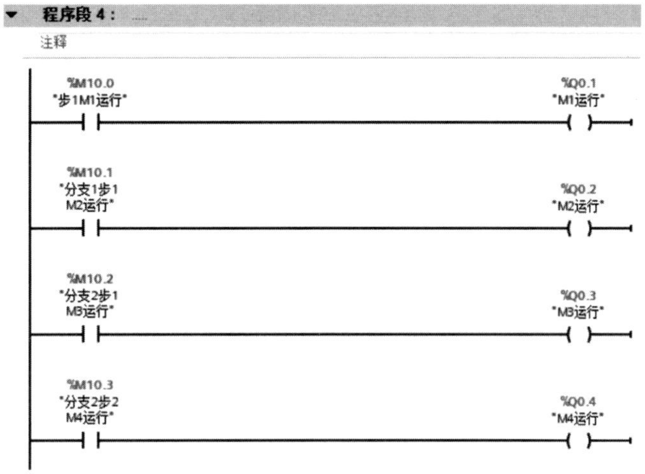

图 6-1-22　PLC 程序 4

6.1.4　并行序列顺序控制方式编程

并行序列顺序功能图如图 6-1-23 所示。并行序列顺序功能图在某一步工序后会出现分支,且分支同时执行,分支都执行完毕后才能往下执行。转换后的控制程序如图 6-1-24 到图 6-1-26 所示。

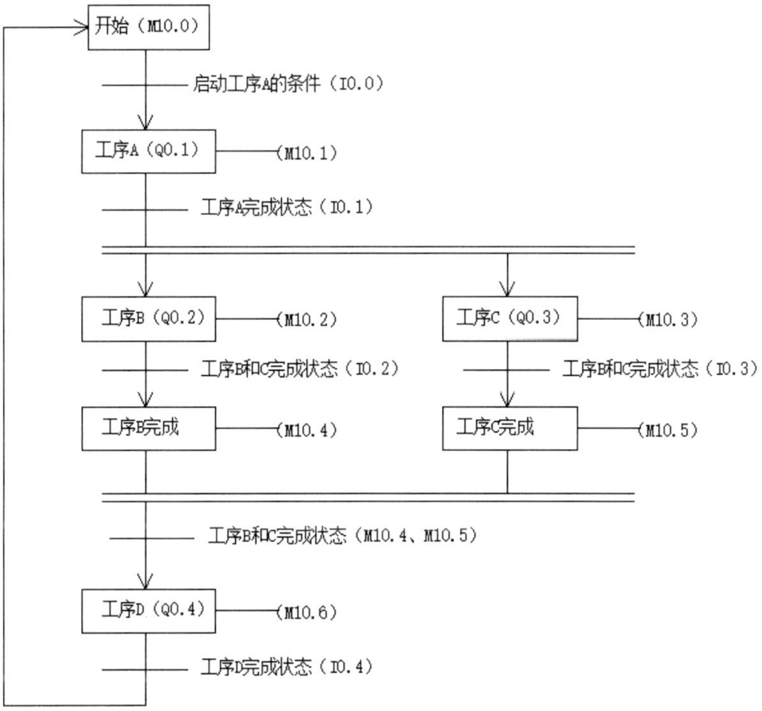

图 6-1-23　并行序列顺序功能图

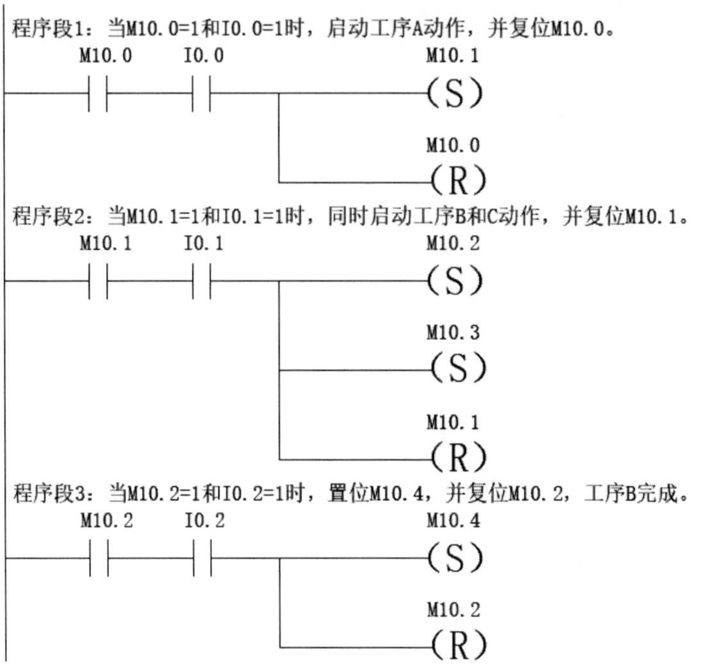

图 6-1-24　并行序列顺序控制程序 1

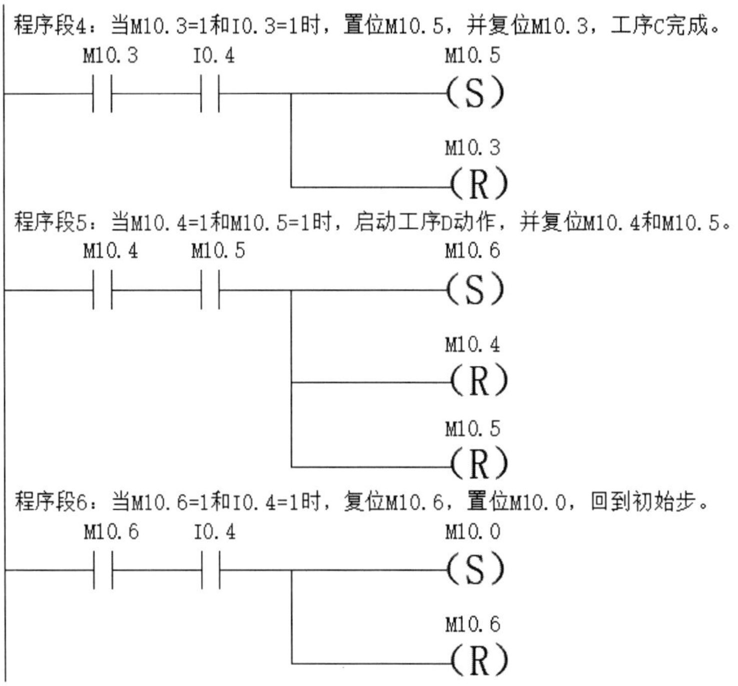

图 6-1-25　并行序列顺序控制程序 2

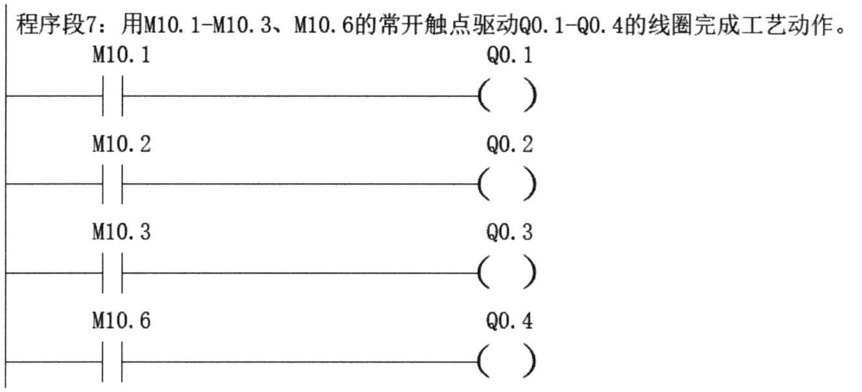

图 6-1-26　并行序列顺序控制程序 3

[子任务 6-1-3] PLC 控制电动机运行

1. 任务描述

某设备有四台电动机，按下 SB1，电动机 M1 转动，5 s 后 M1 停止，M2 和 M3 同时启动，行程开关 SQ1 变为 ON 时电动机 M2 停止，行程开关 SQ2 变为 ON 时电动机 M3 停止，电动机 M2 和 M3 都停止后 M4 开始转动，5 s 后 M4 停止运行，完成一次加工任务。

2. I/O 地址分配表

本任务中 PLC 需要连接 SB1、SQ1、SQ2 和 KM1~KM4，需要用到三个输入点和四个输出点，I/O 地址分配表如表 6-1-3 所示。

表 6-1-3　I/O 地址分配表

输入信号			输出信号		
名称	I/O 地址	功能	名称	I/O 地址	功能
SB1	I0.0	启动	KM1	Q0.1	控制电动机 1 运行
SQ1	I0.1	行程开关 1	KM2	Q0.2	控制电动机 2 运行
SQ2	I0.2	行程开关 2	KM3	Q0.3	控制电动机 3 运行
			KM4	Q0.4	控制电动机 4 运行

3. 电气原理图

本任务选择 CPU 1215C AC/DC/RLY，订货号为 6ES7 214-1AG40-0XB0，电气原理图如图 6-1-27 所示。

4. 硬件组态与编辑变量

步骤 1：新建一个项目，命名为“PLC 控制电动机运行”。

步骤 2：根据所选硬件型号完成 CPU 组态。

步骤 3：编辑变量。按照表 6-1-3 将 I/O 点在变量表中进行定义，如图 6-1-28 所示。

5. 顺序功能图

PLC 控制电动机运行的顺序功能图如图 6-1-29 所示。

6. 程序设计

在“Main[OB1]”中编写如图 6-1-30 到图 6-1-33 所示的程序。

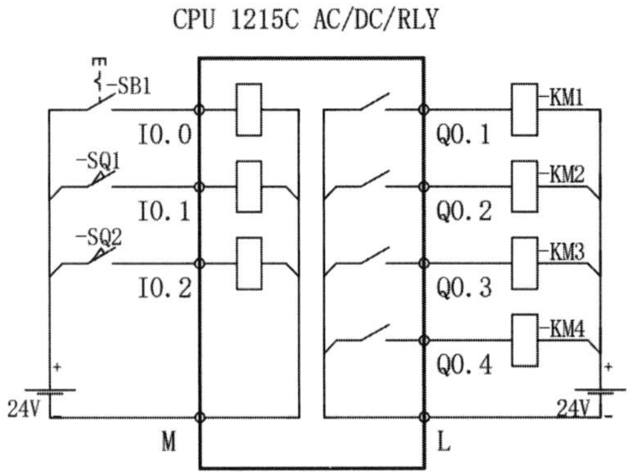

图 6-1-27　电气原理图

PLC 变量

		名称	变量表	数据类型	地址	保持
1		SB1 启动	默认变量表	Bool	%I0.0	
2		SQ1	默认变量表	Bool	%I0.1	
3		SQ2	默认变量表	Bool	%I0.2	
4		KM1 电动机1运行	默认变量表	Bool	%Q0.1	
5		KM2 电动机2运行	默认变量表	Bool	%Q0.2	
6		KM3 电动机3运行	默认变量表	Bool	%Q0.3	
7		KM4 电动机4运行	默认变量表	Bool	%Q0.4	

图 6-1-28　变量表

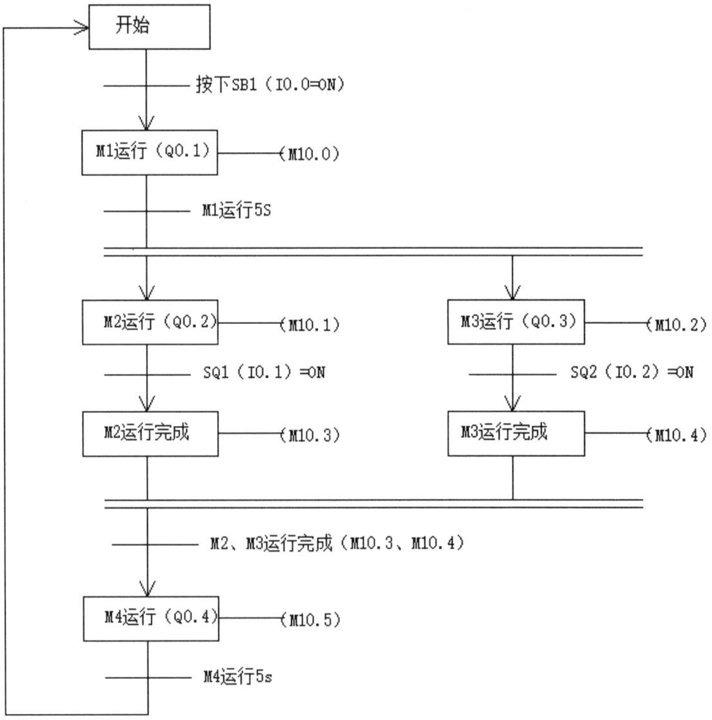

图 6-1-29　PLC 控制小车移动顺序功能图

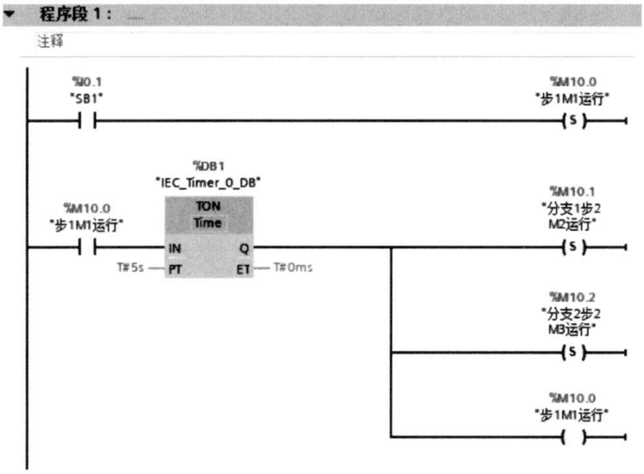

图 6-1-30　PLC 程序 1

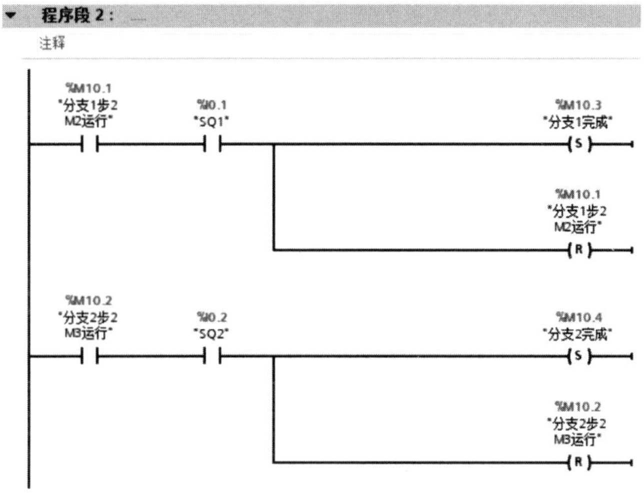

图 6-1-31　PLC 程序 2

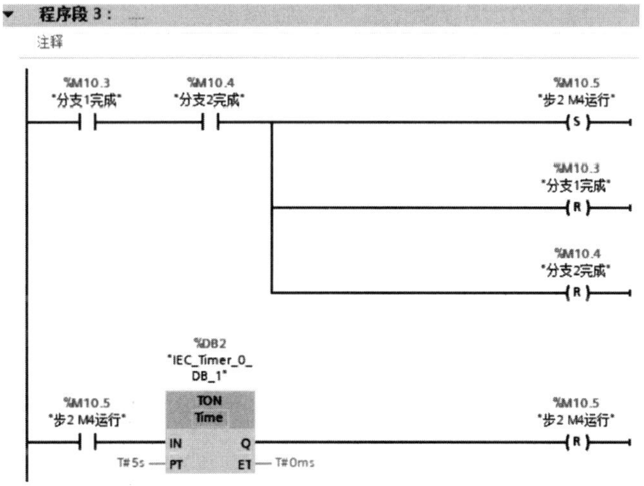

图 6-1-32　PLC 程序 3

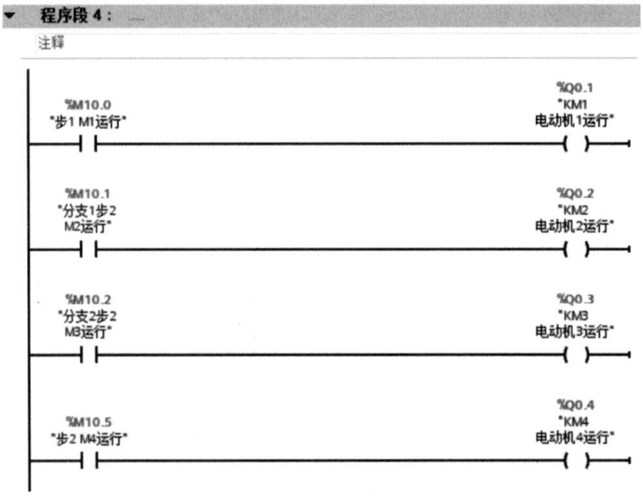

图 6-1-33　PLC 程序 4

练习题

1. 判断题

（1）顺序控制程序的转换条件必须是传感器。（　）

（2）所有的 PLC 程序都可以使用顺序控制设计法。（　）

2. 填空题

（1）所谓顺序控制，就是按照__________预先规定的顺序，在各个__________的作用下，根据内部状态和时间的顺序，在生产过程中各个__________自动而有序地进行工作。

（2）顺序控制设计法最基本的思想是将系统的一个工作周期划分为若干个顺序相连的阶段，这些阶段称为______。

（3）顺序控制设计法分为四个步骤：____________、____________、____________、____________。

任务完成报告

姓名		学习日期	
任务名称	顺序控制程序的学习		
任务完成情况	考核内容	完成情况	
	(1)完成 PLC 控制小车移动的程序设计	□好　□良好　□一般　□差	
	(2)完成皮带传输系统的编程	□好　□良好　□一般　□差	
	(3)完成 PLC 控制电动机运行的程序设计	□好　□良好　□一般　□差	
学习心得			

任务 6.2　机械手控制系统 PLC 程序的设计与调试

任务要求

（1）完成机械手控制系统的 I/O 地址分配；

（2）绘制机械手控制系统的电气原理图；

（3）编写机械手控制系统控制程序并调试。

知识目标

巩固顺序控制程序的编程方法。

能力目标

能够完成比较复杂的顺序控制程序的设计。

素养目标

（1）培养学生对问题的思考和分析能力；

（2）培养学生认认真真、尽职尽责的工作态度。

6.2.1　控制要求

机械手控制系统示意图如图 6-2 所示，机械初始状态下 SQ4=SQ2=1，SQ3=SQ1=0，即手臂处于左上方。初始状态下按一次 SB1，PLC 控制机械手将工件从 *A* 处抓取并放到 *B* 处，然后回到初始状态。SQ1~SQ4 依次为下降到位、上升到位、右移到位和左移到位的位置检测开关，夹紧没有检测开关，夹紧和松开动作延迟 2 s 后执行下一步动作。

搬运工件并回到初始位置的过程如下：下降（YV1）→夹紧（YV2）→上升（YV3）→右移（YV4）→松开（YV2 OFF）→左移（YV5）。

6.2.2　I/O 地址分配

本任务中 PLC 要连接四个行程开关、一个按钮和五个电磁阀线圈，因此 PLC 需要用到五个输入点和五个输出点。I/O 地址分配表如表 6-2-1 所示。

表 6-2-1　I/O 地址分配表

输入信号			输出信号		
名称	I/O 地址	功能	名称	I/O 地址	功能
SB1	I0.0	启动	YV1	Q0.1	向下移动
SQ1	I0.1	下位置检测	YV2	Q0.2	夹紧/松开
SQ2	I0.2	上位置检测	YV3	Q0.3	向上移动
SQ3	I0.3	右位置检测	YV4	Q0.4	向右移动
SQ4	I0.4	左位置检测	YV5	Q0.5	向左移动

6.2.3　电气原理图

机械手控制系统的电气原理图如图 6-2-1 所示，按照电气原理图完成实训台电路连接。

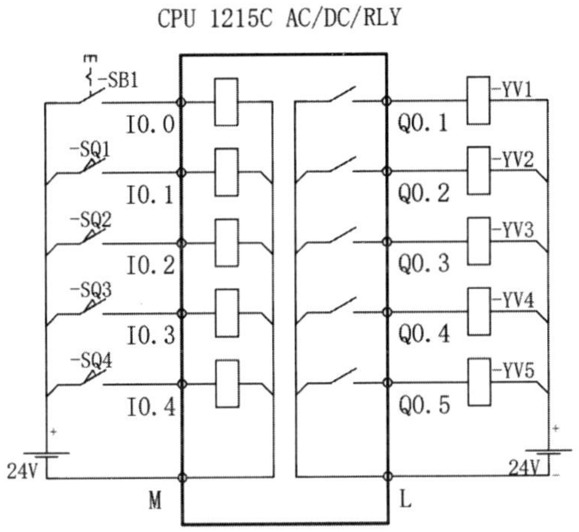

图 6-2-1　机械手控制系统的电气原理图

6.2.4　软件设计及调试

（1）新建一个项目，命名为“机械手控制系统”。

（2）根据所选硬件型号完成 CPU 组态。

（3）编辑变量。按照表 6-2-1 将 I/O 点在变量表中进行定义，如图 6-2-2 所示。

（4）绘制顺序功能图，如图 6-2-3 所示。

（5）程序设计。在“Main[OB1]”中编写如图 6-2-4 到图 6-2-7 所示的程序。

PLC 变量

	名称	变量表	数据类型	地址	保持
1	SB1 启动	默认变量表	Bool	%I0.0	
2	SQ1 下位置	默认变量表	Bool	%I0.1	
3	SQ2 上位置	默认变量表	Bool	%I0.2	
4	SQ3 右位置	默认变量表	Bool	%I0.3	
5	SQ4左位置	默认变量表	Bool	%I0.4	
6	YV1 向下移动	默认变量表	Bool	%Q0.1	
7	YV2 夹紧	默认变量表	Bool	%Q0.2	
8	YV3向上移动	默认变量表	Bool	%Q0.3	
9	YV4 向右移动	默认变量表	Bool	%Q0.4	
10	YV5 向左移动	默认变量表	Bool	%Q0.5	

图 6-2-2　变量表

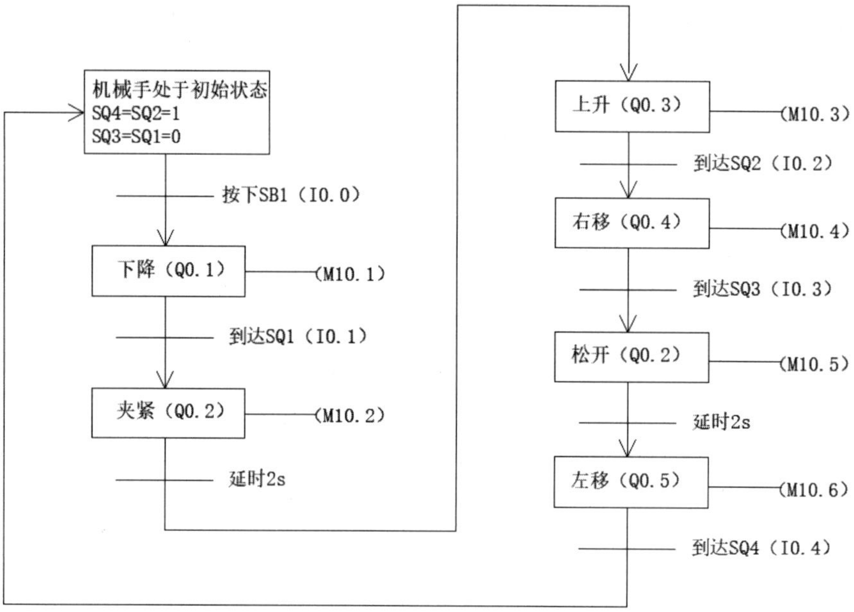

图 6-2-3　机械手控制系统的顺序功能图

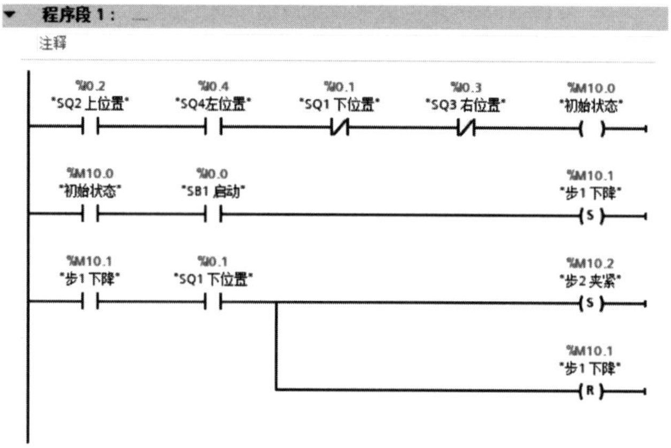

图 6-2-4　PLC 程序 1

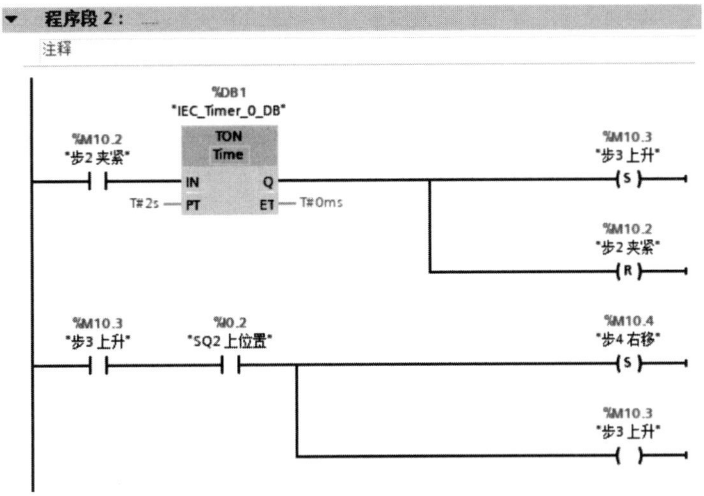

图 6-2-5　PLC 程序 2

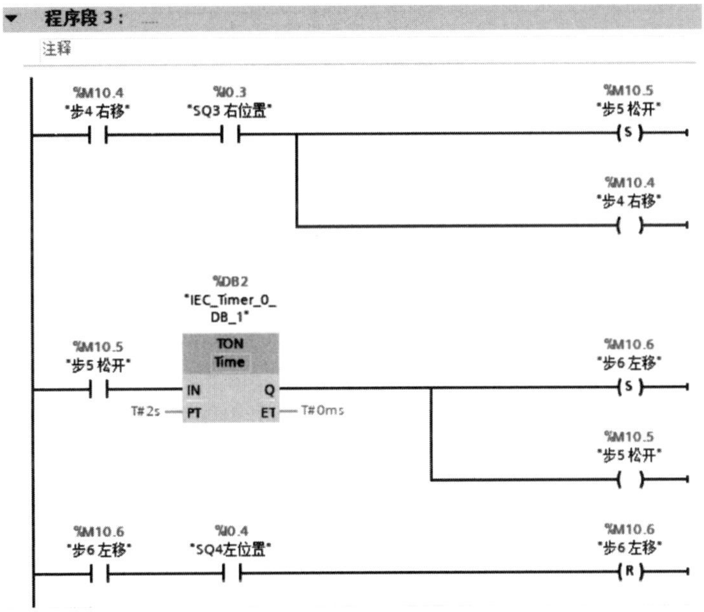

图 6-2-6　PLC 程序 3

思考

程序段 4 的第二行夹紧输出为什么要用启—保—停结构？其他输出点为什么只是点动输出？

（6）调试。

步骤 1：系统置为初始状态（SQ2=SQ4=1，SQ1=SQ3=0）。

步骤 2：下载程序。

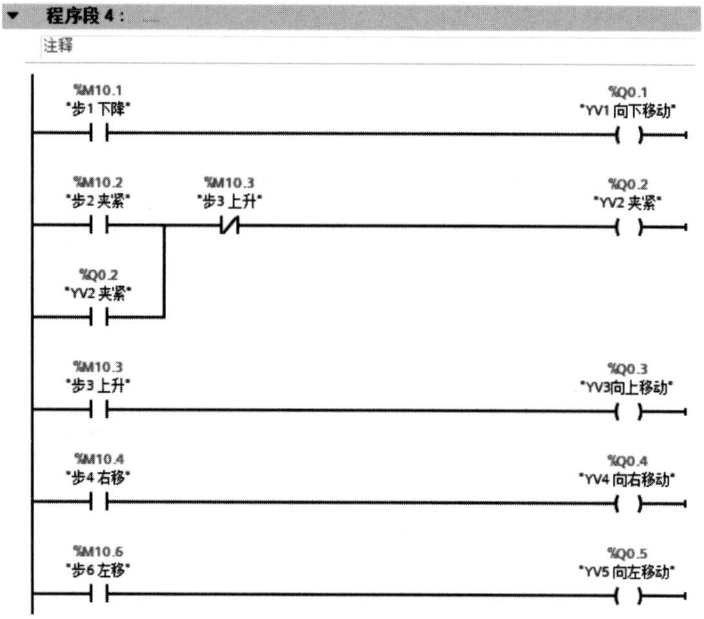

图 6-2-7　PLC 程序 4

步骤 3：按下启动按钮 SB1，下降电磁阀线圈 YV1 得电。

步骤 4：下降到位（SQ2=0，SQ1=1）后，下降电磁阀线圈 YV1 失电，同时夹紧电磁阀线圈 YV2 得电，2 s 后上升电磁阀线圈 YV3 得电。

步骤 5：上升到位（SQ1=0，SQ2=1）后，上升电磁阀线圈 YV3 失电，同时右移电磁阀线圈 YV4 得电。

步骤 6：右移到位（SQ4=0，SQ3=1）后，右移电磁阀线圈 YV4 失电，同时夹紧电磁阀线圈 YV2 失电，2 s 后左移电磁阀线圈 YV5 得电。

步骤 7：左移到位（SQ3=0，SQ4=1）后，左移电磁阀线圈 YV5 失电。

练习题

1. 简答题

描述机械手控制系统的动作流程。

2. 编程题

修改机械手控制程序，搬运工件并回到初始位置的过程修改为：下降（YV1）→夹紧（YV2）→上升（YV3）→右移（YV4）→下降（YV1）→松开（YV2 OFF）→上升（YV3）→左移（YV5）。

任务完成报告

姓名		学习日期	
任务名称	机械手控制系统 PLC 程序的设计与调试		
任务完成情况	考核内容		完成情况
	(1)完成机械手控制系统的 I/O 地址分配		□好　□良好　□一般　□差
	(2)绘制机械手控制系统的电气原理图		□好　□良好　□一般　□差
	(3)编写机械手控制系统控制程序并调试		□好　□良好　□一般　□差
学习心得			

项目 7

S7-1200 PLC 之间通信与变频器通信控制

学习情境描述

自动化流水线一般由多台独立的设备协调动作完成生产工艺步骤，设备之间要协同完成某一工作任务，必须互相传递各自的设备信息，比如机械手在给设备上料时需要知道设备入料口状态是否就绪等信息。PLC 网络实例如图 7-1 所示。通过本项目的学习，我们将会明白设备之间是如何传递信息的。

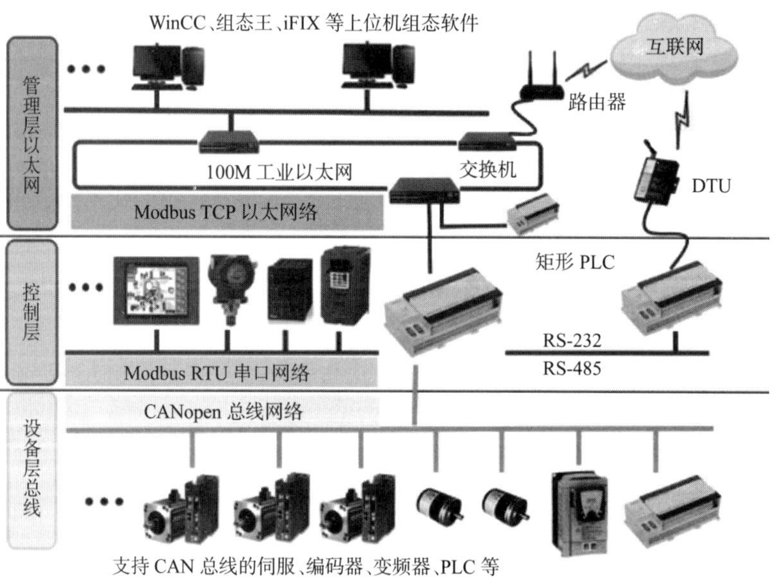

图 7-1 PLC 网络实例

项目目标

（1）了解通信基础知识；
（2）熟悉常见的通信方式及协议；
（3）掌握 G120 变频器的通信控制方法；
（4）掌握两台 S7-1200 PLC 之间通信的方法。

项目描述

学生在本项目中主要学习通信的基础知识，通过完成 G120 变频器的通信控制和两台 S7-1200 之间的通信两个案例学习通信的设置和编程方法。

任务分解

任务 7.1　S7-1200 PLC 通信控制 G120 变频器

学生在本任务中主要学习通信的基础知识，认识常见的通信方式及协议，最后完成 S7-1200 PLC 通信控制 G120 变频器的硬件组态及程序编写。

任务 7.2　两台 S7-1200 PLC 之间通信

学生在本任务中主要学习 S7 通信的相关指令及硬件组态方法，最后完成两台 S7-1200 PLC 之间通信的硬件组态及程序编写。

任务 7.1　S7-1200 PLC 通信控制 G120 变频器

任务要求

（1）完成 S7-1200 PLC 通信控制 G120 变频器的硬件组态；
（2）完成 G120 变频器的配置；
（3）完成 PLC 控制程序的编写及调试。

知识目标

（1）了解通信基础知识；
（2）熟悉常见的通信方式及协议；
（3）掌握 S7-1200 PLC 通信控制 G120 变频器的方法。

能力目标

能够使用 S7-1200 PLC 通过通信控制 G120 变频器的运行。

素养目标

(1)提高学生对知识的总结和运用能力;
(2)培养学生良好的工作习惯。

7.1.1 通信基础知识

PLC 的通信包括 PLC 之间的通信、PLC 与上位计算机之间的通信以及 PLC 和其他智能设备之间的通信。PLC 之间通信的实质就是计算机的通信,使得多个控制系统构成一个控制工程整体,形成模块控制体系。

7.1.1.1 串行通信与并行通信

串行通信和并行通信是两种不同的数据传输方式。

串行通信就是通过一对导线将发送方与接收方连接,传输数据的每个二进制位,按照规定顺序和频率在同一导线上依次发送与接收,如图 7-1-1(a)所示。例如,常用的 USB 接口就是串行通信接口。串行通信的特点是通信控制复杂,通信电缆少,因此与并行通信相比,成本低。

并行通信就是将一个 8 位(或 16 位、32 位)数据的每个二进制位采用单独的导线进行传输,并将传送方和接收方进行并行连接,一个数据的各二进制位可以在同一时间内一次传送,如图 7-1-1(b)所示。例如,老式打印机的打印口和计算机的通信就是并行通信。并行通信的特点是一个周期内可以一次传输多位数据,其连接电缆多,因此长距离传送时成本高。

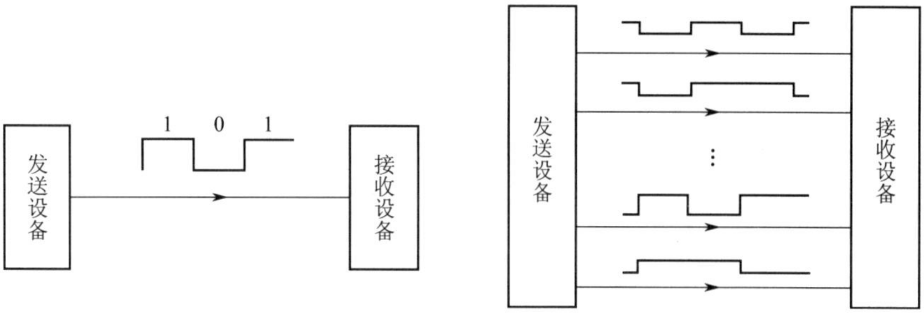

(a) (b)

图 7-1-1 串行通信与并行通信

(a)串行传输 (b)并行传输

7.1.1.2　异步通信与同步通信

异步通信与同步通信也称为异步传输与同步传输，这是串行通信的两种基本信息传送方式。从用户的角度来看，两者最主要的区别在于通信方式的“帧”不同。

异步通信方式又称起止方式。它在发送字符时，要先发送起始位，然后发送字符本身，最后发送停止位，字符之后还可以加入奇偶校验位。异步通信方式具有硬件简单、成本低的特点，主要用于传输速率低于 19.2 bit/s 的数据通信。

同步通信方式在传输数据的同时，也传递时钟同步信号，并始终按照给定的时刻采集数据。其传输数据的效率高，硬件复杂，成本高，一般用于传输速率高于 20 bit/s 的数据通信。

7.1.1.3　单工、全双工与半双工通信

单工、全双工与半双工是通信中描述数据传送方向的专用术语。

单工（Simplex）指数据只能实现单向传送的通信方式，一般用于数据的输出，不可以进行数据交换，如图 7-1-2（a）所示。

全双工（Full Duplex）也称双工，指数据可以进行双向数据传送，同一时刻既能发送数据，也能接收数据的通信方式，如图 7-1-2（b）所示。通常需要两对双绞线连接，通信线路成本高。例如，RS-422、RS-232 都是全双工通信方式。

半双工（Half Duplex）指数据可以进行双向数据传送，但同一时刻只能发送数据或者接收数据的通信方式，如图 7-1-2（c）所示。通常需要一对双绞线连接，与全双工相比，半双工通信方式线路成本低。例如，USB、RS-485 就是半双工通信方式。

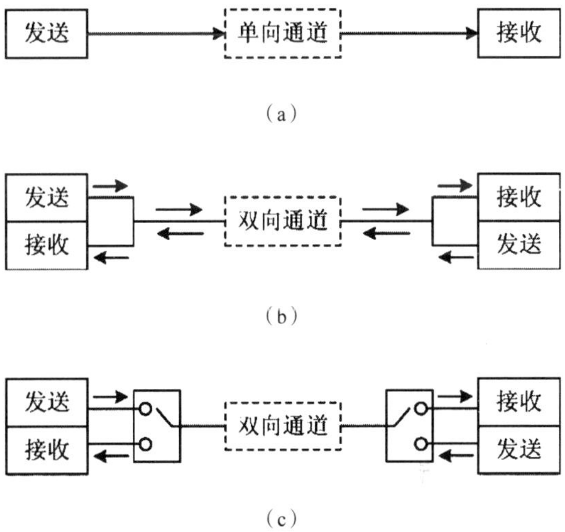

图 7-1-2　单工、全双工与半双工通信

（a）单工　（b）全双工　（c）半双工

综上所述，通信概念总结如图 7-1-3 所示。

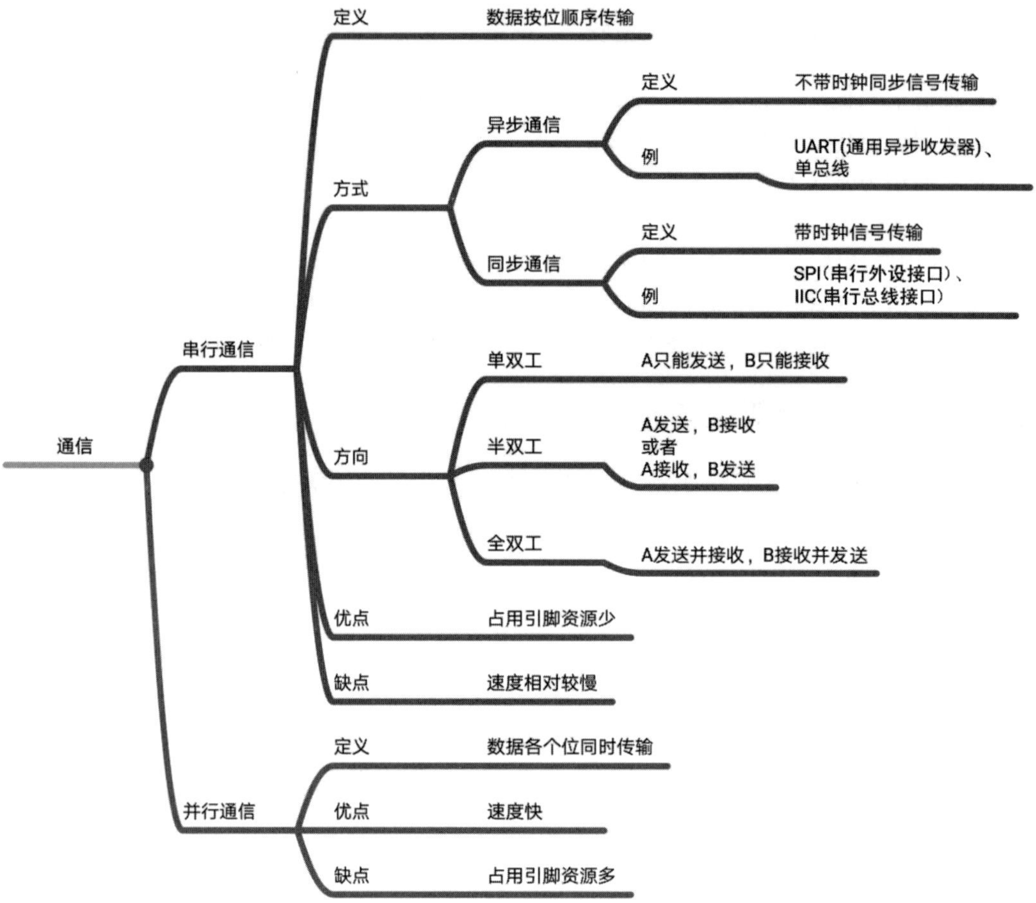

图 7-1-3　通信概念总结

7.1.2　常见的 PLC 通信方式及协议

7.1.2.1　常见的 PLC 通信方式

PLC 通信方式是指 PLC 设备之间进行通信时所采用的物理连接方式。通信方式会影响通信速度、通信距离、通信稳定性等。下面将介绍一些常见的 PLC 通信方式。

1. 串口通信

串口通信是一种基于串行通信方式的 PLC 通信方式，常用的串口包括 RS-232、RS-485 等。串口通信速度较慢，且通信距离较近，适用于需要进行点对点通信的应用场景。

2. 以太网通信

以太网通信是一种基于以太网通信方式的 PLC 通信方式，通信速度快，通信距离远，适用于需要进行多点通信的应用场景。以太网通信还支持 TCP/IP 协议，可以进行远程访问和控制。

3. CAN 总线通信

CAN 总线通信是一种基于 CAN 协议的 PLC 通信方式，通信速度较快，通信距离较远，适用于需要进行多点通信和实时控制的应用场景。CAN 总线通信还支持节点的热插拔，方便系统维护和升级。

4. 光纤通信

光纤通信是一种基于光纤传输的 PLC 通信方式，通信速度快，通信距离远，通信稳定性高，适用于需要进行远距离通信和抗干扰能力较强的应用场景。光纤通信还可以通过光纤交换机进行网络扩展。

7.1.2.2　常见的 PLC 通信协议

PLC 通信协议是用于规范和描述 PLC 设备之间通信协议和数据格式的标准。不同的 PLC 通信协议支持不同的通信方式和数据交换方式。下面将介绍一些常见的 PLC 通信协议。

1. Modbus 协议

Modbus 是一种应用层协议，用于串行通信，可以在 RS-232、RS-485 等串行通信方式上运行，也可以在以太网上运行。Modbus 协议结构简单，易于实现，支持点对点和多点通信。Modbus 协议广泛应用于工业控制领域，可以实现 PLC 之间的通信，也可以实现 PLC 与上位机之间的通信。

2. Profibus 协议

Profibus 是一种基于现场总线技术的通信协议，广泛应用于自动化控制系统。Profibus 协议可以在 RS-485 和光纤等介质上运行，支持高速通信，最高速度可达 12 Mbps。Profibus 协议支持多种数据格式和通信方式，可以实现 PLC 之间、PLC 与 I/O 设备之间、PLC 与上位机之间的通信。

3. Ethernet/IP 协议

Ethernet/IP 是一种以太网通信协议，用于工业控制和自动化领域。Ethernet/IP 协议是一种基于 TCP/IP 协议的协议，支持高速通信和实时通信。Ethernet/IP 协议可以实现 PLC 之间、PLC 与上位机之间的通信，也可以实现 PLC 与其他以太网设备之间的通信。

4. CAN 协议

CAN 是一种常见的控制器局域网协议，用于在控制系统中进行数据交换。CAN 协议规定了 PLC 设备之间通信的数据格式和通信协议，包括数据帧格式、数据类型、寄存器地址等。CAN 协议支持多种通信方式，如 CAN 总线、CANopen 等。

5. CC-Link 协议

CC-Link 是一种开放式现场总线，其数据容量大，通信速度多级可选择，而且它是一个复合的、开放的、适应性强的网络系统，能够适应从较高的管理层网络到较低的传感器层网络的不同范围。

6. S7 协议

S7 协议是指西门子公司为其 S7 系列 PLC 设计的专有通信协议。它是一种基于串行通信方式进行通信的协议，通常采用 RS-485/RS-232 传输介质，支持点对点和多点通信方式，能够实现 PLC 之间的数据传输和互相控制。S7 协议广泛应用于工业自动化控制系统、自动化生产线和设备 I/O 控制等领域。

7.1.3 S7-1200 PLC 通信控制 G120 变频器

7.1.3.1 控制要求

PLC 通过 PROFINET 控制 G120 变频器，在博途软件中完成硬件组态、变频器参数设置和控制程序的编写。

7.1.3.2 硬件组态

1. 新建一个项目并添加 CPU

使用博途软件新建一个项目，命名为“S7-1200 PLC 通信控制 G120 变频器”，添加 CPU 1215C AC/DC/RLY。

2. 添加 G120 站

如图 7-1-4 所示，单击“设备和网络”，进入网络视图页面，在硬件目录中选择“其他现场设备”→“PROFINET IO”→“Drives”→“Siemens AG”→“SINAMICS”→“SINAMICS G120 CU250S-2 PN Vector V4.7”模块拖曳到网络视图空白处。单击蓝色提示“未分配”以插入站点，选择主站“PLC_1.PROFINET 接口_1”，完成与 I/O 控制器的网络连接。

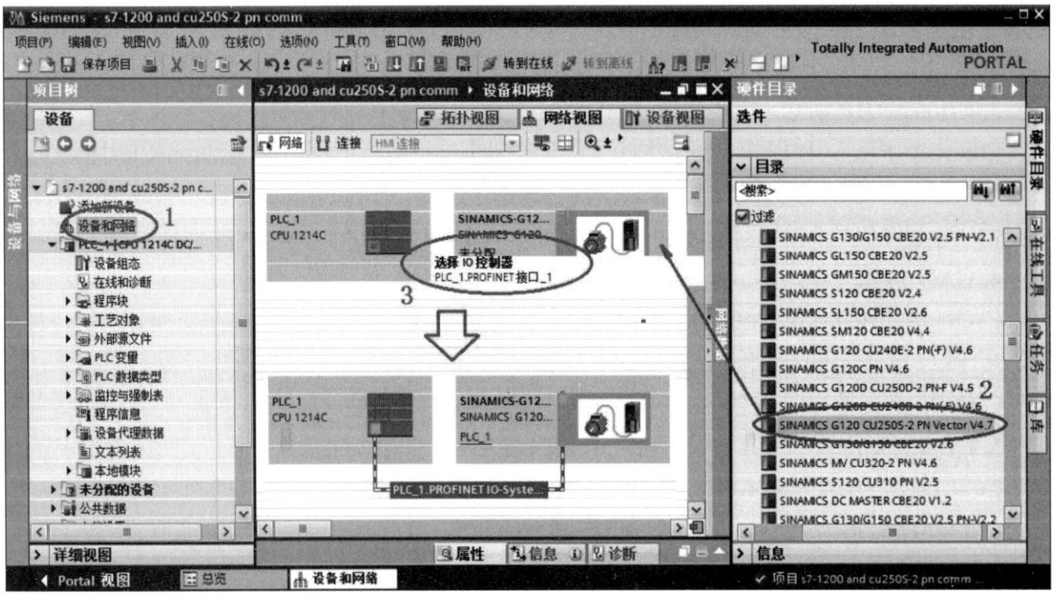

图 7-1-4 添加 G120 站

3. 组态 S7-1200 的 Device Name 和分配 IP 地址

如图 7-1-5 所示，在设备窗口选中 CPU，在巡视窗口选择“常规”→“属性”选项卡，找到以太网地址。设置 CPU 的 IP 地址为 192.168.0.1，子网掩码为 255.255.255.0。设置 PROFINET 设备名称为“PLC1200”。

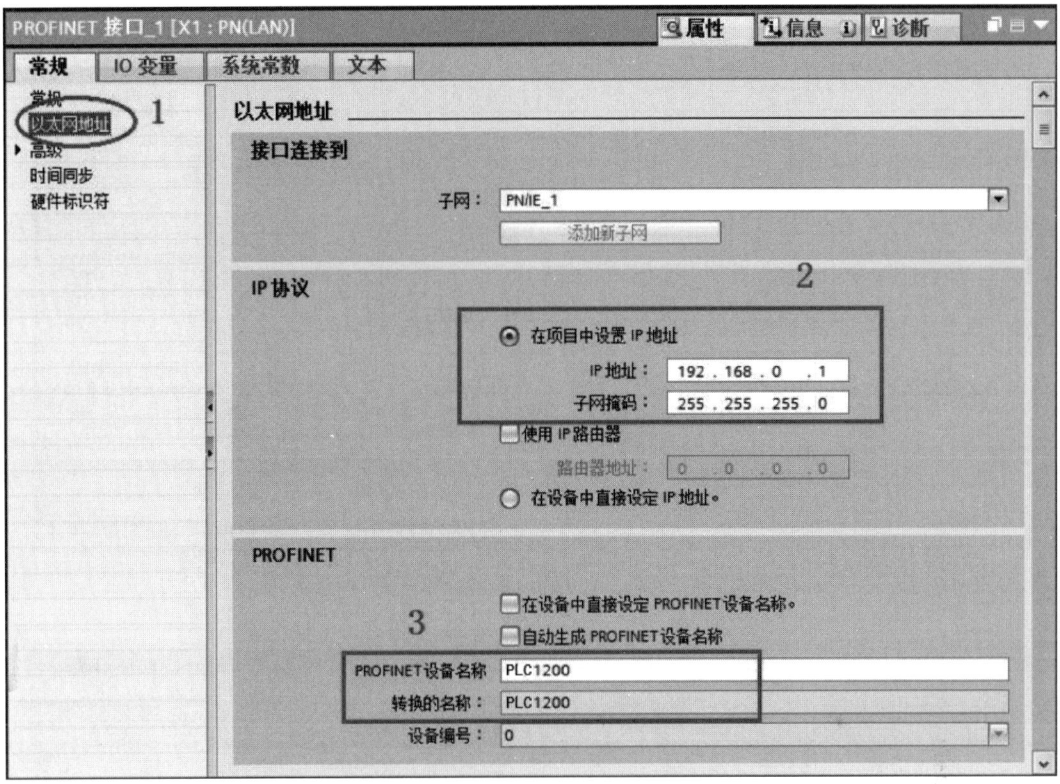

图 7-1-5　组态 S7-1200 的 Device Name 和分配 IP 地址

4. 组态 G120 的设备名称和分配 IP 地址

如图 7-1-6 所示，在设备窗口选中 G120 变频器，在巡视窗口选择“常规”→“属性”选项卡，找到以太网地址。设置 G120 的 IP 地址为 192.168.0.2，子网掩码为 255.255.255.0。设置 PROFINET 设备名称为“g120pn”。

5. 组态 G120 的报文

如图 7-1-7 所示，将硬件目录中“Standard telegram1， PZD-2/2 ”模块拖曳到“设备概览”视图的插槽中，系统自动分配输入输出地址，本示例中分配的输入地址为 IW68、IW70，输出地址为 QW64、QW66。然后编译项目，将硬件组态下载到 PLC。

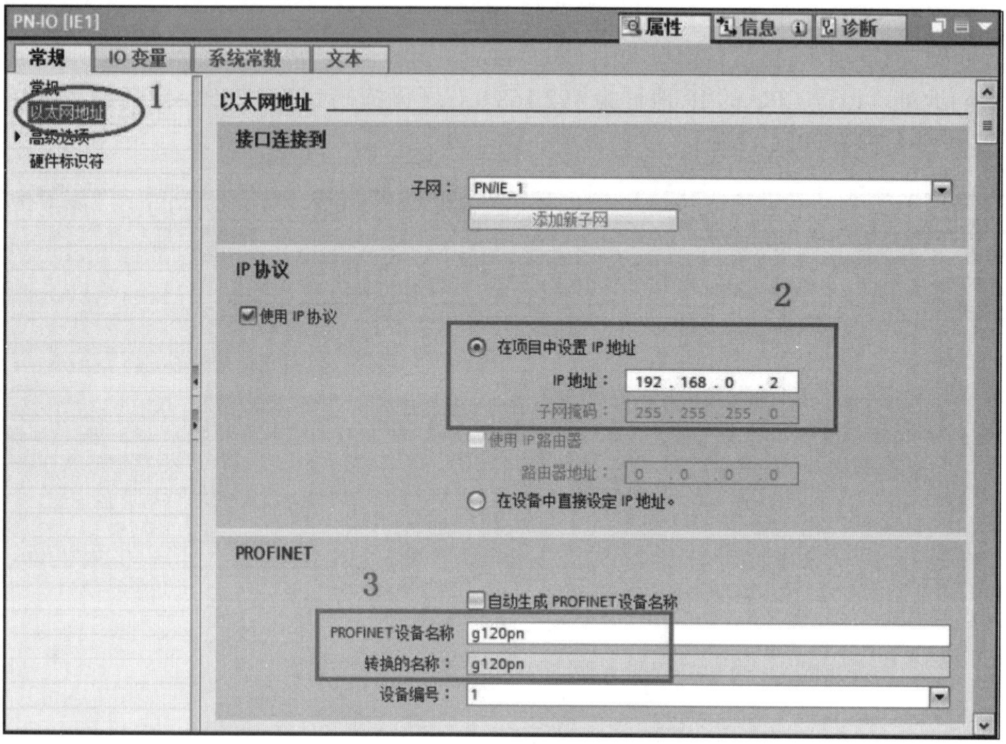

图 7-1-6　组态 G120 的设备名称和分配 IP 地址

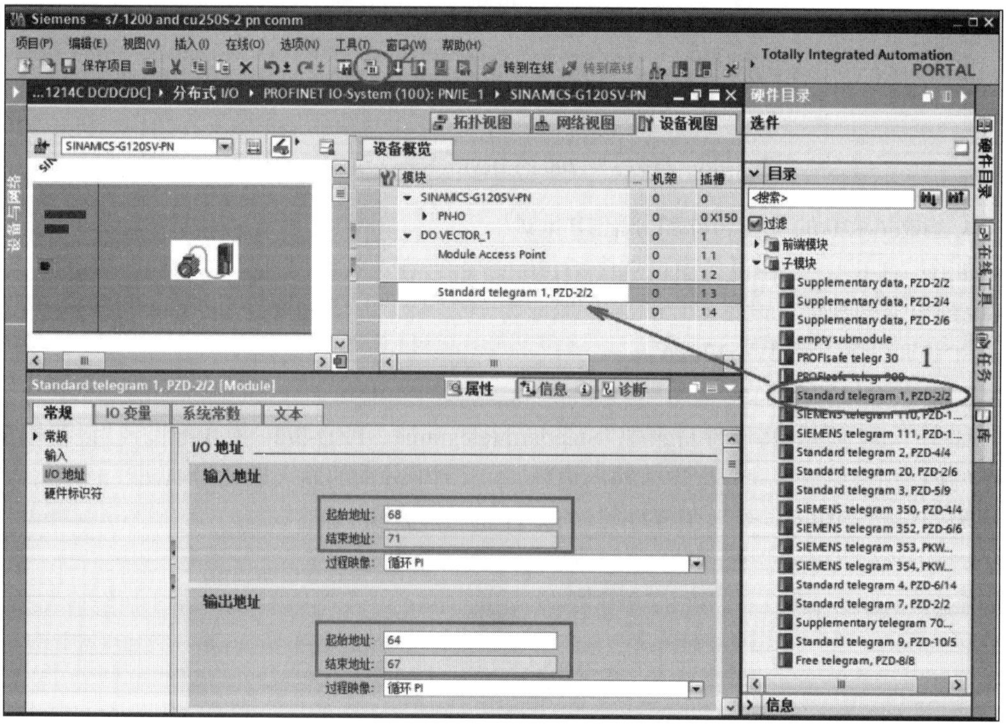

图 7-1-7　组态 G120 的报文

7.1.3.3　SINAMICS G120 的配置

在完成 S7-1200 的硬件配置下载后，S7-1200 与 G120 还无法进行通信，必须为 G120 分配设备名称和 IP 地址，保证为 G120 实际分配的设备名称与硬件组态中为 G120 分配的设备名称一致。

1. 分配 G120 的设备名称

如图 7-1-8 所示，选择“更新可访问的设备”，单击“在线并诊断”，单击“命名”，设置 G120 PROFINET 设备名称为“g120pn”，并单击“分配名称”按钮。从消息栏中可以看到分配成功提示。

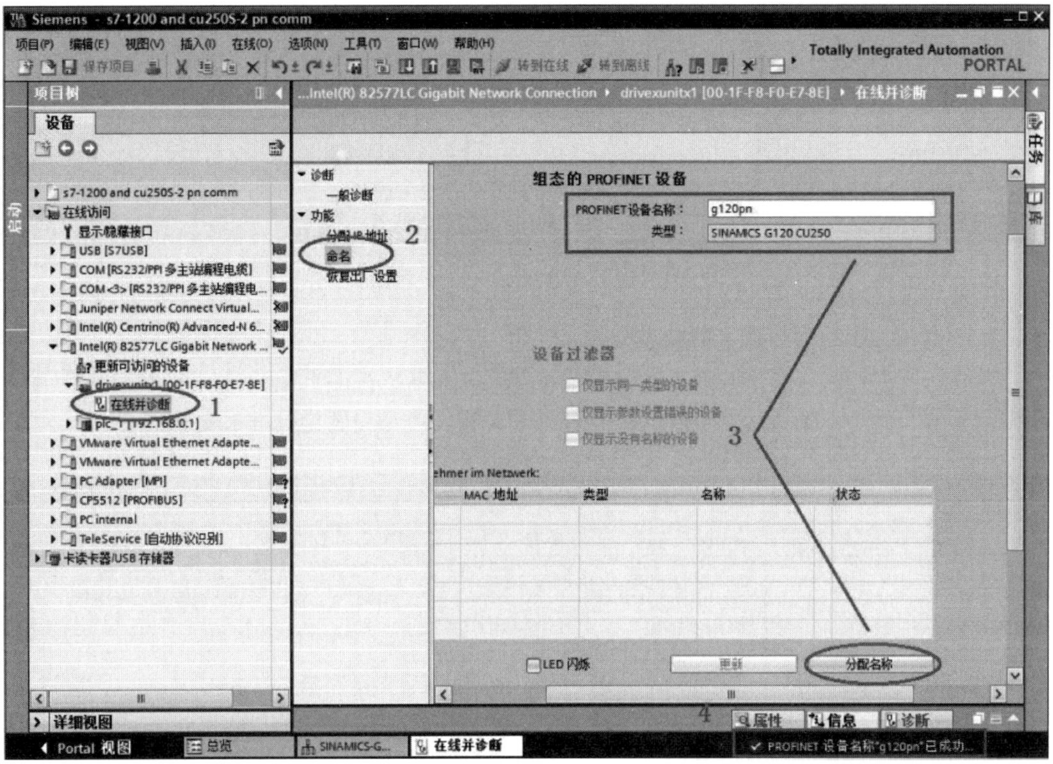

图 7-1-8　分配 G120 的设备名称

2. 分配 G120 的 IP 地址

如图 7-1-9 所示，选择“更新可访问的设备”，单击“在线并诊断”，单击“分配 IP 地址”，设置 G120 IP 地址为 192.168.0.2，子网掩码为 255.255.255.0。点击“分配 IP 地址”按钮，分配完成后，需重新启动变频器，新配置才生效。

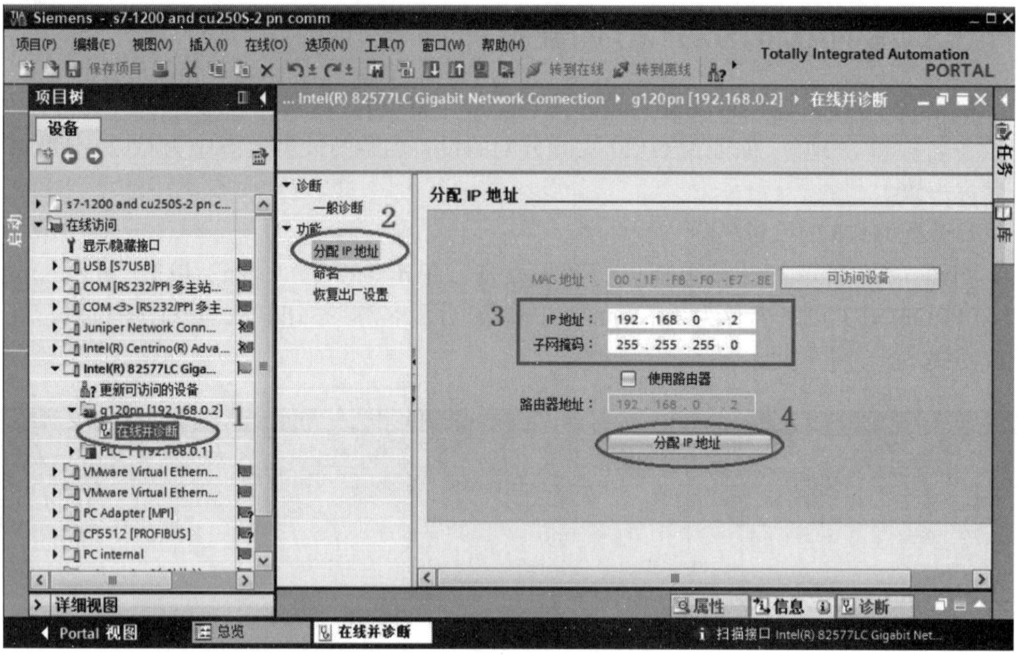

图 7-1-9　分配 G120 的 IP 地址

3. 设置 G120 的命令源和报文类型

在线访问 G120，如图 7-1-10 所示，选择“参数”进入参数视图页面，选择“通讯”→“配置”，设置 p15=[7]（设置为现场总线控制模式），p922=[1]（报文类型设置为标准报文 PZD-2/2）。

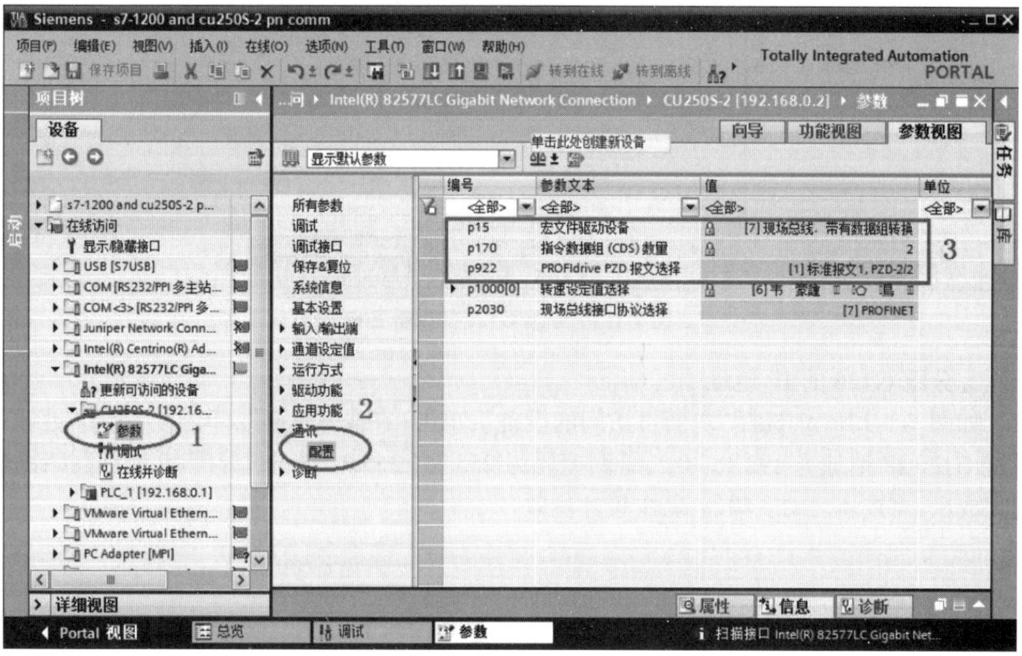

图 7-1-10　设置 G120 的命令源和报文类型

7.1.3.4　PLC 编程控制电动机的启停及速度

S7-1200 通过 PROFINET PZD 通信方式将控制字（STW1）和主设定值（NSOLL_A）周期性地发送至变频器，变频器将状态字（ZSW1）和实际转速（NIST_A）发送到 S7-1200。

1. 通信字节说明

PLC 与变频器通信地址表如表 7-1-1 所示。

表 7-1-1　PLC 与变频器通信地址表

数据方向	PLC I/O 地址	变频器过程数据	数据类型
PLC →变频器	QW64	PZD1 控制字（STW1）	十六进制（16 位）
	QW66	PZD2 主设定值（NSOLL_A）	有符号整数（16 位）
变频器→ PLC	IW68	PZD1 状态字（ZSW1）	十六进制（16 位）
	IW70	PZD2 实际转速（NIST_A）	有符号整数（16 位）

2. 常用控制字

047E（十六进制）：OFF1 停车。

047F（十六进制）：正转启动。

0C7F（十六进制）：反转启动。

3. 主设定值

速度设定值要经过标准化，变频器接收十进制有符号整数，16 384（4000H 十六进制）对应 100%的速度，接收的最大速度为 32 767（200%）。参数 P2000 中设置 100%对应的参考转速。

4. 编写控制程序

在“Main[OB1]”中编写如图 7-1-11 所示的控制程序。

5. 通过监控表修改运行状态位实现对 G120 变频器的控制

步骤 1：监控表修改 M10.0 为“1”，然后修改 M10.0 为“0”。首次启动变频器需将控制字 16#047E 写入 QW64，使变频器进入运行准备就绪状态。

步骤 2：监控表修改 M10.1 为“1”，然后修改 M10.1 为“0”。将 16#047F 写入 QW64，启动变频器正转。

步骤 3：监控表修改 M10.0 为“1”，然后修改 M10.0 为“0”。将 16#047E 写入 QW64，停止变频器。

步骤 4：监控表修改 M10.2 为“1”，然后修改 M10.2 为“0”。将 16#0C7F 写入 QW64，启动变频器反转。

步骤 5：监控表修改 M10.0 为“1”，然后修改 M10.0 为“0”。将 16#047E 写入 QW64，停止变频器。

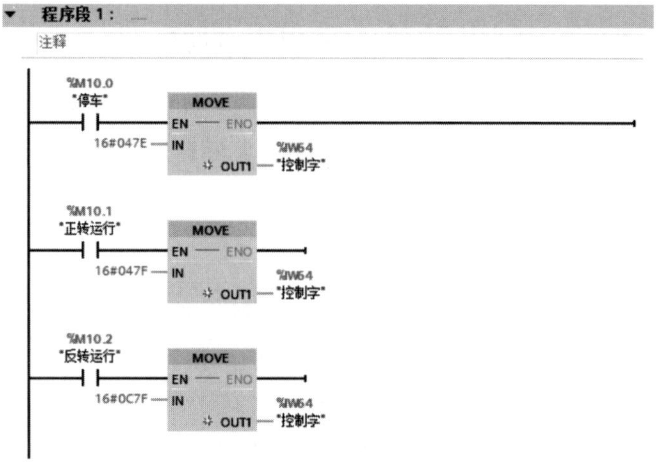

图 7-1-11　控制程序

练习题

1. 判断题

（1）串行通信和并行通信是两种不同的数据传输方式。（　）

（2）异步通信与同步通信都是并行通信。（　）

2. 填空题

（1）串行通信就是通过__________对导线将发送方与接收方连接，传输数据的每个二进制位，按照规定__________和__________在同一导线上依次发送与接收。

（2）单工（Simplex）指数据只能实现________传送的通信方式，一般用于数据的输出，不可以进行数据________。

（3）半双工（Half Duplex）指数据________进行双向数据传送，但同一时刻只能发送数据或者接收数据的通信方式。

3. 简答题

（1）列出五种常见的通信协议。

（2）列出五种常见的通信方式。

任务完成报告

<table>
<tr><td>姓名</td><td></td><td>学习日期</td><td></td></tr>
<tr><td>任务名称</td><td colspan="3">S7-1200 PLC 通信控制 G120 变频器</td></tr>
<tr><td rowspan="4">任务完成情况</td><td colspan="2">考核内容</td><td>完成情况</td></tr>
<tr><td colspan="2">（1）完成 S7-1200 PLC 通信控制 G120 变频器的硬件组态</td><td>□好　□良好　□一般　□差</td></tr>
<tr><td colspan="2">（2）完成 G120 变频器的配置</td><td>□好　□良好　□一般　□差</td></tr>
<tr><td colspan="2">（3）完成 PLC 控制程序的编写及调试</td><td>□好　□良好　□一般　□差</td></tr>
<tr><td>学习心得</td><td colspan="3"></td></tr>
</table>

任务 7.2　两台 S7-1200 PLC 之间通信

任务要求

（1）完成两台 S7-1200 PLC 之间通信的硬件连接及组态；
（2）完成 PLC 控制程序的编写及调试。

知识目标

（1）掌握 PUT、GET 指令的使用方法；
（2）掌握 S7 通信的配置方法。

能力目标

能够应用 S7 通信实现 1200 PLC 之间的通信。

素养目标

（1）培养学生对问题的思考和分析能力；
（2）培养学生认认真真、尽职尽责的工作态度。

7.2.1　西门子 S7 通信

7.2.1.1　S7 通信简介

S7 通信（S7 Communication）集成在每一个 SIMATIC S7/M7 和 C7 的系统中，属于 S1 参考模型第 7 层应用层的协议，它独立于各个网络，可以应用于多种网络（MPI、PROFIBUS、工业以太网）。S7 通信通过不断地重复接收数据来保证网络报文的正确性。在 SIMATIC S7 中，通过组态建立 S7 连接来实现 S7 通信。在 PC 上，S7 通信需要通过 SAPL-S7 接口函数 OPC（过程控制用对象链接与嵌入）来实现。

OUC 通信、S7 通信和 PROFINETIO 通信的区别如下。

（1）S7 通信是西门子公司产品的专用保密协议，不与第三方产品（如三菱 PLC）通信，是非实时通信。在工程实践中，西门子 PLC 之间的非实时通信常采用 S7 通信。

（2）与第三方 PLC 进行以太网通信常用 OUC，OUC 是非实时通信。西门子 PLC 与第三方设备（如耐德 PLC、国产机器人等）进行非实时以太网通信时，一般使用 Modbus TCP 协议。

（3）PROFINETIO 是实时通信，是开放协议，西门子 PLC 可通过此协议与西门子和第三方设备通信。

7.2.1.2　S7 通信指令说明

S7 通信主要用到 GET 和 PUT 指令。

1. PUT 指令

使用 PUT 指令，可以向远程 CPU 中写入数据。写入数据时，远程 CPU 可以处于“RUN”或“STOP”模式。PUT 指令参数说明见表 7-2-1 所示。

表 7-2-1　PUT 指令参数说明

LAD	IN/OUT	数据类型	说明
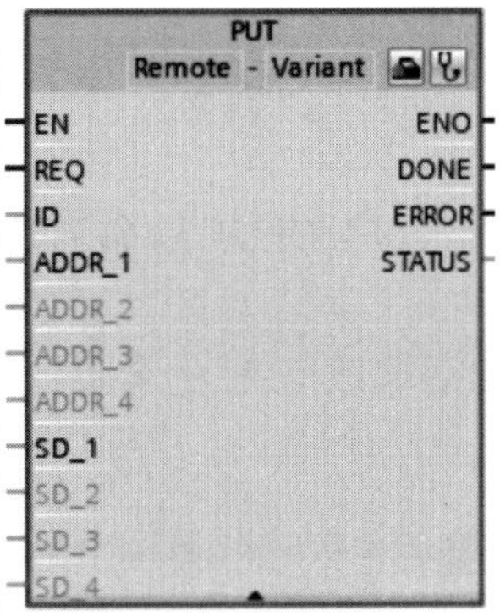	EN	Bool	指令使能（EN=1 时执行指令），通常直接连接左母线
	REQ	Bool	在上升沿时启动发送作业
	ID	Word	S7 连接号
	ADDR_1	指针（Variant）	指向接收方 CPU 上用于接收数据的区域的起始地址。 示例：（1）P#DB10.DBX5.0 BYTE 10，指数据块 DB10 中 DBX5 的 0~10 个字节。 （2）P#M100.0 BYTE 20，指 M100.0 为起始地址的 20 个字节
	SD_1	指针（Variant）	指向发送方 CPU 上用于发送数据的区域的起始地址
	DONE	Bool	正常执行完成一次发送作业，DONE 将置为 ON 一个扫描周期
	STATUS	Word	故障代码
	ERROR	Bool	是否出错：0 表示无错误，1 表示有错误

2. GET 指令

使用 GET 指令，可以从远程 CPU 读取数据。读取数据时，远程 CPU 可以处于“RUN”或“STOP”模式。GET 指令参数说明见表 7-2-2 所示。

表 7-2-2　GET 指令参数说明

LAD	IN/OUT	数据类型	说明
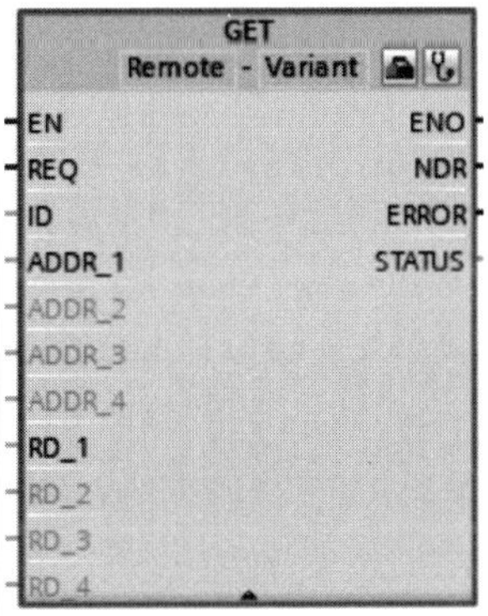	EN	Bool	指令使能（EN=1 时执行指令），通常直接连接左母线
	REQ	Bool	在上升沿时启动读取作业
	ID	Word	S7 连接号
	ADDR_1	指针（Variant）	指向远程 CPU 上要读取数据的区域的起始地址的指针
	RD_1	指针（Variant）	指向本地 CPU 上用于接收数据的区域的起始地址
	NDR	Bool	作业完成状态：0 表示作业尚未开始或仍在运行，1 表示作业已完成
	STATUS	Word	故障代码
	ERROR	Bool	是否出错：0 表示无错误，1 表示有错误

7.2.2　两台 S7-1200 PLC 之间通信

7.2.2.1　控制要求

通过网线连接两台 S7-1200 PLC，使用 S7 通信实现两台 PLC 之间的通信，在 PLC1 中编写控制程序将 PLC2 中 MW100 的值读入 PLC1 中的 MW100，将 PLC1 中 MW200 的值写入 PLC2 中的 MW200。

7.2.2.2　硬件连接及组态

步骤 1：使用网线将 PLC1 与编程计算机连接，设置其 IP 地址为 192.168.0.1。

步骤 2：使用网线将 PLC2 与编程计算机连接，设置其 IP 地址为 192.168.0.2。

步骤 3：将 PLC1、PLC2、编程计算机接入同一个交换机。

步骤 4：新建一个项目，命名为“两台 S7-1200 PLC 之间通信”。

步骤 5：在设备和网络中添加两个 CPU 1215C AC/DC/RLY，并将 CPU1 重命名为“PLC1”，将 CPU2 重命名为“PLC2”，添加后如图 7-2-1 所示。

CPU 重命名方法：在项目树中右键单击 CPU，选择重命名，然后修改 CPU 的名称，如图 7-2-2 所示。

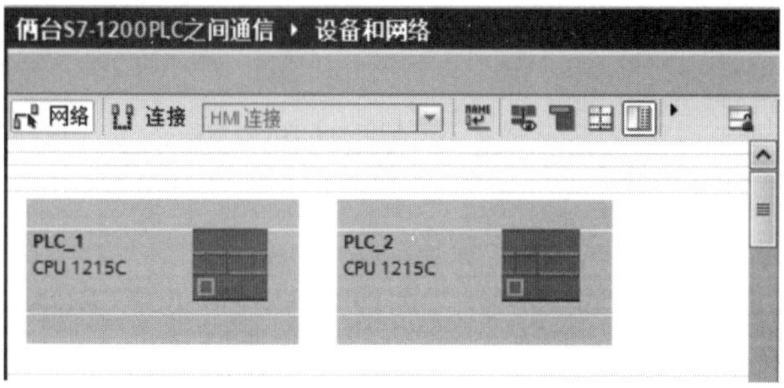

图 7-2-1　组态 CPU

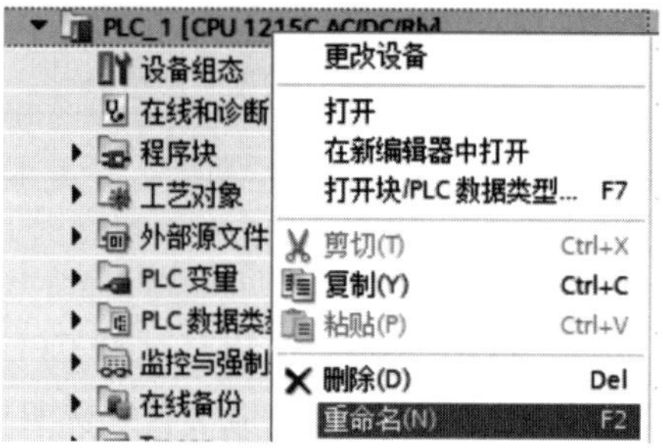

图 7-2-2　重命名 CPU

步骤 6：打开设备和网络窗口，单击“PLC1”的网口，按住鼠标左键将光标移动到“PLC2”的网口，单击上方的“连接”按钮，在其右边的下拉列表选择“S7 连接”，这样就完成了两台设备的连接，如图 7-2-3 所示。

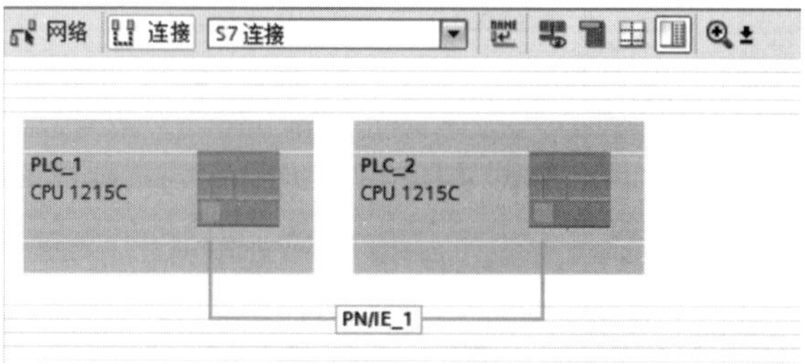

图 7-2-3　连接两台 PLC

步骤 7：设置“PLC1”和“PLC2”的连接属性为“允许来自远程对象的 PUT/GET 通信访问”，设置方法如图 7-2-4 所示。

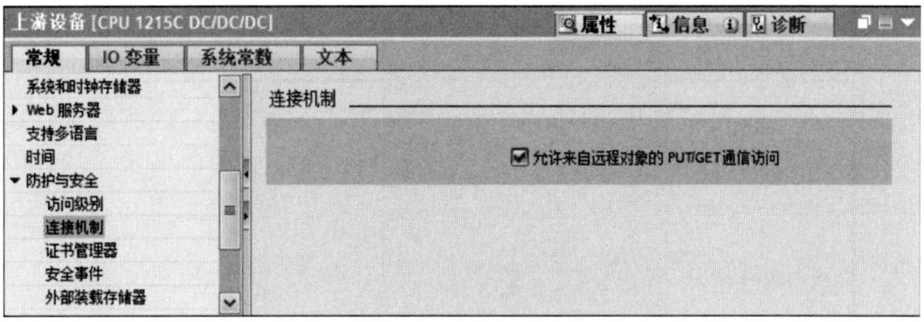

图 7-2-4　连接机制设置

7.2.2.3　控制程序的编写及调试

1. 编程

在 PLC1 中编写控制程序，如图 7-2-5 和图 7-2-6 所示。GET 指令和 PUT 指令在应用时需要单击指令上的按钮完成通信组态，如图 7-2-7 所示。

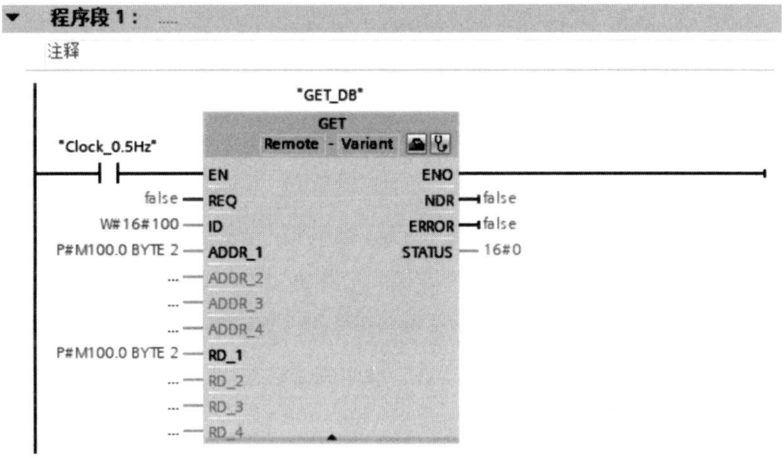

图 7-2-5　PLC1 程序段 1

2. 调试

步骤 1：在 PLC1 中新建监控表，添加变量 MW100 和 MW200。

步骤 2：在 PLC2 中新建监控表，添加变量 MW100 和 MW200。

步骤 3：在 PLC1 的监控表修改 MW200 的值为 16#1234，打开 PLC2 的监控表监控 PLC2 中 MW200 的值也变为 16#1234。

步骤 4：在 PLC2 的监控表修改 MW100 的值为 16#4321，打开 PLC1 的监控表监控 PLC1 中 MW100 的值也变为 16#4321。

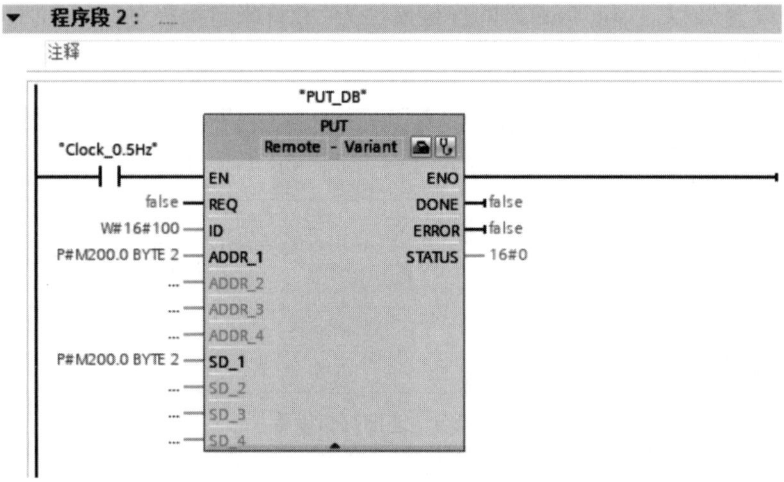

图 7-2-6　PLC1 程序段 2

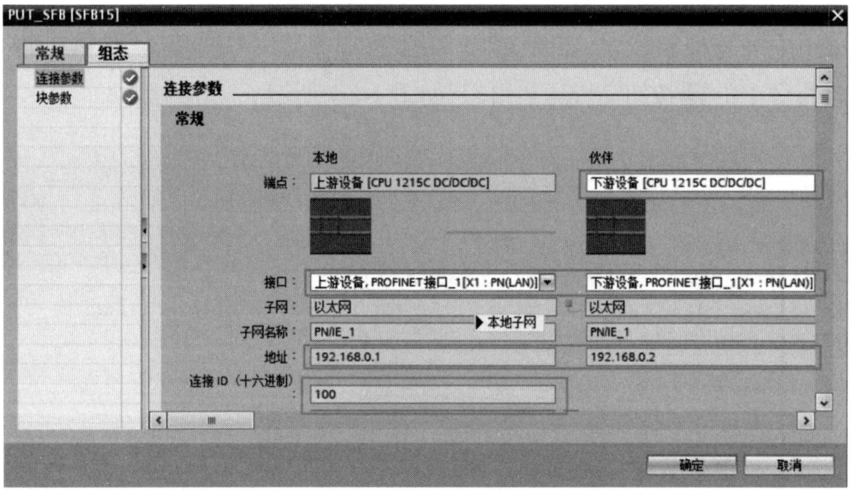

图 7-2-7　GET/PUT 指令组态

练习题

1. 填空题

（1）S7 通信是西门子公司产品的专用保密协议，不与第三方产品（如三菱 PLC）通信，是________通信。

（2）使用 PUT 指令，可以向远程 CPU 中________数据，使用 GET 指令，可以从远程 CPU 中________数据。

2. 简答题

简单描述 S7 通信的配置流程。

任务完成报告

<table>
<tr><td>姓名</td><td></td><td>学习日期</td><td></td></tr>
<tr><td>任务名称</td><td colspan="3">两台 S7-1200 PLC 之间通信</td></tr>
<tr><td rowspan="3">任务完成情况</td><td colspan="2">考核内容</td><td>完成情况</td></tr>
<tr><td colspan="2">（1）完成两台 S7-1200 PLC 之间通信的硬件连接及组态</td><td>□好　□良好　□一般　□差</td></tr>
<tr><td colspan="2">（2）完成 PLC 控制程序的编写及调试</td><td>□好　□良好　□一般　□差</td></tr>
<tr><td>学习心得</td><td colspan="3"></td></tr>
</table>

参考文献

Referrences

[1] 崔玉珍. 西门子 S7-1200 PLC 编程与应用教程[M]. 北京:北京邮电大学出版社, 2020.

[2] 吴繁红. 西门子 S7-1200 PLC 应用技术[M]. 北京:电子工业出版社, 2022.

[3] 奚茂龙,向晓汉. 西门子 S7-1200 PLC 编程及应用技术[M]. 北京:机械工业出版社, 2022.

[4] 工控帮教研组. 西门子 S7-1200 PLC 编程技术[M]. 北京:电子工业出版社, 2021.

[5] 李志梅. 自动化生产线安装与调试[M]. 北京:机械工业出版社, 2019.